高等职业教育“十三五”规划教材

Photoshop CC 平面设计项目案例教程

主　编　刘　明　牟向宇

副主编　任航璎　丁锦箫　段亚楠

中国水利水电出版社
www.waterpub.com.cn
·北京·

内 容 提 要

本书主要通过实际项目案例来讲解运用 Photoshop CC 进行平面设计的知识与技巧。本书的主要内容包括：书籍装帧设计、DM 广告设计、商业广告设计、标志设计、画册设计、海报设计、UI 设计、网店美工设计等。

本书可作为高职院校数字媒体应用技术及相关专业的教材，也可作为平面设计从业人员的参考资料。

本书配有光盘，提供了各项目教学案例和拓展案例的素材及源文件等。

图书在版编目（CIP）数据

Photoshop CC平面设计项目案例教程 / 刘明，牟向宇主编. -- 北京 : 中国水利水电出版社，2017.1（2019.8 重印）
高等职业教育“十三五”规划教材
ISBN 978-7-5170-4960-9

Ⅰ. ①P… Ⅱ. ①刘… ②牟… Ⅲ. ①平面设计－图象处理软件－高等职业教育－教材 Ⅳ. ①TP391.413

中国版本图书馆CIP数据核字(2016)第309340号

策划编辑：寇文杰　责任编辑：周益丹　加工编辑：封　裕　封面设计：李　佳

书　名	高等职业教育“十三五”规划教材 Photoshop CC 平面设计项目案例教程 Photoshop CC PINGMIAN SHEJI XIANGMU ANLI JIAOCHENG
作　者	主　编　刘　明　牟向宇 副主编　任航璎　丁锦箫　段亚楠
出版发行	中国水利水电出版社 （北京市海淀区玉渊潭南路 1 号 D 座　100038） 网址：www.waterpub.com.cn E-mail：mchannel@263.net（万水） sales@waterpub.com.cn 电话：（010）68367658（营销中心）、82562819（万水）
经　售	全国各地新华书店和相关出版物销售网点
排　版	北京万水电子信息有限公司
印　刷	三河市鑫金马印装有限公司
规　格	184mm×260mm　16 开本　19.75 印张　501 千字
版　次	2017 年 1 月第 1 版　2019 年 8 月第 2 次印刷
印　数	2001—3000 册
定　价	48.00 元（赠 1DVD）

凡购买我社图书，如有缺页、倒页、脱页的，本社营销中心负责调换

版权所有·侵权必究

前　言

当前，文化创意产业发展迅速，平面设计是文化创意产业的重要部分。掌握熟练的软件操作技能，具备良好的艺术设计修养，是完成优秀平面设计产品的关键。本书以项目案例的方式，将软件操作技能与艺术设计修养融入到项目案例中，让学生在完成一个个项目案例的过程中获得技术与艺术的同步提升。

本书没有按部就班地介绍 Photoshop 的工具命令，而是围绕实际工作的需要，设计了一系列的项目案例，以具体的单项工作任务为基本内容，通过赏析设计作品来引入 Photoshop 知识，通过大量生动的实例来讲解Photoshop的使用技术，具体工作任务的完成会在操作步骤中给出。整个过程融入大量的职业素质教育元素，引导读者在学习过程中，不但能掌握职业岗位所需的计算机平面设计相关知识和技能，还能获得用人单位最感兴趣的要素——实际工作经验和较强的动手能力。

本书主要培养学生快速运用 Photoshop 软件，结合设计技能，完成平面设计作品的能力。教材的总体设计思路是基于行动导向使学生获得职业技能。本书在编写过程中主要体现以下特色：

（1）根据高职高专的教学特点，以“必须、够用”为原则，内容上突出“学以致用”，通过“边学边练、学中求练、练中求学、学练结合”，实现“学得会、用得上”。

（2）以项目任务为教材内容，围绕项目任务学习的需要，重点关注学生能做什么，教会学生如何完成工作任务，强调以学生直接实践的形式来使其掌握各工作任务中的知识、技能和技巧。

（3）项目案例针对性强，涉及目前主流的平面设计类型：书籍装帧设计、DM 广告设计、商业广告设计、标志设计、画册设计、海报设计、UI 设计、网店美工设计等。

本书由刘明、牟向宇任主编，任航璎、丁锦箫、段亚楠任副主编。此外，数字媒体应用工作室的同志们参与了部分案例的整理工作，本书在编写过程中得到武春岭老师及重庆琪栋食品有限公司的大力支持和帮助，在此向对本书编写提供支持和帮助的各位老师、同仁表示感谢。

本书是针对计算机平面设计岗位而编写的，适合于高职院校数字媒体应用技术及相关专业使用。由于本书是职业教育教学改革教材的初步尝试和探索，书中难免会存在错误和不当之处，欢迎广大读者批评指正。

编 者

2016 年 10 月

目 录

项目 1　书籍装帧设计——“阳光洒满窗台”封面设计

教学重点难点

- 书籍装帧设计相关知识
- 图形和图像相关知识
- 颜色相关知识
- 文件的操作方法
- 图像变换与变形操作
- 选区操作
- 填充颜色设置
- 文字工具的使用

1.1　项目效果赏析

本项目所使用的案例是《阳光洒满窗台》小说封面，这是一本宣扬积极向上的正能量的青春文艺小说，因而整体效果简洁清爽，给人一种清新的感觉。本项目由一个完整的页面构成，包括书籍的前封面、书脊和封底三个部分，整体以淡蓝色为基调，配以白色的阳光和彩色的光线图片作为背景，再加上一张清爽的插花图片，及简单的文字效果，一种干干净净、清新自然的感觉扑面而来。

本项目最终效果由图 1-1 所示的整体效果图、图 1-2 所示的立体效果图两部分构成。

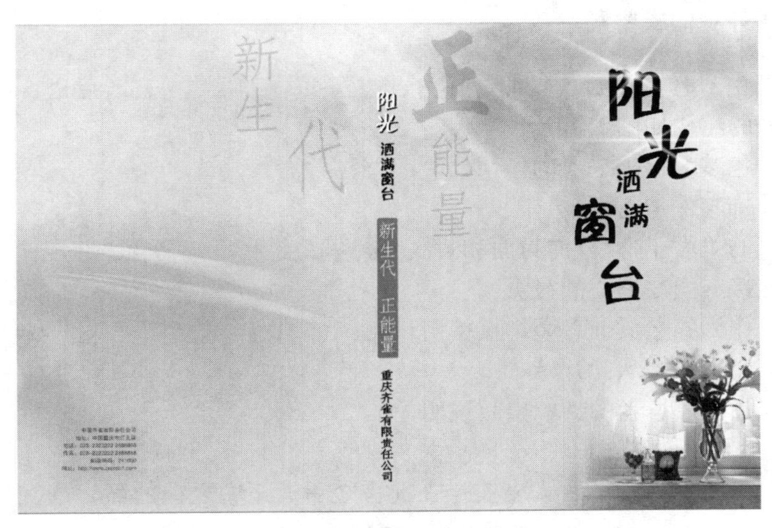

图 1-1　小说封面整体效果

图 1-2 小说封面立体效果

1.2 项目相关知识

1.2.1 书籍装帧设计的概念

书籍装帧设计是指从书籍文稿到成书出版的整个设计过程，也是完成从书籍形式的平面化到立体化的过程，它包含了艺术思维、构思创意和技术手法的系统设计，还有书籍的开本、装帧形式、封面、腰封、字体、版面、色彩、插图，以及纸张材料、印刷、装订及工艺等各个环节的艺术设计。在书籍装帧设计中，只有整体设计才能称为装帧设计，只完成封面或版式等部分的设计，只能称作封面设计或版式设计等。

封面设计主要分为两大类——书籍和杂志，其中以书籍的封面设计为多，本项目即一本青春小说设计书籍的封面。

1.2.2 书籍外观构成要素

常见的书籍由封套、护封、封面、环衬、空白页、扉页、前言、后语、目录页和版权页等构成，各部分的结构如图 1-3 所示。

封套——外包装，保护书册的作用。

护封——装饰与保护封面。

封面——书的“面子”，分前封面和封底、封里、封底里、书脊。

环衬——连接封面与书心的衬页。

空白页——作为签名页或者装饰页使用。

扉页——书名页，文从此开始。

前言——包括序、编者的话、出版说明。

后语——跋、编后记。

目录页——具有索引功能，大多安排在前言之后、正文之前的篇、章、节的标题和页码等文字。

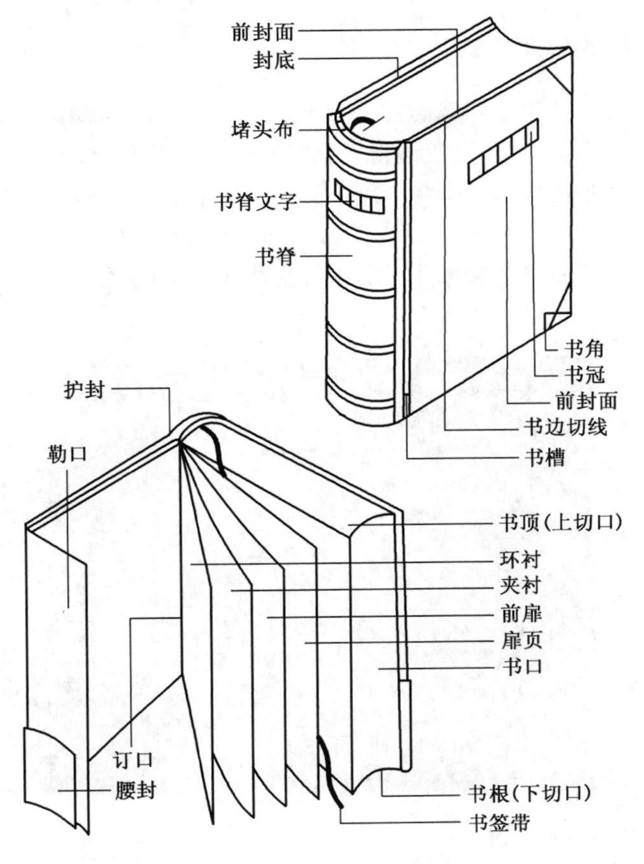

图 1-3　书籍外观构成要素图

版权页——包括书名、出版单位、编著者、开本、印刷数量、价格等有关版权信息的页面。

书心——包括环衬、扉页、内页、插图页、目录页、版权页等。

1.2.3　书籍装帧设计的要素

1. 文字

封面上简练的文字，主要是书名（包括丛书名、副书名）、作者名和出版社名。这些留在封面上的文字信息，在设计中起着举足轻重的作用。

2. 图形

图形包括了插图和图案等，有写实的，有抽象的，还有写意的。

3. 色彩

在书籍设计中，色彩及语言表达的一致性，可充分发挥色彩的视觉作用。色彩是最容易打动读者的书籍装帧设计要素，虽然个人对色彩的感觉有差异，但对色彩的感官认识是有共性的。因此，色彩的设计要与书籍内容的基本情调相一致。

4. 构图

构图的形式有垂直、水平、倾斜、曲线、交叉、向心、放射、三角、叠合、边线、散点、底纹等。

1.2.4 书籍装帧的形式

在最原始的时代，所谓的甲骨、玉版、缣帛等各种形式的文字载体虽然在一定程度上可以视为书籍的最原始形态，然而真正谈得上书籍装帧形式的应是造纸术和印刷术发明后其所催生的各种书籍形式：卷轴装、经折装、旋风装、蝴蝶装、包背装、线装、简装和精装等形式。

1. 卷轴装

卷轴装是中国一种古老的装帧形式，特点是长篇卷起来后方便保存，比如隋唐时期的经卷，如图 1-4 所示。

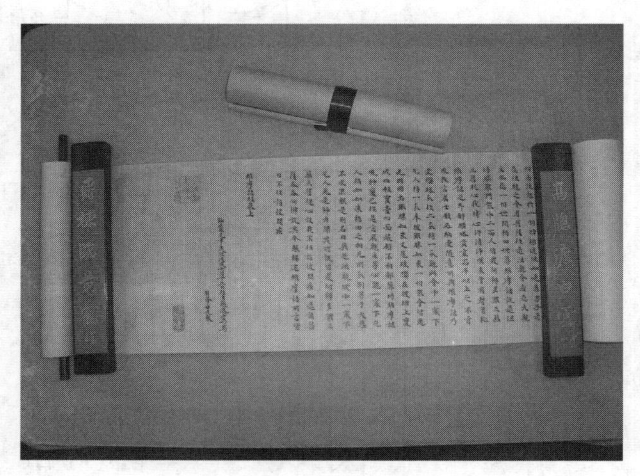

图 1-4 卷轴装

在唐代以前，纸本书的最初形式仍是沿袭帛书的卷轴装。轴通常是一根有漆的细木棒，也有的采用珍贵的材料，如象牙、紫檀、玉、珊瑚等。卷的左端卷入轴内，右端在卷外，前面装裱有一段纸或丝绸，叫做镖。镖头再系上丝带，用来缚扎。卷轴装的纸本书从东汉一直沿用到宋初。

卷轴装书籍形式的应用，使文字与版式更加规范化，行列有序。与简策相比，卷轴装舒展自如，可以根据文字的多少随时裁取，更加方便，一纸写完可以加纸续写，也可把几张纸粘在一起，称为一卷。后来人们把一篇完整的文稿就称作一卷。隋唐以后中西方正是盛行宗教的时期，卷轴装除了记载传统经典史记等内容以外，就是记载众多的宗教经文，中国多以佛经为主，西方多以圣经为主。卷轴装书籍形式发展到今天已不被采用，而在书画装裱中仍还在应用。

2. 经折装

经折装是在卷轴装的形式上改进而来的，特点是一反一正地翻阅，方便了翻阅，如图 1-5 所示。

随着社会发展和人们阅读书籍的需求增多，卷轴装的许多弊端逐步暴露出来，已经不能适应新的需求，如果查阅卷轴装书籍的中后部分，也要从头打开，看完后还要再卷起，十分麻烦。经折装的出现大大方便了阅读，也便于取放。具体做法是：将一幅长卷沿着文字版面的间隔中间，一反一正地折叠起来，形成长方形的一叠，在首末两页上分别粘贴硬纸板或木板。它的装帧形式与卷轴装已经有很大的区别，形状和今天的书籍非常相似，在书画、碑帖等装裱方面一直沿用到今天。

图 1-5　经折装

3. 旋风装

旋风装是在经折装的基础上改进的，特点是像贴瓦片那样叠加纸张，也需要卷起来收存，如图 1-6 所示。

虽然经折装的出现改善了卷轴装的不利因素，但是由于长期翻阅会使折口断开，使书籍难以长久保存和使用，所以人们把写好的纸页，按照先后顺序，依次相错地粘贴在整张纸上，类似房顶贴瓦片的样子，这样翻阅每一页都很方便。

4. 蝴蝶装

蝴蝶装是将书籍页面对折后粘连在一起，像蝴蝶的翅膀一样，不用线却很牢固，如图 1-7 所示。

图 1-6　旋风装

图 1-7　蝴蝶装

五代和唐朝时期，雕版印刷已经趋于盛行，而且印刷的数量相当大，以往的书籍装帧形式已难以适应飞速发展的印刷业。经过反复研究，人们发明了蝴蝶装的形式。蝴蝶装就是将印有文字的纸面朝里对折，再以中缝为准，把所有页码对齐，用糨糊粘贴在另一包背纸上，然后裁齐成书。蝴蝶装的书籍翻阅起来就像蝴蝶飞舞的翅膀，故此装帧形式称蝴蝶装。蝴蝶装只用糨糊粘贴，不用线，却很牢固。

5. 包背装

包背装是指对折页的文字面朝外，背向相对，两页版心的折口在书口处，所有折好的书页，叠在一起，戳齐折扣，版心内侧余幅处用纸捻穿起来。用一张稍大于书页的纸贴书背，从前封面包到书脊和封底，然后裁齐余边，这样一册书就装订好了，如图 1-8 所示。

虽然蝴蝶装有很多方便之处，但也很不完善。因为文字面朝内，每翻阅两页的同时必须翻动两页空白页。因此，到了元代，包背装取代了蝴蝶装。包背装的书籍除了文字页是单面印刷，且每两页书口处是相连的以外，其他特征均与今天的书籍相似。

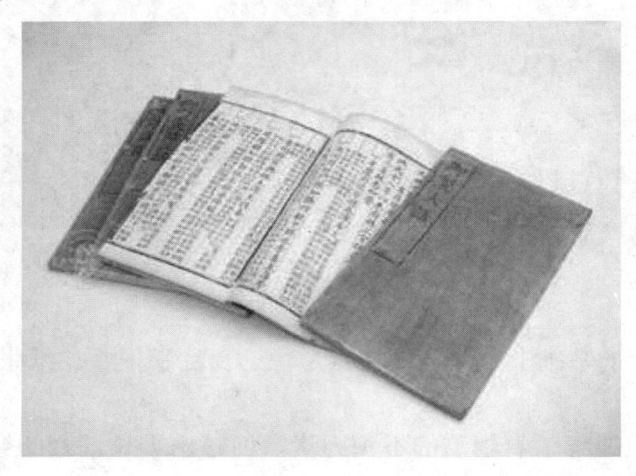

图 1-8　包背装

6. 线装

线装是古代书籍装帧的最后一种形式。它与包背装相比，书籍内页的装帧方法一样，区别之处在于护封是两张纸分别贴在前封面和封底上，书脊、锁线外露。锁线分为四、六、八针订法。有的珍善本需特别保护，就在书籍的书脊两角处包上绫锦，称为包角。线装是中国印本书籍的基本形式，也是古代书籍装帧技术发展过程中最富代表性的阶段。线装书籍起源于唐末宋初，盛行于明清时期，流传至今的古籍善本颇多，如图 1-9 所示。

图 1-9　线装

7. 简装

简装也称平装，是铅字印刷术以后近现代书籍普遍采用的一种装帧形式，如图 1-10 所示。本项目中小说封面的立体效果即采用了简装效果。

简装书内页纸张双面印，大纸折页后把每个印张于书脊处戳齐，锁线，装上护封后，三边裁齐便可成书，这种方法称为“锁线订”。由于锁线比较烦琐，成本较高，但牢固，适合较厚或重点书籍，比如词典。现在大多书籍采用先裁齐书脊然后上胶，不锁线的方法，这种方法叫“无线胶订”。它经济快捷，却不太牢固，适合较薄或普通书籍。在二十世纪二三十年代到五六十年代前后，很多书籍都是用铁丝双订的形式。一些更薄的册子，内页和封面折在一起直接在书脊折口穿铁丝，称为“骑马订”。但是，铁丝容易生锈，故不宜长久保存。

图 1-10　简装

8. 精装

精装书籍在清代已经出现，是西方的舶来方法。精装书最大的优点是护封坚固，起保护内页的作用，使书经久耐用，如图 1-11 所示。

图 1-11　精装

精装书的内页与平装一样，多为锁线订，书脊处还要粘贴一条布条，以便更牢固地连接和保护。护封用材厚重而坚硬，前封面和封底分别与书籍首尾页相粘，护封书脊与书页书脊多不相粘，以便翻阅时不致总是牵动内页，比较灵活。书脊有平脊和圆脊之分：平脊多采用硬纸板做护封的里衬，形状平整，圆脊多用牛皮纸、革等韧性较好的材质做护封的里衬，以便起弧。封面与书脊间还要压槽、起脊，以便打开封面。精装书印制精美，不易折损，便于长久使用和保存，设计要求特别，选材和工艺技术也较复杂。

1.2.5　图形图像相关知识

1. 图像和图形

图像：位图，就是按图像点阵形式存储各像素的颜色编码或灰度级。位图图像与屏幕上的像素有着密不可分的关系：图像的大小取决于这些像素点数目的多少，图像的颜色取决于像素的颜色。

图形：矢量图，是用一组指令或参数来描述其中的各个成分，易于对各个成分进行移动、缩放、旋转和扭曲等变换。

注意：图像放大之后会失真，而图形放大之后不会，如图 1-12 所示的图像和图形放大之后的效果对比，因此在使用时要根据实际需求进行选择。

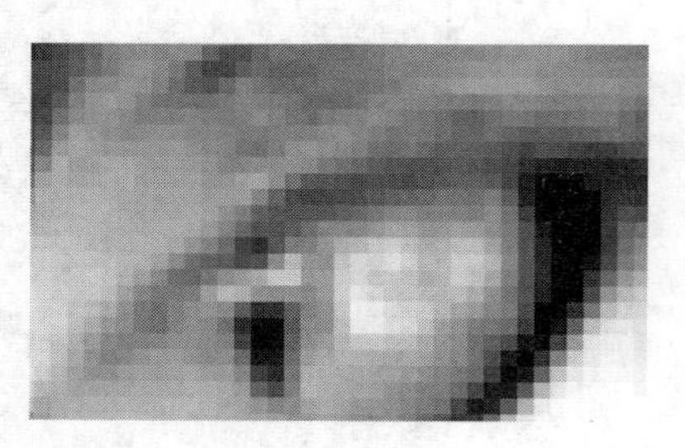

（a）图像放大

（b）图形放大

图 1-12 图像、图形放大后对比

2. 分辨率

分辨率是指每一英寸所包含的像素值，用 dpi 表示。分辨率越高，图像越清晰。分辨率可以从显示分辨率与图像分辨率两个方向来分类。

显示分辨率（屏幕分辨率）是屏幕图像的精密度，是指显示器所能显示的像素有多少。由于屏幕上的点、线和面都是由像素组成的，显示器可显示的像素越多，画面就越精细，同样的屏幕区域内能显示的信息也就越多，所以分辨率是个非常重要的性能指标。可以把整个图像想象成一个大型的棋盘，而分辨率的表示方式就是所有经线和纬线交叉点的数目。显示分辨率一定的情况下，显示屏越小，图像越清晰，而显示屏大小固定时，显示分辨率越高，图像越清晰。

图像分辨率则是指单位英寸中所包含的像素点数，其定义更趋近于分辨率本身的定义。

3. 图像格式

图像格式即图像文件存放在存储卡上的格式，通常有 JPEG、TIFF、RAW 等。由于数码相机拍下的图像文件很大，存储容量却有限，因此图像通常都会经过压缩再存储。

（1）PSD 格式

PSD 格式是 Photoshop 的专用格式。这种格式可以存储 Photoshop 中所有的图层、通道、参考线、注解和颜色模式等信息。在保存图像时，若图像中包含图层，则一般都用 PSD 格式保存。PSD 格式在保存时会将文件压缩，以减少占用磁盘的空间，但 PSD 格式所包含的图像数据信息较多（如图层、通道、剪辑路径、参考线等），因此比其他格式的图像文件还是要大得多。由于 PSD 文件保留所有原图像数据信息，因而修改起来较为方便，但大多数排版软件不支持 PSD 格式的文件。

（2）GIF 格式

GIF（Graphics Interchange Format）的原义是“图像互换格式”，是 CompuServe 公司在 1987 年开发的图像文件格式。

GIF 格式是一种基于 LZW 算法的连续色调的无损压缩格式。其压缩率一般在 50%左右，它不属于任何应用程序。目前几乎所有相关软件都支持它，公共领域有大量的软件在使用 GIF 图像文件。GIF 图像文件采用无损压缩技术，只要图像不多于 256 色，就可既减少文件的大小，又保持图像的质量。

GIF 格式的另一个特点是在一个 GIF 文件中可以存多幅彩色图像，如果把存于一个文件中的多幅图像数据逐幅读出并显示到屏幕上，就可构成一种最简单的动画。

GIF 格式普遍适用于图表、按钮等只需少量颜色的图像（如黑白照片），另外，GIF 格式支持透明色。

（3）JPEG 格式

JPEG 文件的扩展名为.jpg 或.jpeg，其压缩技术十分先进，它用有损压缩方式去除冗余的图像和彩色数据，获得极高的压缩率的同时能展现十分丰富生动的图像，换句话说，就是可以用较少的磁盘空间得到较好的图像质量。

同时 JPEG 还是一种很灵活的格式，具有调节图像质量的功能，允许用不同的压缩比例对这种文件压缩。

（4）BMP 格式

BMP（Bitmap）是 Windows 操作系统中的标准图像文件格式，可以分成两类，即设备相关位图（DDB）和设备无关位图（DIB），使用非常广。它采用位映射存储格式，除了图像深度可选以外，不采用其他任何压缩方式，因此，BMP 文件所占用的空间很大。BMP 文件存储数据时，图像的扫描方式是按从左到右、从下到上的顺序。由于 BMP 格式是 Windows 环境中交换与图有关的数据的一种标准，因此在 Windows 环境中运行的图形图像软件都支持 BMP 格式。

（5）PNG 格式

设计 PNG 格式的目的是试图替代 GIF 和 TIFF 格式，同时增加一些 GIF 格式所不具备的特性。PNG 的名称来源于“可移植网络图形格式（Portable Network Graphic Format，PNG）”，这是一种位图文件存储格式，读作“ping”。

作为 GIF 的免专利替代品而开发的 PNG 用于在万维网上无损压缩和显示图像。与 GIF 不同，PNG 支持 24 位图像，产生的透明背景没有锯齿边缘。

PNG 用来存储灰度图像时，灰度图像的深度可多到 16 位，存储彩色图像时，彩色图像的深度可多到 48 位，并且还可存储多到 16 位的 α 通道数据。PNG 使用从 LZ77 派生的无损数据压缩算法，一般应用于 Java 程序、网页或 S60 程序中，原因是它压缩比高，生成的文件体积小。

（6）TIFF 格式

标签图像文件格式（Tagged Image File Format，TIFF）是一种灵活的位图格式，主要用来存储包括照片和艺术图在内的图像。它最初由 Aldus 公司与微软公司一起为 PostScript 开发。TIFF 与 JPEG 和 PNG 一起成为流行的高位彩色图像格式，TIFF 格式在业界得到了广泛的支持。

（7）RAW 格式

RAW 是一种无损压缩格式，它的数据是没有经过相机处理的原文件，因此它的大小要比 TIFF 格式略小。所以，当上传到电脑之后，要用图像软件将其转化成 TIFF 格式才能处理。

（8）CDR 格式

CDR 格式是著名绘图软件 CorelDRAW 的专用图形文件格式。由于 CorelDRAW 是矢量图形绘制软件，所以 CDR 可以记录文件的属性、位置等。但它在兼容度上比较差，所有 CorelDRAW 应用程序中均能够使用 CDR 文件，而其他图像编辑软件打不开此类文件。

（9）EPS 格式

EPS 即封装式页面描述语言，是跨平台的标准格式，扩展名在 PC 平台上是.eps，在 Macintosh 平台上是.epsf，主要用于矢量图像和光栅图像的存储。EPS 格式采用 PostScript 语言进行描述，并且可以保存一些其他类型的信息，例如多色调曲线、Alpha 通道、分色、剪辑路径等，因此 EPS 格式常用于印刷或打印输出。Photoshop 中的多个 EPS 格式选项可以实现印刷打印的综合控制，在某些情况下 EPS 格式甚至优于 TIFF 格式。

（10）PCX 格式

PCX 是用于 Windows 的 PC 画笔和 Microsoft 画笔的本地位图文件格式，为 MS-DOS、Windows、UNIX 和其他平台以及许多其他应用程序所支持，它支持 24 位颜色，最大图像像素是 64000*64000，支持 RLE 压缩，广范用于基于 Windows 的应用程序的保存和交换格式。

1.2.6 色彩基础知识

1. 色彩的形成

人眼能够根据不同波长的光分辨颜色。太阳光所代表的白色光，包含了可见光光谱范围内的所有颜色。颜色是很复杂的物理现象，它的存在是因为有三个实体：光源、物体、观察者。

日常见的白光，实际由红（red）、绿（green）、蓝（blue）三种波长的光组成，物体经光源照射，吸收和反射不同波长的红、绿、蓝光，经由人的眼睛，传到大脑形成了所看到的各种颜色，也就是说，物体的颜色就是它们反射的光的颜色。

红、绿、蓝三种波长的光是自然界中所有颜色的基础，光谱中的所有颜色都是由这三种光的不同强度构成的。把三种基色交互重叠，就产生了混合色：青（cyan）、洋红（magenta）、黄（yellow）。

红、绿、蓝三种光线加起来，自然是最亮的白光，呈白色是因为光全被反射出来，依此类推，如果光全部被吸收，那么看到的就是黑色。

2. 色彩的三要素

色彩三要素由饱和度（纯度）、色相（色度）和明度（亮度）来描述。人眼看到的任一彩色光都是这三个特性的综合效果，其中色相与光波的波长有直接关系，饱和度和明度与光波的幅度有关。

（1）饱和度

饱和度是颜色鲜艳程度的指标。当饱和度为零时，只有从白到黑的明亮度差别。

（2）色相

色相亦即色度，汇聚了不同的颜色，可根据光波的长短来区别，其表达方式为：由红开始，转向蓝，再到绿，然后返回原来的红色。

色彩是由于物体上物理性的光反射到人眼视神经上所产生的感觉。色的不同是由光的波长的长短差别所决定的。色相指的是这些不同波长的色的情况。波长最长的是红色，最短的是紫色。红、橙、黄、绿、蓝、紫和处在它们各自之间的红橙、黄橙、黄绿、蓝绿、蓝紫、红紫这 6 种中间色——共计 12 种色作为色相环。在色相环上排列的色是纯度高的色，被称为纯色。这些色在环上的位置是根据视觉和感觉的相等间隔来进行安排的。用类似这样的方法还可以再分出差别细微的多种色来。在色相环上，直径两端的色被称为互补色。

（3）明度

明度亦即亮度，是光作用于人眼时所引起的明亮程度的感觉，它与被观察物体的发光强度有关。色彩可以分为有彩色和无彩色，但后者仍然存在着明度。作为有彩色，每种色各自的亮度、暗度在灰度测试卡上都具有相应的值。

彩度高的色对明度有很大的影响，不太容易辨别。在明亮的地方鉴别色的明度比较容易，在暗的地方就难以鉴别。

3. 色彩的三基色原理

（1）相加混色

大多数的颜色可以通过红、绿、蓝三色按照不同的比例合成产生，同样绝大多数单色光也可以分解成红、绿、蓝三种色光，这是色度学的最基本的原理，即三基色原理。三种基色是相互独立的，任何一种基色都不能由其他两种颜色合成。红、绿、蓝是三基色，这三种颜色合成的颜色范围最为广泛，如图 1-13 所示。

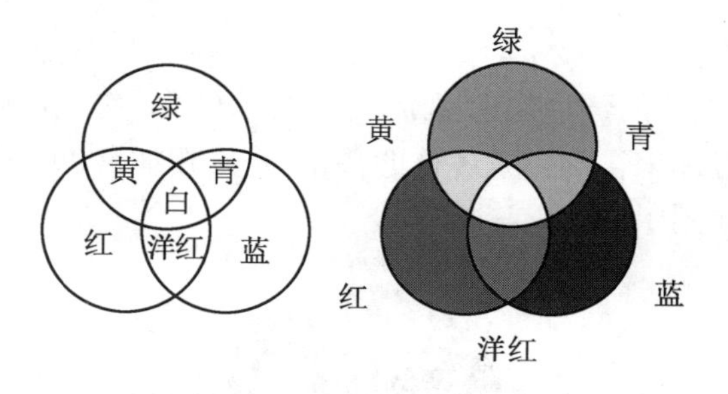

图 1-13　相加混色

不同比例的三基色相加得到彩色称为相加混色。规律如下：

红+绿=黄

红+蓝=洋红

蓝+绿=青

红+蓝+绿=白

（2）相减混色

相减混色利用了滤光特性，即滤除在白光中不需要的彩色，留下所需要的颜色。如印染、颜料等采用了相减混色。

在白光照射下，青色颜料能吸收红色而反射青色，黄色颜料吸收蓝色而反射黄色，洋红色颜料吸收绿色而反射洋红色。也就是：

白色-红色=青色

白色-蓝色=黄色

白色-绿色=洋红色

另外，如果把青色和黄色两种颜料混合，在白光照射下，颜料由于吸收了红色和蓝色，而反射了绿色，对于颜料的混合，我们表示如下：

颜料（青色+黄色）=白色-红色-蓝色=绿色

颜料（青色+洋红色）=白色-红色-绿色=蓝色

颜料（洋红色+黄色）=白色-绿色-蓝色=红色

相减混色就是以吸收的三基色比例不同而形成不同的颜色，所以可把青色、洋红色、黄色称为颜料三基色，如图 1-14 所示。颜料三基色的混色在绘画、印刷中得到广泛应用。红、绿、蓝三色被称为相减二次色或颜料二次色。在相减二次色中有：

（青色+黄色+洋红色）=白色-红色-蓝色-绿色=黑色

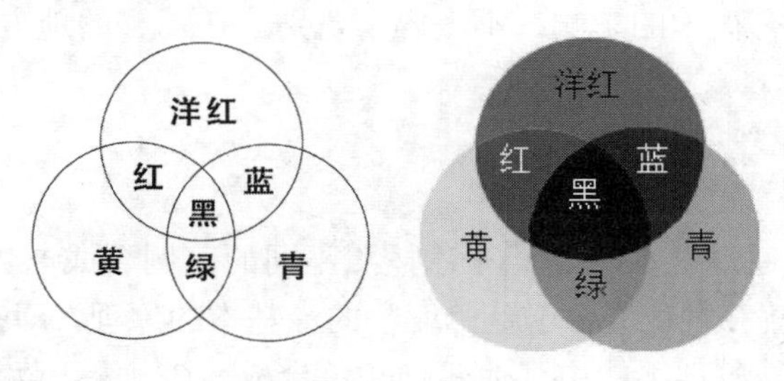

图 1-14 相减混色

4. 色彩模式

（1）RGB 颜色模式

RGB 颜色模式是工业界的一种颜色标准，通过红（R）、绿（G）、蓝（B）三个颜色通道的变化以及它们之间的叠加来得到各式各样的颜色，是用相加混色三基色原理所表示的颜色模式，色彩值与对应颜色如图 1-15 所示。

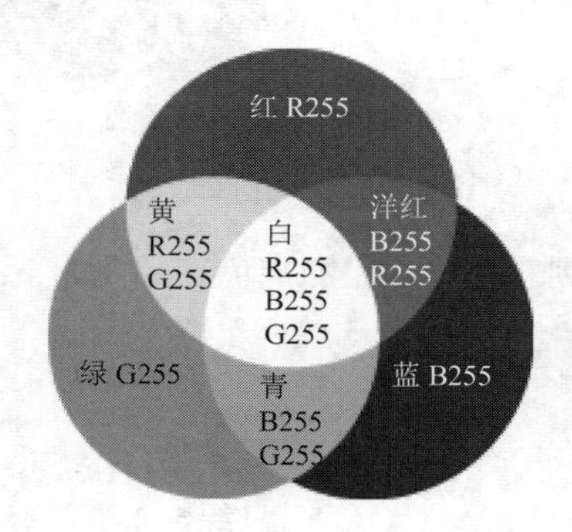

图 1-15 RGB 模式

（2）CMYK 颜色模式

CMYK 颜色模式是另一种专门针对印刷业设定的颜色标准，通过青（C）、洋红（M）、黄（Y）、黑（K）四个颜色的变化以及它们之间的叠加来得到各种颜色，是用相减混色三基色原理所表示的颜色模式，广泛运用于绘画和印刷领域，色彩值与对应颜色如图 1-16 所示。

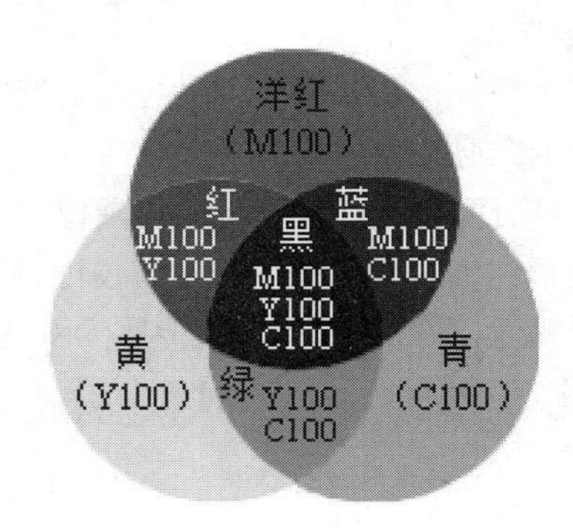

图 1-16　CMYK 模式

注意： 由于 C、M、Y 值均为 100 时所得到的黑色并不是纯黑色，因此，在该模式中增加了一个专用的 K（黑）色，当 K 值为 100 时，才是印刷业中的纯黑色。

（3）灰度颜色模式

灰度颜色模式是用 0 到 255 的不同灰度值来表示图像，0 表示黑色，255 表示白色，灰度模式可以和彩色模式直接转换。

（4）位图颜色模式

位图颜色模式其实就是黑白模式，它只能用黑色和白色来表示图像。只有灰度颜色模式可以转换为位图颜色模式，所以一般的彩色图像需要先转换为灰度颜色模式，再转换为位图颜色模式。

（5）索引颜色模式

索引颜色模式采用一个颜色查找表存放并索引图像中的颜色，最多 256 种颜色。当转换为索引颜色模式时，Photoshop 将构建一个颜色查找表（CLUT），用以存放并索引图像中的颜色。如果原图像中的某种颜色没有出现在该表中，则程序将选取现有颜色中最接近的一种，或使用现有颜色模拟该颜色。这种模式只支持单通道图像（8 位/像素），因此，可以通过限制调色板、索引颜色减小文件，同时保持视觉上的品质不变。

注意： 当图像是 8 位/通道，且是索引颜色模式时，所有的滤镜都不可以使用。

（6）Lab 颜色模式

Lab 颜色模式基于人对颜色的感觉。Lab 中的数值描述正常视力的人能够看到的所有颜色。因为 Lab 描述的是颜色的显示方式，而不是设备（如显示器、桌面打印机或数码相机）生成颜色所需的特定色料的数量，所以 Lab 被视为与设备无关的颜色模式。色彩管理系统使用 Lab 作为色标，以将颜色从一个色彩空间转换到另一个色彩空间。Lab 颜色模式的亮度分量（L）范围是 0 到 100。

Lab 色彩模式是由亮度（L）和有关色彩的 a、b 三个要素组成的。L 表示亮度（luminosity），a 表示从洋红色至绿色的范围，b 表示从黄色至蓝色的范围。

（7）HSB 颜色模式

HSB 色彩模式是色彩的一种表现形式。在 HSB 模式中，H（hues）表示色相，S（saturation）表示饱和度，B（brightness）表示明度。

饱和度相当于家庭电视机的色彩浓度，饱和度高，色彩较艳丽，饱和度低，色彩就接近灰色。明度也称为亮度，等同于彩色电视机的亮度，亮度高，色彩明亮，亮度低，色彩暗淡，亮度最高得到纯白，最低得到纯黑。

（8）双色调模式

双色调模式可用一种灰色油墨或彩色油墨来渲染一个灰度图像。该模式最多可向灰度图像添加 4 种颜色，从而可以打印出比单纯灰度更有趣的图像。

双色调模式可采用 2～4 种彩色油墨混合其色阶来创建双色调（2 种颜色）、三色调（3 种颜色）、四色调（4 种颜色）的图像，在将灰度图像转换为双色调模式的图像过程中，可以对色调进行编辑，产生特殊的效果。使用双色调模式的重要用途之一是使用尽量少的颜色表现尽量多的颜色层次，减少印刷成本。

（9）多通道模式

在多通道模式中，每个通道都合用 256 灰度级存放着图像中颜色元素的信息。该模式多用于特定的打印或输出，一般包括 8 位通道与 16 位通道。

当将图像转换为多通道模式时，可以使用下列原则：通过将 CMYK 图像转换为多通道模式，可以创建青色、洋红色、黄色和黑色专色通道；通过将 RGB 图像转换为多通道模式，可以创建青色、洋红色和黄色专色通道；通过从 RGB、CMYK 或 Lab 图像中删除一个通道，可以自动将图像转换为多通道模式。这对有特殊打印要求的图像非常有用，例如，如果图像中只使用了一两种或两三种颜色，使用多通道颜色模式可以减少印刷成本。

1.3 项目相关操作

1.3.1 文件基本操作

Photoshop 是目前 PC 上公认的最好的通用图像处理软件，利用它可以创作出任何用户所能构想出来的电脑特技作品，几乎在所有的广告、出版和图像处理公司，Photoshop 都是首选的平面处理工具。

下面先来学习 Photoshop 中的文件操作方法，主要包括新建、打开、保存和关闭文件。

1. 新建文件

建立一张图片需要新建一个图像文件，选择“文件”|“新建”命令或按下 Ctrl+N 组合键，就会打开“新建”对话框，如图 1-17 所示。“新建”对话框中的各个选项如下：

- **名称**：该文本框用于输入新建文件的名称。如果不输入，则系统会默认用“未标题-*”（*依次为 1、2、3……）。
- **预设**：指定新图像的预定义设置，可以直接从下拉列表中选择预定义好的参数。一般情况下选择“自定”，以根据需要进行设置。
- **宽度和高度**：用于指定图像的宽度和高度的数值，在其下拉列表中还有“像素”“厘米”“毫米”和“英寸”等计量单位可选择，根据需要指定。
- **分辨率**：指定新建图像的分辨率。数字需要使用键盘直接输入，单位可以从右边的下拉列表中选择；如果不输入数字，系统会默认为 72 像素/英寸。
- **颜色模式**：在此下拉列表框中选择图像的色彩模式，其中包括“位图”“灰度”“RGB 颜色”“CMYK 颜色”和“Lab 颜色”等 5 种色彩模式。通常采用 RGB 颜色模式，Photoshop 默认的选择是“灰度”选项。

- **背景内容**：该选项主要用于设定新图像的背景图层颜色，可以选择“白色”“背景色”和“透明”3 种。其中“背景色”选项将使新文件的颜色同工具箱中的背景色框的颜色一致。

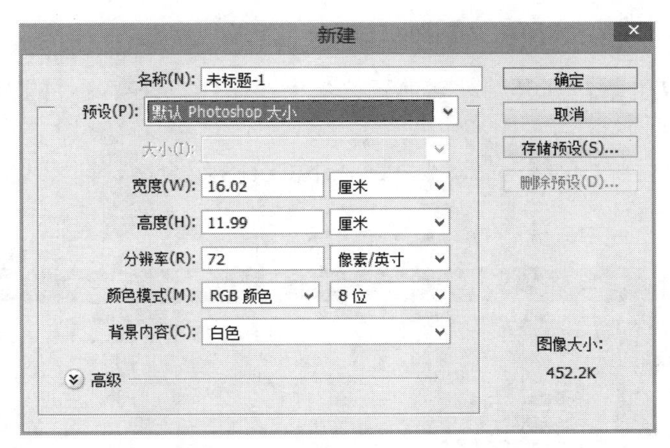

图 1-17　“新建”对话框

完成上述的设置以后，单击“确定”按钮或者按下回车键，就可以建立一个新文件了。其标题栏显示文件名、显示比例、颜色模式。

建立新文件后，用户就可以在其中进行绘制图像、输入文字等操作，创造出自己想要的效果。

2. 打开文件

如果需要对已经存在的图像进行编辑修改，就需要将图像打开，方法如下：

（1）单击“文件”|“打开”命令，或者按 Ctrl+O 组合键，打开“打开”对话框，如图 1-18 所示。

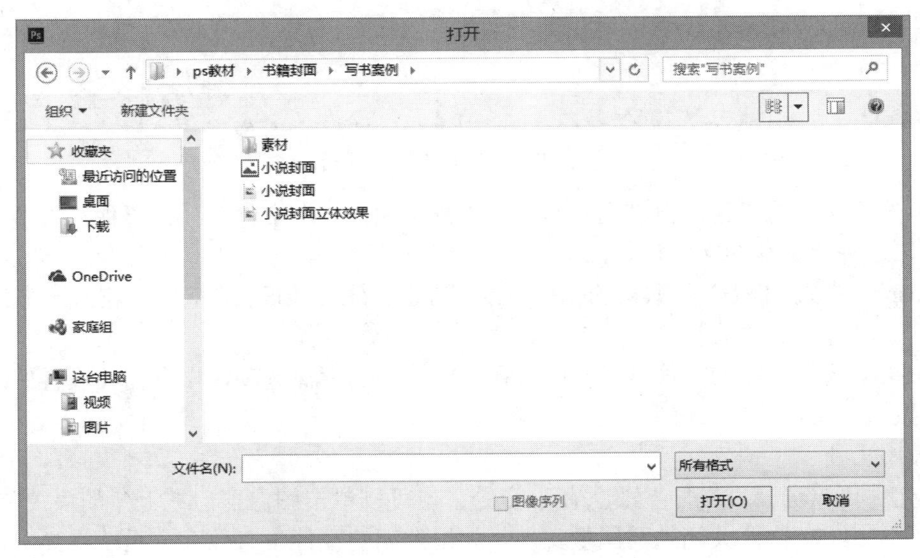

图 1-18　“打开”对话框

（2）在“路径”框中选择图像文件所在的路径。

（3）在“文件格式”下拉列表中选择所要打开文件的格式，如果选择“所有格式”，则全部的文件都会被显示出来。

（4）在“文件夹和文件”列表中选中要打开的文件，单击“打开”按钮即可，也可以直接双击要打开文件的图标。

3. 保存文件

新建一个图像文件后，在开始编辑前建议先保存文件。保存文件的方法很简单，执行如下的操作即可。

（1）执行“文件”|“存储为”命令，或按下 Ctrl+S 组合键，打开“另存为”对话框，如图 1-19 所示。

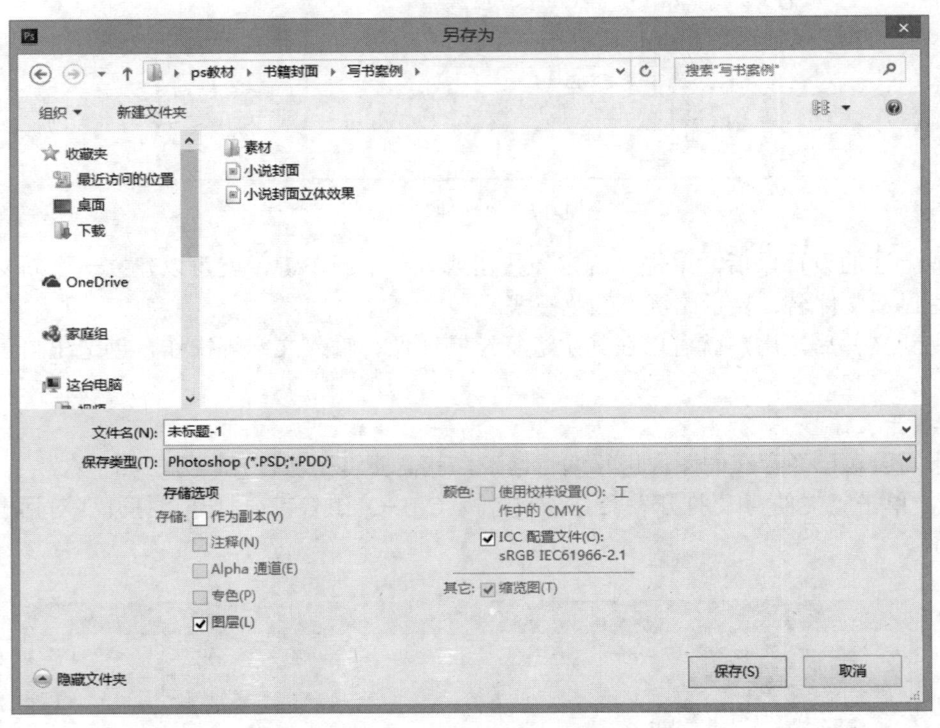

图 1-19 “另存为”对话框

（2）选择保存的路径，在“文件名”文本框中输入一个文件名，在“保存类型”下拉列表框中可以选择要保存的文件格式。

Photoshop 格式（PSD）是默认的文件格式，对于新建的图像文件，文件格式一般选择 PSD 格式。

（3）根据选择存储的文件格式不同，还有些不同的存储选项，根据需要设置好后，单击“保存”按钮，文件就保存好了。

4. 关闭文件

关闭文件可以选择“文件”|“关闭”命令，也可以单击图像窗口右上角的“关闭”按钮，或按快捷键 Ctrl+W 快速关闭当前图像文件。如果关闭的文件没有保存，系统将弹出提示是否保存的对话框。

1.3.2 图像相关操作

1. 查看图像

掌握了 Photoshop 文件基本操作后，还应学习如何查看图像，其中包括使用导航器、缩放工具或抓手工具查看等操作方法。下面进行具体讲解。

（1）使用导航器查看图像

选择“文件”|“打开”命令，打开一幅图像文件，在“导航器”面板中显示当前图像的预览效果，按住鼠标左键左右拖动“导航器”面板底部滑动条上的滑块，可实现图像缩小与放大显示，如图 1-20 所示。在滑动条左侧的数值输入框中输入数值，可以直接以输入的比例来完成缩放。

图 1-20 左右拖动滑块后图像缩小与放大显示效果

当图像放大超过 100%时，“导航器”面板的图像预览区中便会显示一个红色的矩形线框，表示当前视图中只能观察到矩形线框内的图像。将鼠标光标移动到预览区，此时光标变成状，这时按住左键不放并拖动，可调整图像的显示区域。

（2）使用缩放工具查看图像

在工具箱中选择“缩放工具”可放大和缩小图像，也可使图像呈 100%显示。在工具箱中单击“缩放工具”，在需要放大的图像上拖拽鼠标，得到放大图像局部后的效果。直接使用缩放工具单击图像也可放大图像。按住 Alt 键，当光标变为中心有一个减号的按钮时，单击要缩小的图像区域的中心，每单击一次，视图便缩小到上一个预设百分比。

（3）使用抓手工具查看图像

使用工具箱中的“抓手工具”可以在图像窗口中移动图像。使用缩放工具放大图像，然后使用抓手工具，在放大的图像窗口中按住鼠标左键拖动，可以随意查看图像。

2. 图像调整

使用 Photoshop 编辑图像文件时，有的图像的尺寸和分辨率并不是完全合适，有的会不符合需要，要根据实际情况对图像的尺寸和分辨率进行调整，才能达到要求。

（1）调整图像大小

通过“图像大小”命令，可以修改图像的尺寸、像素大小和分辨率。执行“图像”|“图像大小”命令，弹出“图像大小”对话框，如图 1-21 所示。

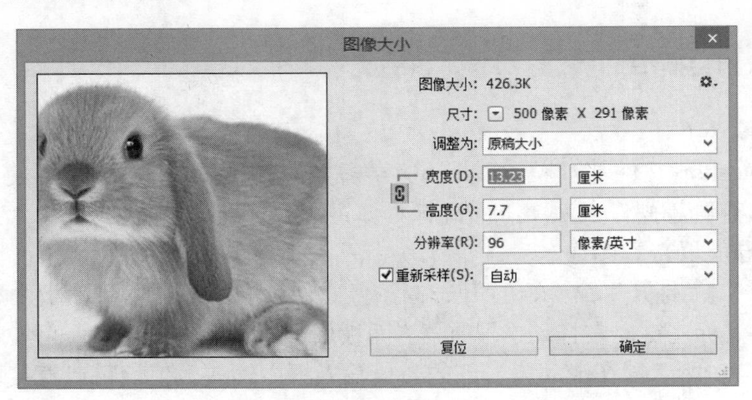

图 1-21 “图像大小”对话框

（2）修改画布大小

画布是指图像窗口的工作区域，执行“图像”|“画布大小”命令，在弹出的“画布大小”对话框中修改画布尺寸，如图 1-22 所示。

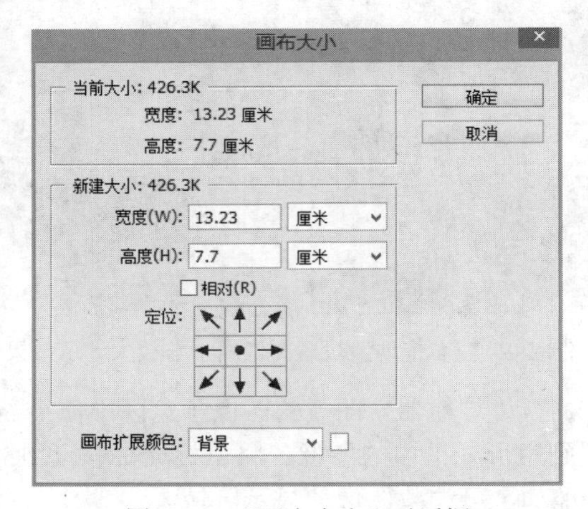

图 1-22 “画布大小”对话框

“画布大小”对话框中各选项含义如下：

- **当前大小**：显示当前图像画布的实际大小。
- **新建大小**：设置调整后图像的宽度和高度，系统默认为当前大小。如果设定的宽度和高度大于图像的尺寸，Photoshop 则会在原图像的基础上增加画布面积；反之，则减小画布面积。
- **“相对”复选框**：选中该复选框，“新建大小”栏中的“宽度”和“高度”将在原画布的基础上增加或减少尺寸（而非调整后的画布尺寸）。正值表示增加尺寸，负值表示减小尺寸。

图 1-23 所示为原图像，选择“图像”|“画布大小”命令，打开“画布大小”对话框，调整“宽度”为 15 厘米，“高度”为 8 厘米，调整后的图像如图 1-24 所示。

（3）调整图像方向

调整图像的方向，可以选择“图像”|“图像旋转”命令，在打开的子菜单中选择相应的命令即可，图 1-25 所示为执行“水平翻转画布”命令后的图像效果。

图 1-23　原图像

图 1-24　调整后的图像

180 度(1)
90 度(顺时针)(9)
90 度(逆时针)(0)
任意角度(A)...
水平翻转画布(H)
垂直翻转画布(V)

图 1-25　“水平翻转画布”的图像效果

3. 裁切图像

在对图像或照片进行编辑的时候，有时需对图片进行裁切，选取有用的内容。使用裁剪工具，“裁剪”命令和“裁切”命令就能完成对图像的裁切。

（1）使用裁剪工具裁切图像

使用工具箱中的“裁剪工具”可以对图像或照片进行裁剪，以方便、快捷地获得需要的图像尺寸。需要注意的是，裁剪工具的选项栏在执行裁剪操作前后的显示状态不同。选择“裁剪工具”，选项栏如图 1-26 所示。

比例　清除　拉直　删除裁剪的像素　基本功能

图 1-26　裁剪工具选项栏

裁剪工具选项栏中的各选项含义如下：

- 按钮：单击可打开工具预设选取器。
- 比例 按钮：单击该按钮后可选择预设的长宽比或裁切尺寸。
- 设置框：用于设置裁剪框的长宽比。
- 清除 按钮：清除长宽比值。
- 拉直 按钮：通过在图像上画一条直线来拉直图像。
- 按钮：设置裁剪工具的叠加选项，如图 1-27 所示。
- 按钮：设置裁剪工具的其他选项，如图 1-28 所示。
- 删除裁剪的像素 复选框：确定是保留还是删除裁剪框外的像素数据。

选择“裁剪工具”后，将鼠标光标移动到图像窗口中，按住鼠标拖出选框，框选要保留的图像区域，如图 1-29 所示。在保留区域四周有一个定界框，拖动定界框上的控制点可以调整裁剪区域的大小，此时，裁剪工具选项栏如图 1-30 所示。调整好裁剪区域，按 Enter 键可以完成图像裁剪，如图 1-31 所示。

图 1-27　裁剪工具叠加选项

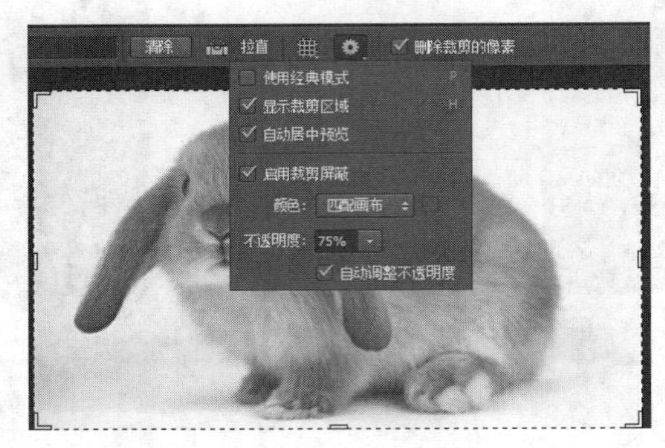

图 1-28　裁剪工具其他选项

图 1-29　裁剪图像区域

图 1-30　变换后的选项栏

图 1-31　裁剪后的图像

变换后的选项栏中各选项含义如下：

- 按钮：复位裁剪框、图像旋转以及长宽比设置。
- 按钮：单击该按钮可以取消当前裁剪操作。
- 按钮：提交当前裁剪操作。

（2）使用“裁剪”命令裁切图像

使用“图像”|“裁剪”命令裁切图像要建立在选区的基础上，如果图像没有创建选区，该命令不能执行，如图 1-32 所示。

（a）原图像

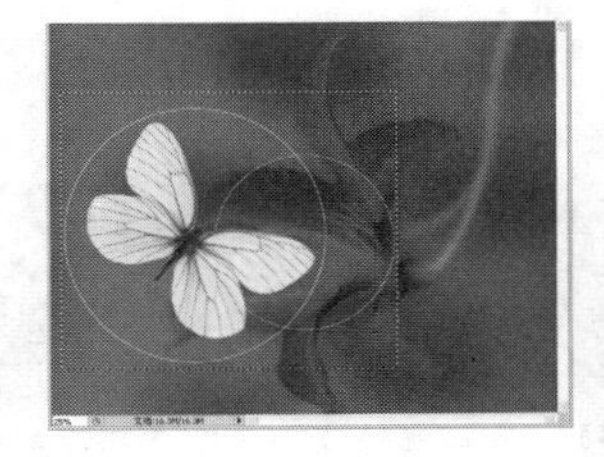
（b）建立选区

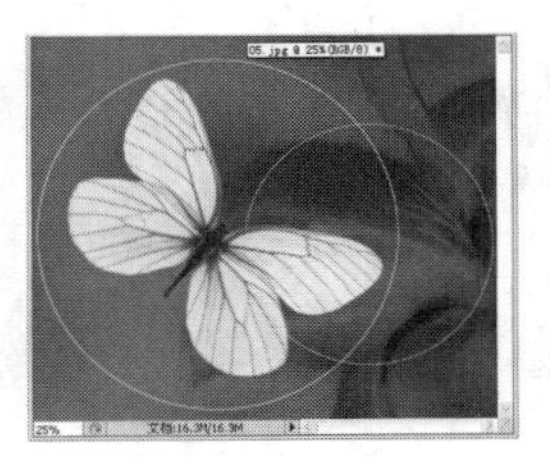
（c）裁切完成

图 1-32　裁剪图像

（3）使用“裁切”命令裁切图像

“裁切”命令是通过移去不需要的图像数据来裁切图像，其所用的方式与“裁剪”命令不同。可以通过裁切周围的透明像素或指定颜色的背景像素来裁切图像。执行“图像”|“裁切”命令，弹出“裁切”对话框，设置移去图像左上角像素颜色区域，得到裁切后的效果图，如图 1-33 所示。

- **透明像素**：修整掉图像边缘的透明区域，留下包含非透明像素的最小图像。
- **左上角像素颜色**：从图像中移去左上角像素颜色区域。
- **右下角像素颜色**：从图像中移去右下角像素颜色区域。

（a）原图像

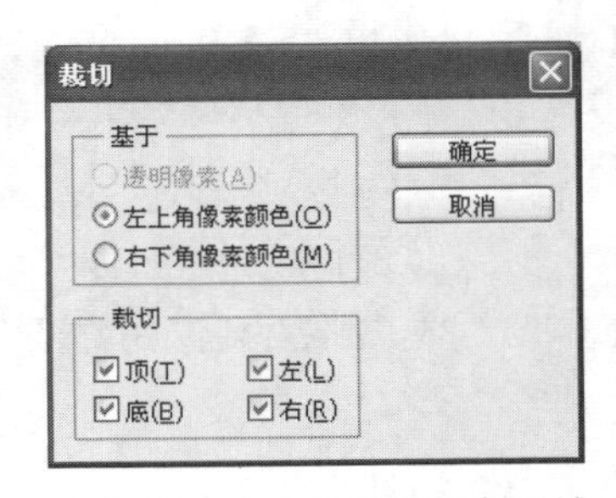

（b）移去左上角像素颜色区域

（c）裁切后的图像

图 1-33　裁切图像

4. 图像变形操作

在处理图像时，常常需要对图像进行变形，例如，改变大小、旋转角度、进行图像扭曲或产生透视效果等。Photoshop 提供了许多变形命令，使图像的变形操作变得易如反掌。

用“选择工具”选取要变形的区域，执行“编辑”|“自由变换”或“编辑”|“变换”下的命令，如图 1-34 所示，可以对指定的图像进行缩放、旋转、斜切和扭曲等操作。

（1）旋转与翻转图像

- **旋转 180 度**：将图像旋转半圈。
- **旋转 90 度（顺时针）**：将图像按顺时针方向旋转四分之一圈。
- **旋转 90 度（逆时针）**：将图像按逆时针方向旋转四分之一圈。
- **水平翻转**：将图像沿垂直轴水平翻转。
- **垂直翻转**：将图像沿水平轴垂直翻转。

执行以上命令后的效果如图 1-35 所示。

图 1-34　变形命令

（a）原图像

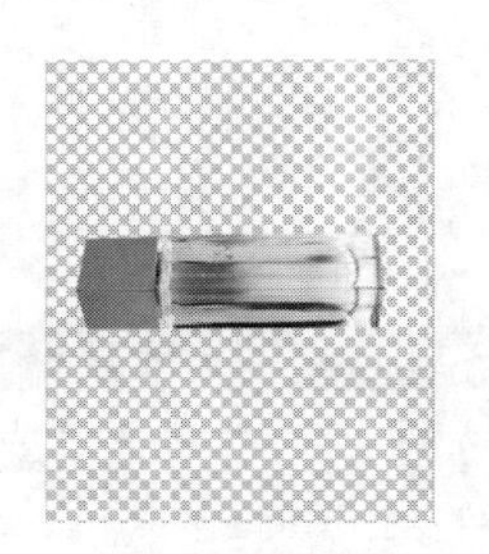

（b）逆时针旋转 90 度

（c）垂直翻转

图 1-35　旋转与翻转图像效果

（2）变换图像

- **缩放**：将鼠标放在控制点上，指针变为双箭头后拖动即可对图像进行缩放。按住 Shift 键的同时，拖动控制点将等比例缩放图像。
- **旋转**：将鼠标移到变形控制框的外面，指针变为弯曲的双向箭头后旋转即可。
- **斜切**：将鼠标移到变形控制框外面，然后拖动控制点即可。
- **扭曲**：按住 Ctrl 键的同时拖动控制点可以自由扭曲，按住 Alt 键的同时拖动控制点可以相对定界框的中心点扭曲。

- **透视**：拖动控制点，能使图像产生透视效果。
- **变形**：通过图像周围调整框，可调整图像变形效果。

执行以上各命令后得到的效果如图 1-36 所示。

（a）原图像

（b）缩放后的图像

（c）旋转图像

（d）扭曲图像

（e）透视图像

（f）变形图像

图 1-36　变换图像效果

5. 图像还原操作

编辑图像时常有操作失误的情况。使用图像还原操作即可轻松回到原始状态。

（1）使用“撤销”命令还原图像

在编辑和处理图像的过程中，发现操作失误后应立即撤销误操作，然后重新操作。可以通过下面几种方法来撤销误操作。

①按 Ctrl+Z 组合键可以撤销最近一次进行的操作，再次按 Ctrl+Z 组合键又可以重做被撤销的操作；每按一次 Alt+Ctrl+Z 组合键可以向前撤销一步操作；每按一次 Shift+Ctrl+Z 组合键可以向后重做一步操作。

②选择“编辑”|“还原”命令可以撤销最近一次进行的操作；撤销后选择“编辑”|“重做”命令又可以恢复该步操作；每选择一次“编辑”|“后退一步”命令可以向前撤销一步操作；每选择一次“编辑”|“前进一步”命令可以向后重做一步操作。

（2）使用“历史记录”面板还原图像

如果在 Photoshop 中对图像进行了误操作，可以使用“历史记录”面板恢复图像在某个阶段操作时的效果。

使用“历史记录”面板可以很方便地将图像恢复到一个指定的状态，用户只需要单击“历史记录”面板中的操作步骤，即可回到该步骤状态。其操作方法如下：

①首先对一幅图像进行操作，“历史记录”面板将显示操作步骤，如图 1-37 所示。

②选择还原到“矩形选框”前，“历史记录”面板如图 1-38 所示，可以看到“矩形选框”记录后的操作都变成了灰色，表示这些操作都已经被撤销。如果用户没有做新的操作，可以单击这些状态来重做一步或多步操作。

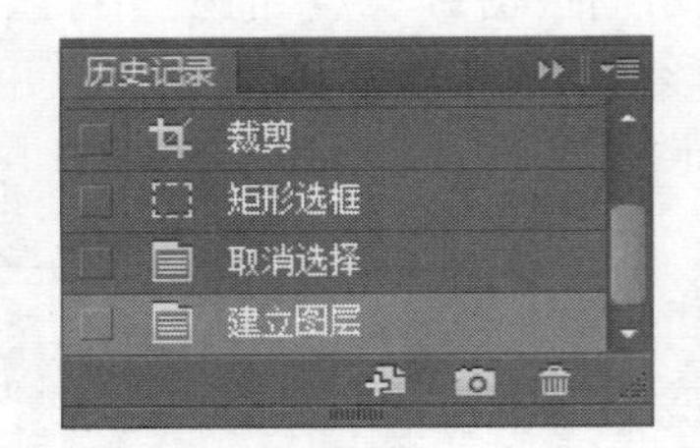

图 1-37 “历史记录”面板显示操作步骤

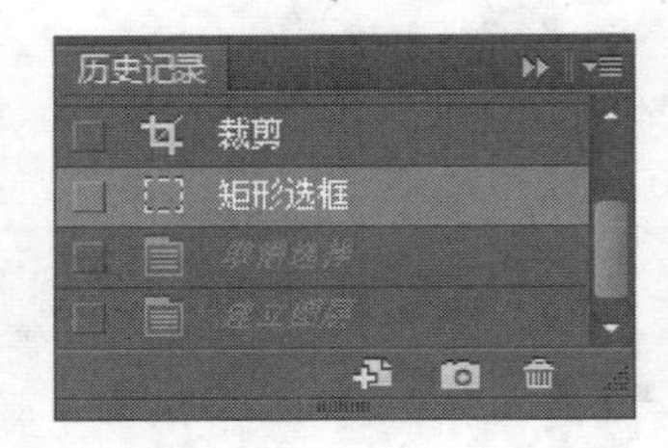

图 1-38 恢复到“矩形选框”操作

1.3.3 选区操作

选区是指通过工具或者相应命令在图像上创建的选取范围。创建选区后，首先可以将选区内的区域进行隔离，以便复制、移动、填充或颜色校正，还可以进行填充、描边等操作，绘制出各种图像。因此，要创建或者编辑图像，首先要掌握在 Photoshop 中创建与编辑选区的方法和技巧。

1．规则选区的创建

用来创建规则选区的工具被集中在选框工具组中，包括矩形选框工具、椭圆选框工具、单行选框工具、单列选框工具，如图 1-39 所示。下面就对这几种工具的使用方法进行介绍。

（1）矩形选区的创建

矩形选区的创建主要通过矩形选框工具完成。矩形选框工具是选区工具中较为常用的，单击工具箱中的“矩形选框工具”选项，或者按 M 键，选择“矩形选框工具”，在起始点按住鼠标左键不放，然后任意方向拖动就可以拉出矩形选区，如图 1-40 所示。

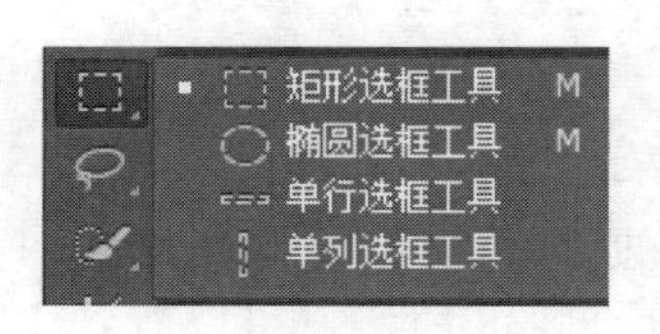

图 1-39 选框工具组

图 1-40 矩形选区

在拖拉选区的同时，按住空格键，可以移动选区。

如果对所绘制的选区不满意，可选择菜单中的“选择”|“取消选择”，或者按 Ctrl+D 组合键取消选区。

在拖动的同时，按住 Shift 键，可以创建出正方形选区；按住 Alt 键，可以创建出以起点为中心的矩形选区；按住 Shift +Alt 键，可以创建出以起点为中心的正方形选区。

在选区创建后，按住 Shift 键，原来的十字形光标的右下方会多出一个加号，可以在原有选区的基础上，加选其他内容，如图 1-41 所示。

在选区创建后，按住 Alt 键，原来的十字形光标的右下方会多出一个减号，可以在原有选区的基础上，减选其他内容，如图 1-41 所示。

在选区创建后，按住 Shift +Alt 组合键，原来的十字形光标的右下方会多出一个乘号，所选选区为新建立的选区与原选区的重叠部分，如图 1-41 所示。

图 1-41　加、减、交叉选区创建效果

总结起来，创建选区时 Alt 和 Shift 键的使用方法如下：

Shift 键作用：一是保持长宽比，二是切换到添加方式。

若视图中没有选区，Shift 键的作用是保持长宽比；若视图中已存在选区，Shift 键的作用是切换到添加方式。

Alt 键作用：一是从中心点出发，二是切换到减去方式。

若视图中没有选区，Alt 键的作用是从中心点出发；若视图中已存在选区，Alt 键的第一作用就是切换到减去方式，第二作用才是从中心点出发。

选择工具箱里的工具，在菜单栏的下面便会出现该工具的选项栏，以上在原选区基础上进行的添加、减去、与选区交叉操作也可以通过工具选项栏进行设置，三种操作对应工具选项栏上的三个按钮，如图 1-42 所示。

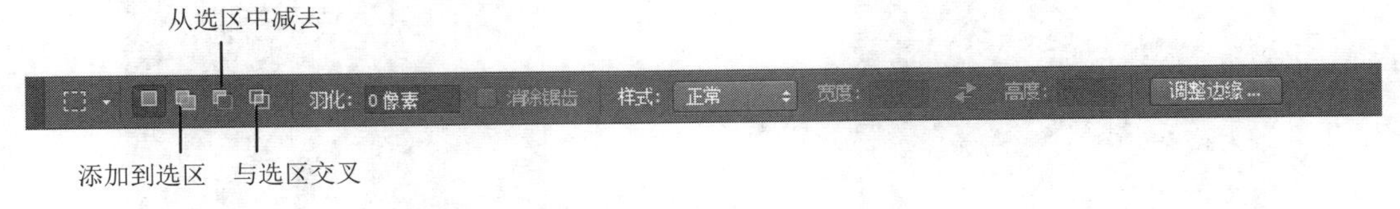

图 1-42　添加、减去、与选区交叉

如果鼠标拖动创建的选区精确度不够，我们可以在工具选项栏中的“样式”选项中进行设置，如图 1-43 所示。选择“正常”选项，可以创建任意比例和大小的选区，前面我们绘制的选区便是在该选项状态下创建的；选择“固定比例”选项，可以创建出固定比例的选区，如图 1-44 所示；选择“固定大小”选项，可以创建出固定大小的选区，如图 1-45 所示。

图 1-43　“样式”选项

图 1-44　固定比例选区　　　　图 1-45　固定大小选区

（2）椭圆选区的创建

椭圆选区的创建主要通过椭圆选框工具完成，椭圆选框工具可以绘制椭圆或者圆形选区，其创建操作方法与矩形选框工具基本相同，这里就不再重复讲解。

与矩形选框工具不同的是，在椭圆选框工具栏选项栏里面有一个“消除锯齿”选项，在创建选区以前勾选该选项，所创建的选区相对未勾选该选项来创建的选区而言，边缘更加柔和。图 1-46 为勾选“消除锯齿”后创建的选区填充后的效果，图 1-47 为未勾选“消除锯齿”而创建的选区填充后的效果。

图 1-46　勾选“消除锯齿”

图 1-47　未勾选“消除锯齿”

（3）单行/单列选区的创建

选择“单行选框工具”或“单列选框工具”，在图像中单击一下，就会在相应的地方创建出高度为 1 像素，宽度为画布宽度的选区（单行选择工具）或高度为画布高度，宽度为 1 像素的选区（单列选择工具），如图 1-48 和图 1-49 所示。

图 1-48　单行选区

图 1-49　单列选区

2. 不规则选区的创建

运用规则选区工具可以创建出一些规则的选区，结合添加、减去、交叉选区选项，可以创建出一些不规则的选区，但其功能还是比较有限，很难满足实际创作的需要。因此在 Photoshop 中有一组不规则选区工具，包括套索工具、多边形套索工具、磁性套索工具，即套索工具组，如图 1-50 所示。

（1）套索工具的使用

在画布上按住鼠标左键任意拖动，放开鼠标（或者按回车键）后，可以创建一个与拖动轨迹相符的选区，值得提醒的是，如果起始点与结束点不是同一点，二者便会自动连接到一起，如图 1-51 所示。当然，为了避免此情况，在创建选区时，一般会在结束时回到起始点，如对选区不满意，可按下 Esc 键取消本次操作。

图 1-50　套索工具组

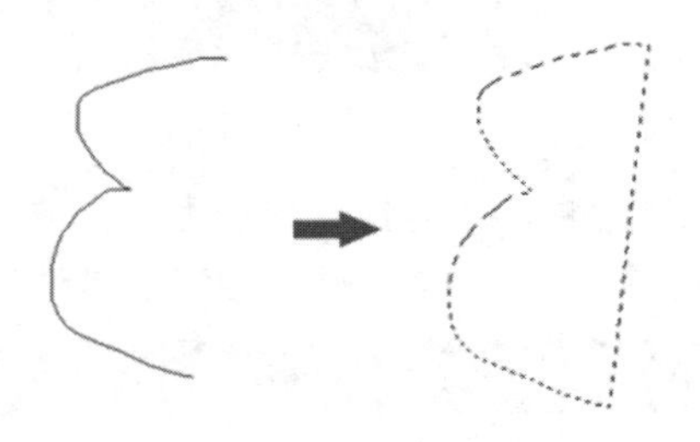

图 1-51　套索工具的基本使用

（2）多边形套索工具的使用

多边形套索工具是最精确的不规则选择工具，它与放大图像的功能结合在一起，可以制作出非常复杂而精确的选区，如图 1-52 所示，使用多边形套索工具对海豚身体的部分做了精确的选择。

图 1-52　多边形套索工具的基本使用

（3）磁性套索工具的使用

磁性套索工具似乎有磁力一样，不须按住鼠标左键而直接移动鼠标，在鼠标箭头处会出现自动跟踪的线，这条线总是走向颜色与颜色边界处，边界越明显，磁力越强，将首尾连接后可完成选择，一般用于颜色差别比较大的图像选择，如图 1-53 所示。

图 1-53　磁性套索工具的基本使用

图 1-53　磁性套索工具的基本使用（续图）

使用磁性套索工具时，会发现其选项栏中有几个参数需要进行设置，这几个参数会对选区的创建有一定影响，磁性套索工具选项栏如图 1-54 所示。

图 1-54　磁性套索工具的选项栏

- **宽度**：数值框中可输入 0～40 之间的数值，对于某一给定的数值，磁性套索工具将以当前用户鼠标所处的点为中心，以此数值为宽度范围，在此范围内寻找对比强烈的边界点。
- **频率**：它对磁性套索工具在定义选区边界时插入的定位锚点多少起着决定性的作用。可以在 0～100 之间选择任一数值输入，数值越高则插入的定位锚点就越多，反之定位锚点就越少。
- **对比度**：它控制了磁性套索工具选取图像时边缘的反差。可以输入 0～100%之间的数值，输入的数值越高则磁性套索工具对图像边缘的反差越大，选取的范围也就越准确。

注意：当发现套索偏离了轮廓（图像边缘）时，可以按 Delete 键删除最后的一个锚点，并单击鼠标左键，手动产生一个锚点固定浮动的套索。

3. 颜色相似选区的创建

（1）魔棒工具的使用

魔棒工具是 Photoshop 中提供的一种比较快捷的抠图工具，对于一些分界线比较明显的图像，通过魔棒工具可以很快速地将图像抠出，魔棒工具的作用是可以知道鼠标单击位置的颜色，并自动获取附近区域相同的颜色，使它们处于选择状态。在图 1-55 所示的小兔图片中，设置容差为 40，使用魔棒工具在白色区域部分单击，即可把除开小兔区域的部分选中，如图 1-56 所示，再按下 Ctrl+Shift+I 组合键进行反选，即可把小兔区域选中，如图 1-57 所示。

图 1-55　小兔图片

图 1-56　魔棒工具选中白色区域

图 1-57　反选选中小兔区域

使用魔棒工具时，会发现其选项栏中有几个参数需要进行设置，这几个参数会对选区的创建有一定影响，魔棒工具选项栏如图 1-58 所示。

图 1-58　魔棒工具选项栏

- **容差：**指所选取图像的颜色接近度，也就是说容差越大，图像颜色的接近度也就越小，选择的区域也就相对变大了。
- **连续：**指选择图像颜色的时候只能选择一个区域当中的颜色，不能跨区域选择，比如一个图像中有几个相同颜色的圆，当然它们都不相交，当选中了“连续”，在一个圆中选择，这样只能选择到一个圆，如果没选中“连续”，那么整张图片中相同颜色的圆都能被选中。
- **对所有图层取样：**选中了这个选项，整个图层当中相同颜色的区域都会被选中，否则只会选中单个图层的颜色。

（2）快速选择工具的使用

快速选择工具是魔棒工具的快捷版本，可以不用任何快捷键进行加选，按住鼠标不放可以像绘画一样选择区域，非常神奇。其选项栏有“新选区”“添加到选区”“从选区减去”三种模式可选，选择颜色差异大的图像会非常直观、快捷。

4. 选区的编辑修改

选区创建好以后，需要对选区进行编辑修改，以达到预期目的。关于选区的编辑修改，主要包含选区的大小变换、羽化、边缘调整等，下面就选区的这几项操作进行介绍。

（1）选区大小变换

创建好选区后，如果我们需要对选区进行大小变换，可以选择菜单栏中的“选择”|“变换选区”选项，拖动变形框角点，可以修改选区的大小，在按下 Shift 键的同时，拖动对角线上的角点，可以进行等比例缩放，如图 1-59 所示。

（2）选区的羽化

羽化选区可以使选区边缘产生模糊效果，如图 1-60 所示，羽化数值越大，模糊范围越大，但也会损失选区边缘的一些细节。羽化操作可在创建选区以前在工具选项栏中先设定，这样创建出的选区就是羽化后的，如图 1-61 所示；也可以在选区创建后，对选区进行羽化操作，使用“选择”|“修改”|“羽化”或者按下 Shift+F6 组合键，从弹出的对话框中设置羽化值，如图 1-62 所示。

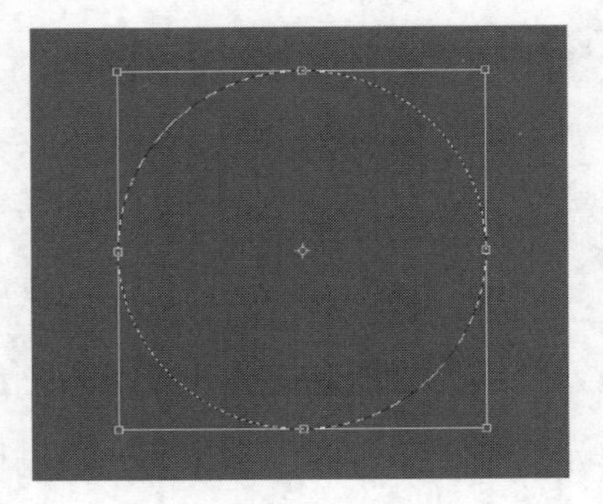

图 1-59　选区大小变换

未羽化选区的填充效果

羽化选区后的填充效果

图 1-60　选区羽化前与羽化后的效果对比

图 1-61　工具选项栏中的羽化设置

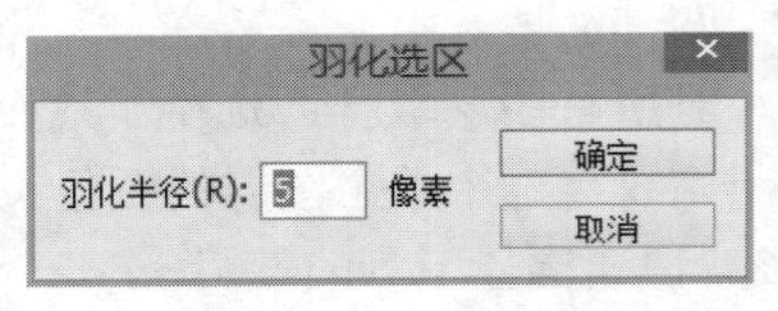

图 1-62　羽化对话框

（3）选区边缘调整

- **选区描边**：描边就是做出边缘的线条，通俗讲就是在边缘加上边框。首先使用选区工具选择一个区域，然后依次选择“编辑”|“描边”，或者直接右击选择“描边”，如图 1-63 所示。

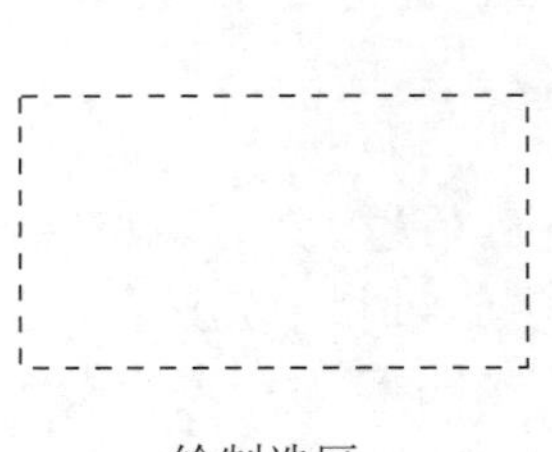

绘制选区

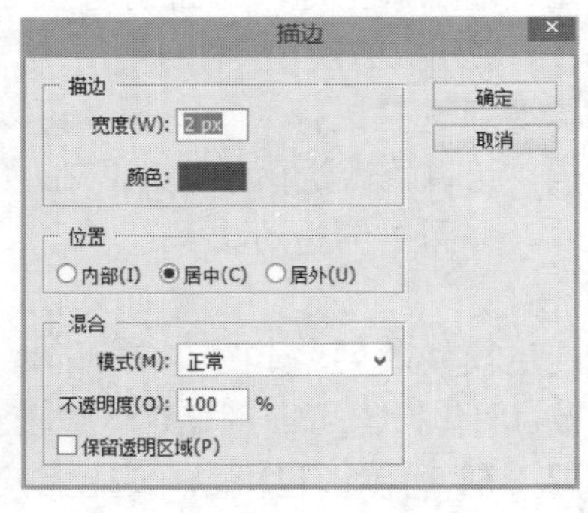

描边设置

描边效果

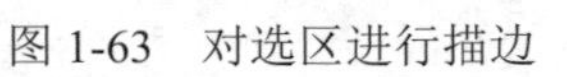

图 1-63　对选区进行描边

- **修改选区边界**：使用“边界”命令可以在已创建的选区边缘再新建一个选区，并使得选区的边缘过渡柔和，如图 1-64 所示。

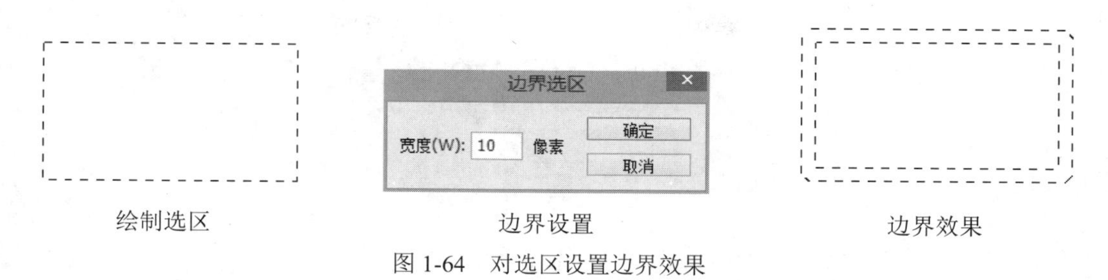

绘制选区　　边界设置　　边界效果

图 1-64　对选区设置边界效果

- **平滑选区**：使用“平滑”命令可以使选区的尖角平滑，并消除锯齿，如图 1-65 所示。

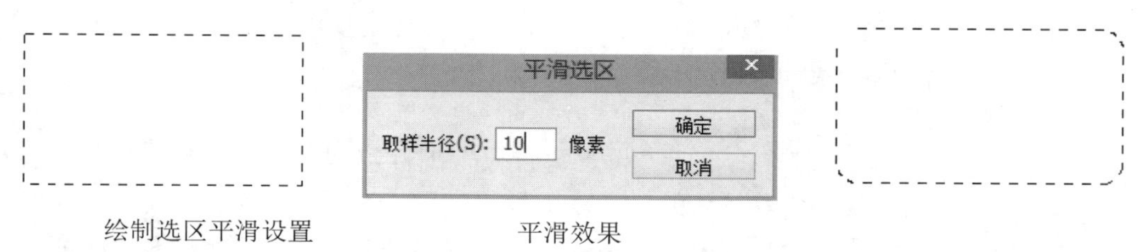

绘制选区平滑设置　　平滑效果

图 1-65　对选区设置平滑效果

- **扩展/收缩选区**：在为图像制作叠加或重影等效果时，使用“扩展”或“收缩”命令，可以让整个操作过程更加准确且轻松，扩展选区如图 1-66 所示，收缩选区如图 1-67 所示。

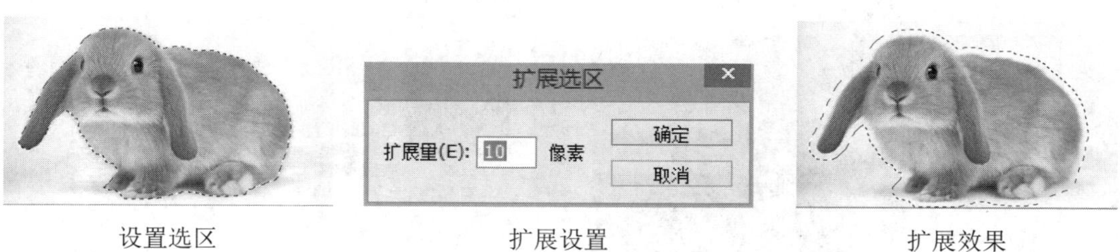

设置选区　　扩展设置　　扩展效果

图 1-66　对选区设置扩展效果

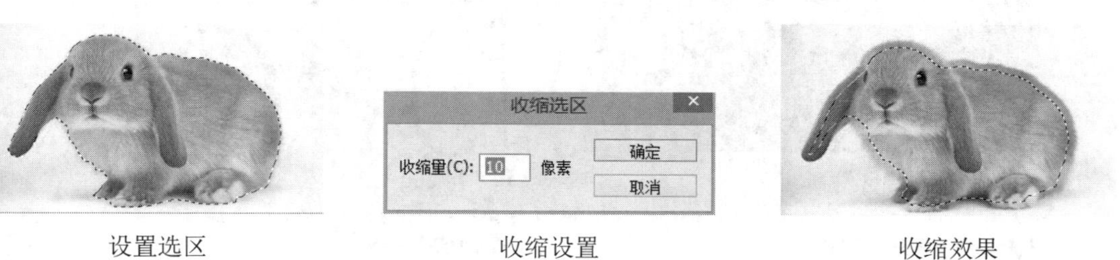

设置选区　　收缩设置　　收缩效果

图 1-67　对选区设置收缩效果

1.3.4　颜色选取与填充

在 Photoshop 中使用前景色和背景色来绘画、填充或描边。工具箱中用于设置前景色与背景色的图标如图 1-68 所示，其中■表示前景色，□表示背景色。按下◘按钮会将前景色和背景色还原为默认设置（即默认前景色为黑色，背景色为白色），按下⇆按钮将会交换前景色和背景色。

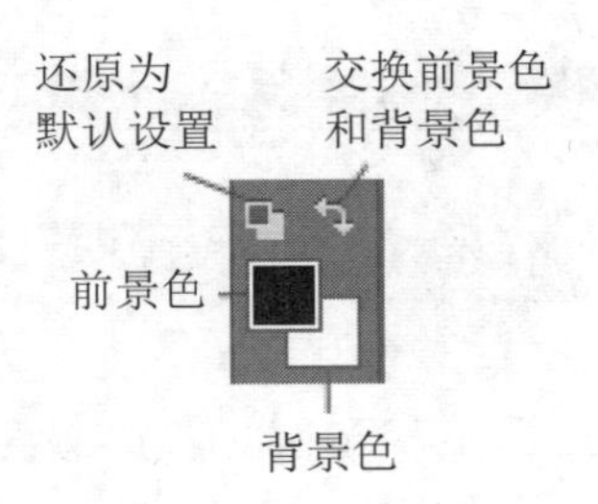

图 1-68　前景色/背景色图标

Photoshop 提供了多种颜色选取的方法，下面分别介绍使用拾色器、“颜色”面板、“色板”面板、吸管工具、颜色取样器工具和快速选择颜色六种方法。

1．拾色器的使用

在工具箱中单击“设置前景色”或“设置背景色”图标，即可弹出“拾色器”对话框，如图 1-69 所示。拾色器就是拾取颜色的器具，用吸管表示，在颜色上单击就能拾取所单击的颜色。在 Photoshop 拾色器中，可以基于 HSB（色相、饱和度、亮度）模式、RGB（红色、绿色、蓝色）模式、Lab（亮度分量、绿色－红色轴、蓝色－黄色轴）模式、CMYK（青色、洋红、黄色、黑色）模式指定颜色来设置，或者根据颜色的十六进制值来设置颜色。

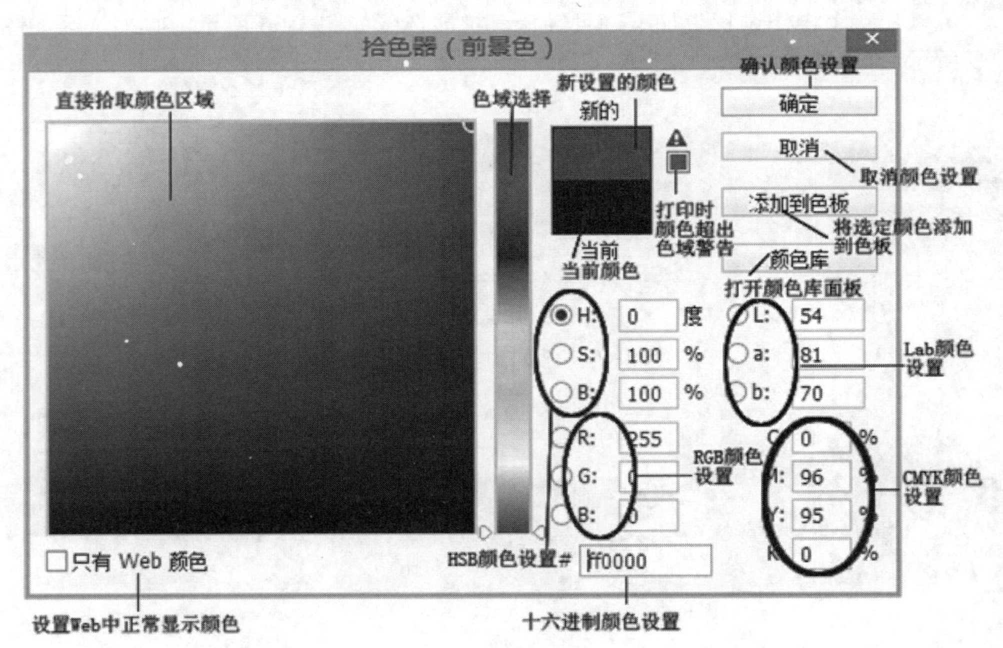

图 1-69　“拾色器”对话框

2．“颜色”面板的使用

“颜色”面板的使用方法与“拾色器”类似，选择菜单“窗口”|“颜色”命令，即弹出“颜色”面板，如图 1-70 所示。

3. “色板”面板的使用

“色板”面板中的颜色色板都是预先设置好的，利用该面板可以更方便地设置前景色与背景色。选择菜单“窗口”|“色板”命令，可打开“色板”面板，如图 1-70 所示。在“色板”面板中，单击某个色板即可将其设置为前景色；若设置背景色，则需要按住 Ctrl 键的同时再单击色块。

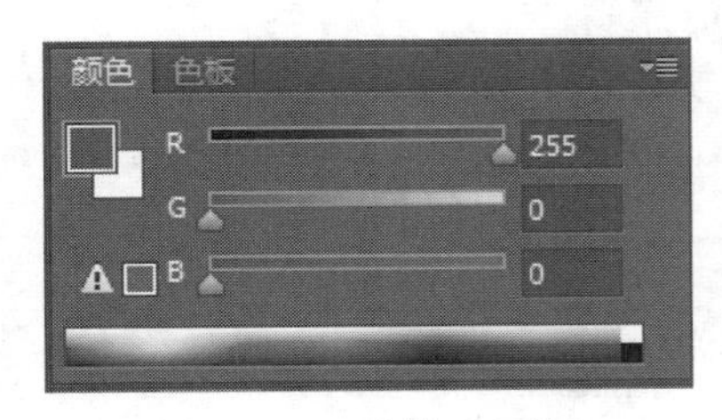

图 1-70 “颜色”面板

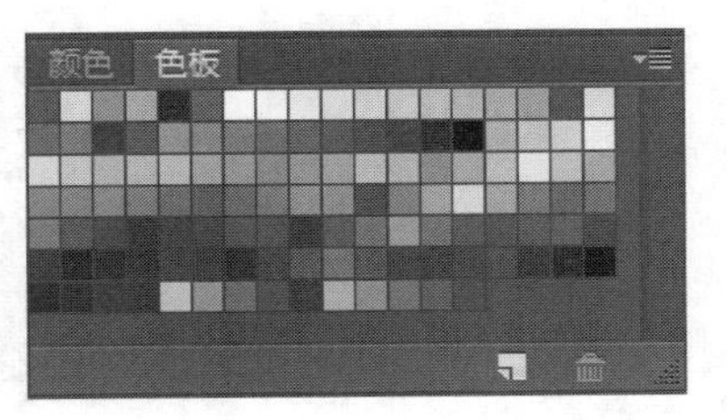

图 1-71 “色板”面板

4. 吸管工具的使用

从工具箱中选择“吸管工具”，利用“吸管工具”可以直接吸取图像中的颜色并将其设置为前景色或背景色，其操作方法是：打开要取样的图像，选择“吸管工具”，在目标颜色上单击，可将其设置为前景色；若要设置背景色，可按住 Alt 键的同时再单击目标颜色。

5. 颜色取样器工具的使用

从工具箱中选择“颜色取样器工具”，会弹出“信息”面板，如图 1-72 所示，可以监视当前图片的颜色变化。变化前后的颜色值显示在“信息”面板上其取样点编号的旁边，通过“信息”面板上的弹出菜单可以定义取样点的色彩模式。要增加新取样点只需在画布上随便什么地方用颜色取样器工具再单击一下，按住 Alt 键单击可以除去取样点。

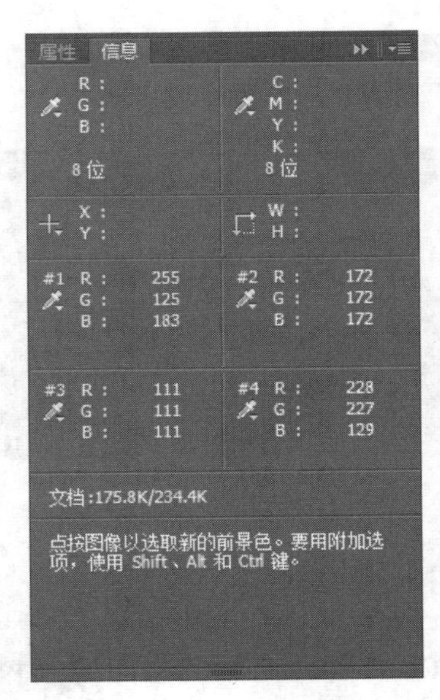

图 1-72 “信息”面板

注意：一张图上最多只能放置四个颜色取样点；当 Photoshop 中有对话框（例如：“色阶”对话框、“曲线”对话框等）弹出时，要增加新的取样点必须按住 Shift 键再单击，按住 Alt+Shift 键单击一个取样点可以将其减去。

6. 快速选择颜色

按下 Ctrl+Alt+Shift 的同时，单击鼠标右键，可以发现出现了一个快捷拾色器，如图 1-73 所示。此时可以在这里选择所需要的颜色，而不用再单击前景色到拾色器里选颜色了，非常方便快捷。

图 1-73 快捷拾色器

在 Photoshop 中给选区或图层填充颜色的工具主要有两种：渐变工具和油漆桶工具。

使用“填充”命令和相应快捷键也可以填充颜色。

1. 渐变工具的使用

渐变工具的作用是使图像产生色彩渐变的效果，使图像富有层次感、立体感。渐变工具的选项栏如图 1-74 所示。

模式: 正常 不透明度: 100% 反向 仿色 透明区域

图 1-74 渐变工具选项栏

其中主要设置参数如下：

- **选择预设的渐变样式**：单击“点按可编辑渐变”按钮右边的三角形按钮，将弹出“渐变拾色器”对话框，如图 1-75 所示。

图 1-75 渐变预设

- **渐变填充方式**：Photoshop 提供了 5 种渐变填充方式，从左向右依次是线性渐变、径向渐变、角度渐变、对称渐变和菱形渐变，效果如图 1-76 所示。

    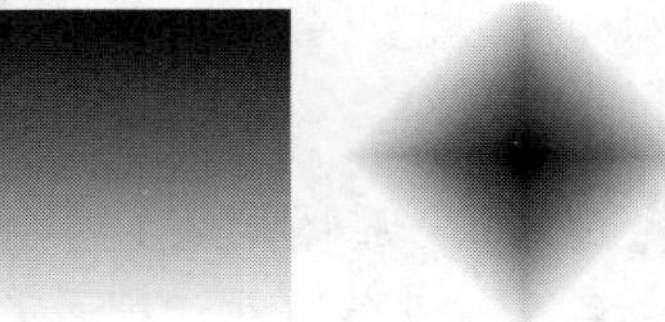

图 1-76 5 种渐变填充

- **混合模式** 模式：正常：“模式”选项可以设置选区内填充的渐变色与图像原有的底色混合的方式。从“模式”下拉列表中选择不同的混合模式，可以创建各种特殊的图像效果，共计有 29 种混合模式，在项目 2 中将作详细讲解。
- **不透明度设置** 不透明度：100%：设置渐变效果的不透明度，其中 100%为完全不透明，0%为完全透明。
- **反向渐变** 反向：将设置的渐变颜色进行反向交换，如本来是黑色到白色的渐变，将变为白色到黑色的渐变。

2. 油漆桶工具的使用

使用“油漆桶工具”可以给颜色容差在设置范围内的选区或当前图层填充前景色或图案，油漆桶工具的选项栏如图 1-77 所示。

图 1-77　油漆桶工具选项栏

其中主要设置参数如下：

- **填充区域源** 前景：指填充的内容是前景色还是图案。
- **混合模式** 模式：正常：“模式”选项可以设置选区内填充的颜色与图像原有的底色混合的方式。
- **不透明度设置** 不透明度：100%：设置填充效果的不透明度，其中 100%为完全不透明，0%为完全透明。
- **容差** 容差：32：容差范围指的是选择的容差值越大，油漆桶工具允许填充的范围就越大。
- **消除锯齿** 消除锯齿：用于设置填充边缘是否平滑。
- **连续** 连续的：设置填充像素是否连续。
- **所有图层** 所有图层：选中了这个选项，整个图像当中所有图层都会被填充，否则只会填充单个图层。

3. 菜单命令设置颜色填充和描边

使用菜单命令“编辑”|“填充”，会弹出如图 1-78 所示对话框，从中设置好填充内容和混合模式后，单击“确定”按钮即可进行填充。其中，填充内容包括如图 1-79 所示的 9 种。

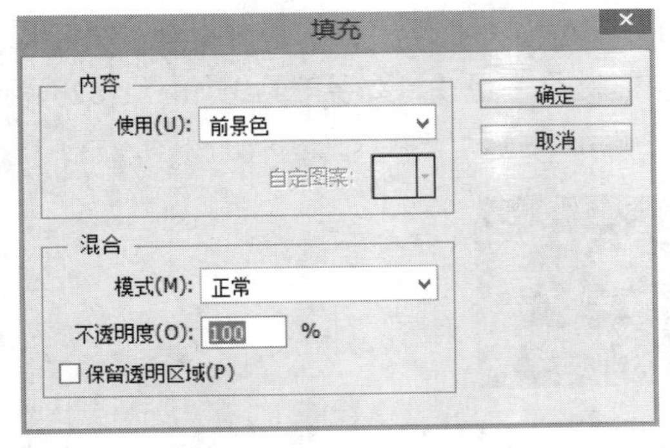

图 1-78　“填充”对话框

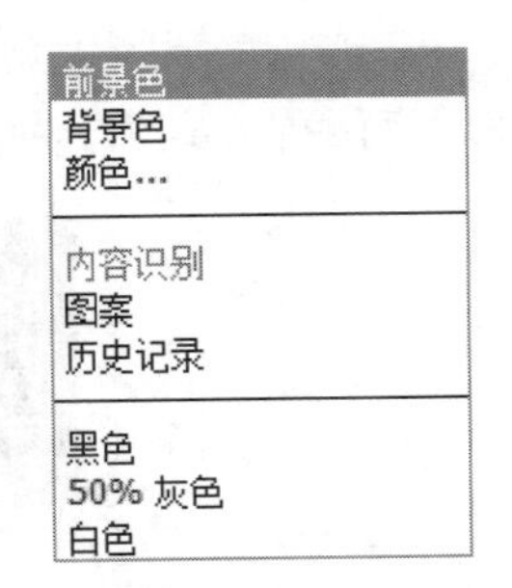

图 1-79　填充内容

除了可以使用设置好的颜色进行填充外，还可以进行描边设置。通过使用菜单命令“编

辑”|“描边”，会弹出如图 1-80 所示的对话框，从中设置好描边宽度、颜色、描边位置和混合模式后，单击“确定”按钮即可进行描边。描边位置不同，效果不同，图 1-81 所示的三种不同描边位置，从左到右分别是内部、居中和局外。

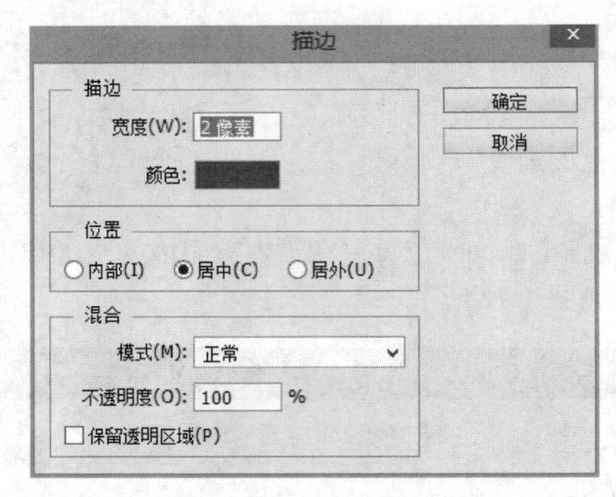

图 1-80 “描边”对话框

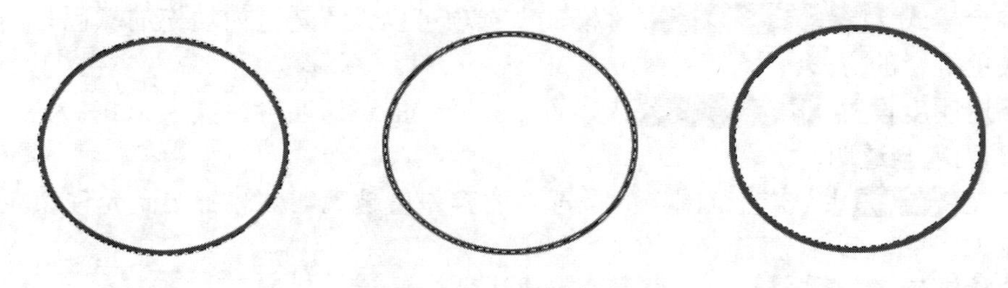

图 1-81 三种描边效果

4. 快捷填充方式

（1）填充前景色的快捷键为 Alt+Delete。

（2）填充背景色的快捷键为 Ctrl+Delete。

（3）打开“填充”对话框的快捷键为 Shift+F5。

1.3.5 文字工具的使用

Photoshop 的文字工具组内含四个工具，它们分别是横排文字工具、竖排文字工具、横排文字蒙版工具、竖排文字蒙版工具，这些工具的快捷键是字母 T，文字工具组如图 1-82 所示。文字工具的使用有两种方式，分别是直接输入文字和在文本框中输入文字。

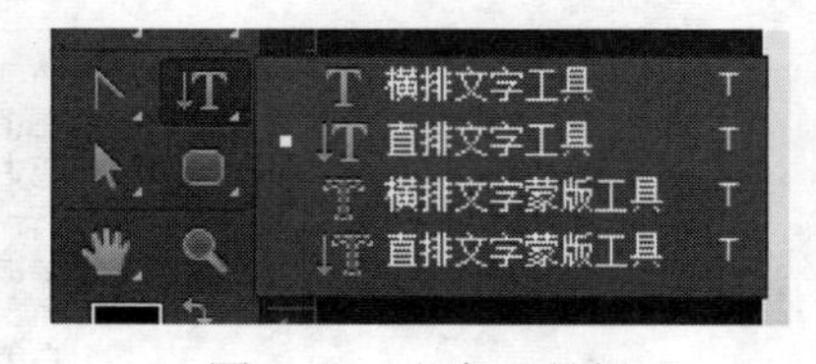

图 1-82 文字工具组

1. 直接输入文字

（1）选择文字工具。

（2）在图像上欲输入文字处单击，出现小的“｜”图标，这就是输入文字的基线，如图1-83所示。

图 1-83　输入文字

（3）输入所需文字，输入的文字将生成一个新的文字图层，如图 1-83 所示。

2. 在文本框中输入文字

（1）选择文字工具。

（2）在欲输入文字处用鼠标拖拉出文本框，在文本框中出现小的“｜”图标，这就是输入文字的基线，如图 1-84 所示。

图 1-84　在文本框中输入文字

注意：文字工具与文字蒙版工具的区别在于，文字蒙版工具得到的是具有文字外形的选区，不具有文字的属性，也不会像文字工具生成一个独立的文字层，如图 1-85 所示。

图 1-85 文字工具和文字蒙版工具的区别

3. 文字工具的选项栏

文字工具的选项栏如图 1-86 所示。

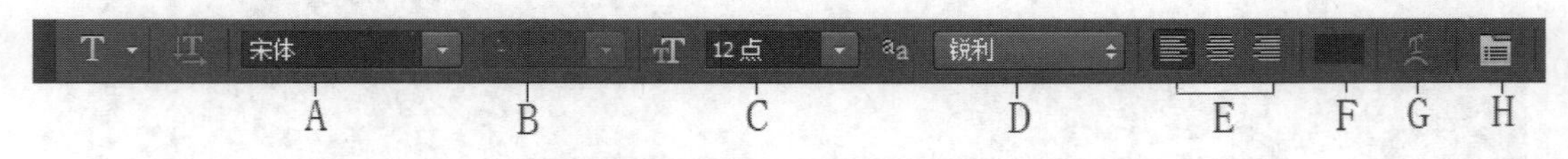

图 1-86 文字工具选项栏

A．在这里选择需要的字体样式，如中文字体还是西文字体；
B．针对西文字体而设置的；
C．字体的大小设置；
D．字体的表现形式设置；
E．对齐方式设置；
F．字体的颜色设置；
G．创建变形文字；
H．文字段落的调整。

4. 变形文字

Photoshop 中文字的输入、调整和 Word 中差不多，这里重点介绍“创建文字变形”，如图 1-87 所示。

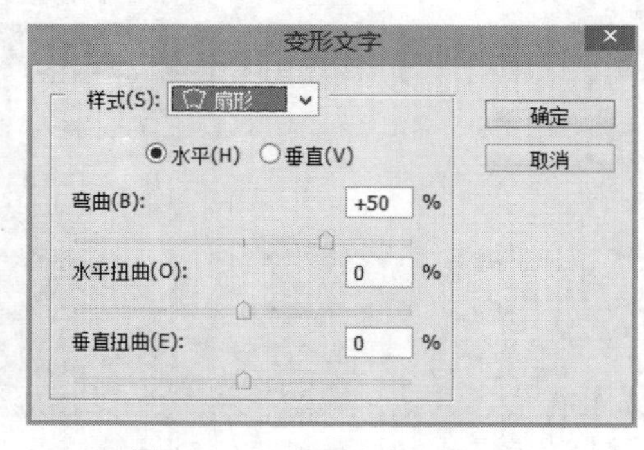

图 1-87 “变形文字”对话框

- **样式**：变形文字的样式包括无、扇形、下弧、上弧、拱形、凸起、贝壳、花冠、旗帜、波浪、鱼形、增加、鱼眼石、膨胀、挤压和扭转。

- **水平/垂直**：水平和垂直用于选择弯曲的方向。
- **弯曲/水平扭曲/垂直扭曲**：弯曲、水平扭曲和垂直扭曲后面输入适当的数值，可控制弯曲的程度。

1.4 项目操作步骤

1.4.1 书籍封面制作

（1）单击“文件”菜单，新建文件，设置宽度为34厘米，高度为23厘米，分辨率为300像素/英寸，颜色模式为CMYK，背景为白色，如图1-88所示。

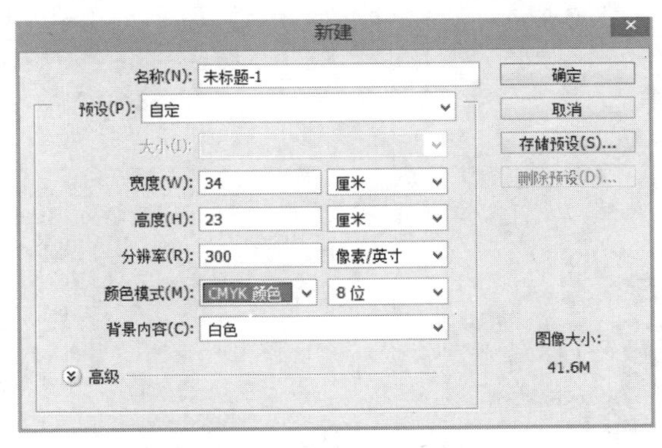

图1-88　新建文件

（2）单击“文件”菜单，选择“存储为”，如图1-89所示，从弹出的对话框中对文件进行命名，命名为“小说封面.psd”，如图1-90所示。

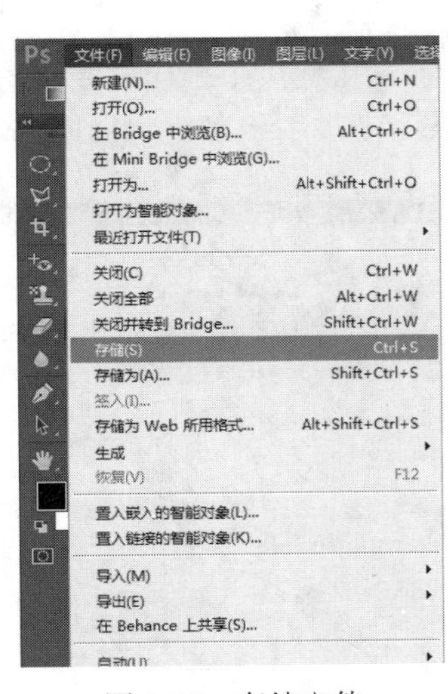

图1-89　存储文件

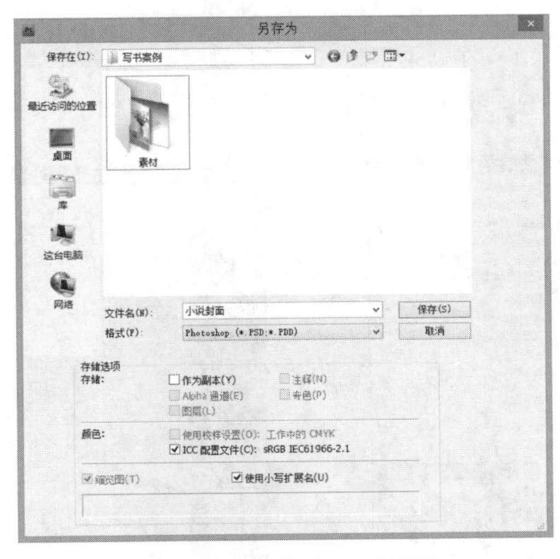

图1-90　“另存为”对话框

（3）单击“文件”菜单，选择“置入”，如图1-91所示，在“置入”对话框中选择背景素材图片，如图1-92所示，将鼠标移动到图片，单击右键选择“置入”，如图1-93所示，背景置入后的效果如图1-94所示。

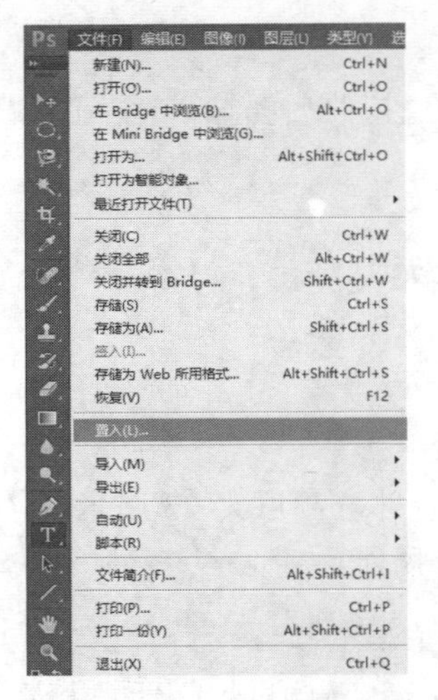

图 1-91 “置入”命令

图 1-92 “置入”对话框

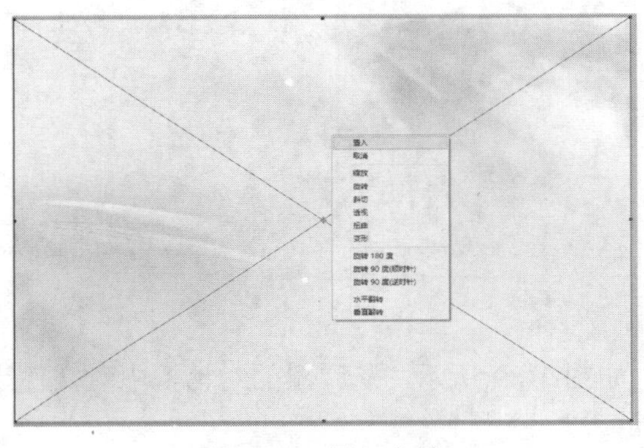

图 1-93 置入素材

图 1-94 置入素材效果

（4）在“视图”菜单中勾选“标尺”，如图 1-95 所示，从标尺中拖出两条参考线，分别位于 16.4 厘米和 17.6 厘米的位置，如图 1-96 所示，这两条参考线用于确定封面中书脊的位置。

图 1-95 勾选“标尺”

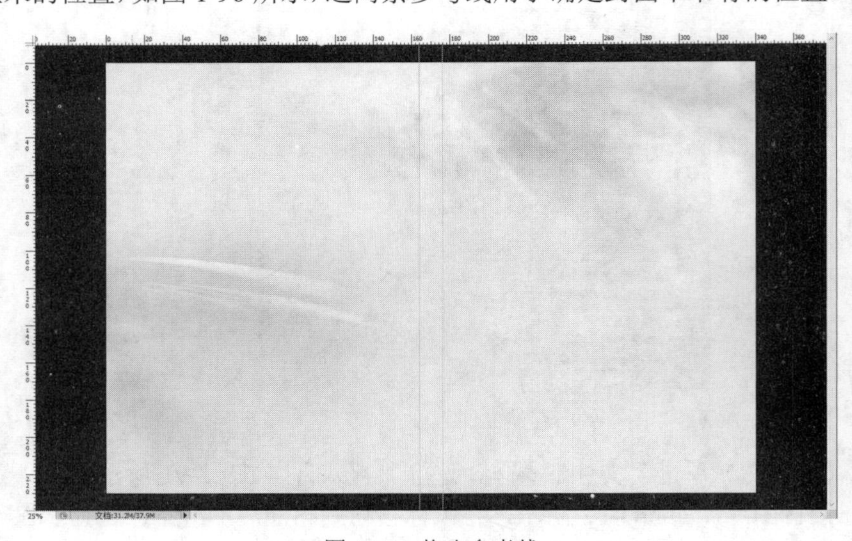

图 1-96 拖出参考线

（5）打开“素材 1”图片，使用矩形选框工具选择整个图像，按下 Ctrl+C 复制，返回小说封面.psd 文件，按下 Ctrl+V 粘贴，将“素材 1”图片放到右下角，如图 1-97 所示。

图 1-97　放入“素材 1”图片

（6）为了使“素材 1”图层边缘柔和，可使用多边形套索工具，设置羽化像素为 50，对“素材 1”图片插花部分区域进行选取，效果如图 1-98 所示，使用“选择”|“反向”（或按下 Ctrl+Shift+I）对“素材 1”图片进行反向选择，即选中除插花部分之外的区域，按下 Delete 键，将这部分区域删除，如图 1-99 所示。

图 1-98　选择插花区域

图 1-99　删除插花之外区域

（7）单击工具箱中的文字工具，选择“直排文字工具”，如图 1-100 所示；调节字体样式和字体大小，如图 1-101 所示；设置文字颜色的 CMYK 值，C 值为 25%，M 值为 9%，Y 值为 13%，K 值为 6%，如图 1-102 所示；在图中输入文字“新生代 正能量”，效果如图 1-103 所示。

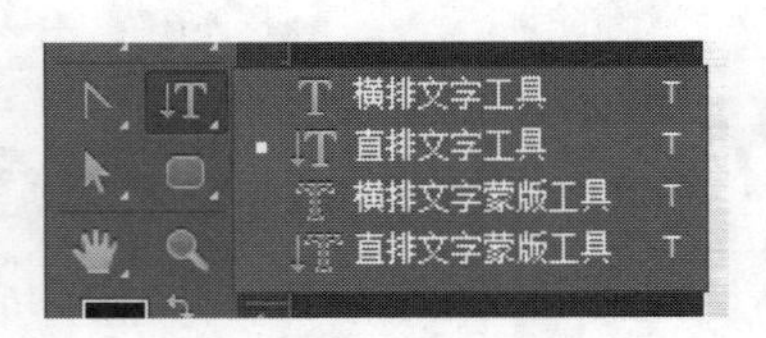

图 1-100　文字工具

图 1-101　文字工具选项栏设置

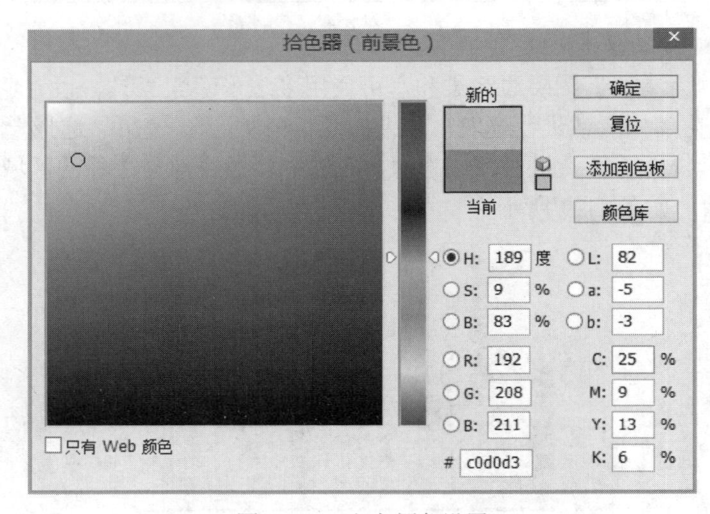

图 1-102　文字颜色设置

图 1-103　文字效果

（8）再输入文字“阳光洒满窗台”，通过切换“字符”面板 ，如图 1-104 所示，调节到如图 1-105 所示的效果。

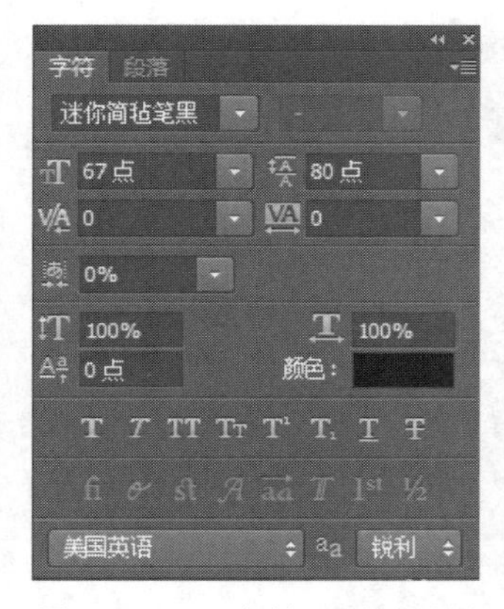

图 1-104 “字符”面板设置

图 1-105 封面文字效果

（9）单击“图层”面板上的按钮新建图层，选择“椭圆选框工具”，设置羽化值为 10 像素，使用椭圆选框工具在文件中绘制一个长长的椭圆，填充白色，按 Ctrl+T 组合键，改变其大小，放到“阳光”字体上，如图 1-106 所示。

（10）反复重复第（9）步操作，做出文字上方的闪耀效果，如图 1-107 所示。

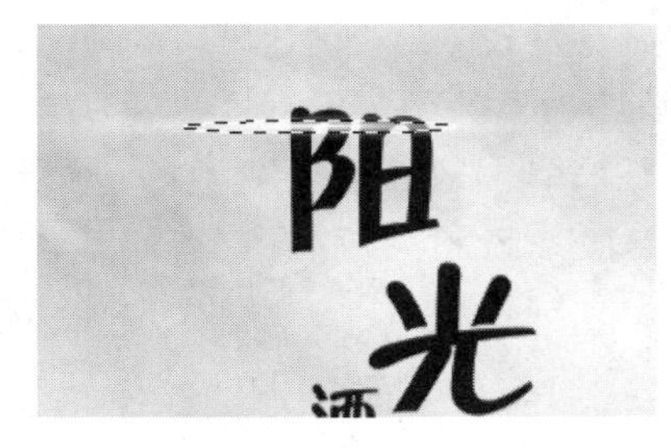
图 1-106 使用椭圆选框工具

图 1-107 光线闪耀效果

（11）单击“直排文字工具”，设置文字颜色为黑色，在书脊部分输入文字“阳光洒满窗台”，如图 1-108 所示。

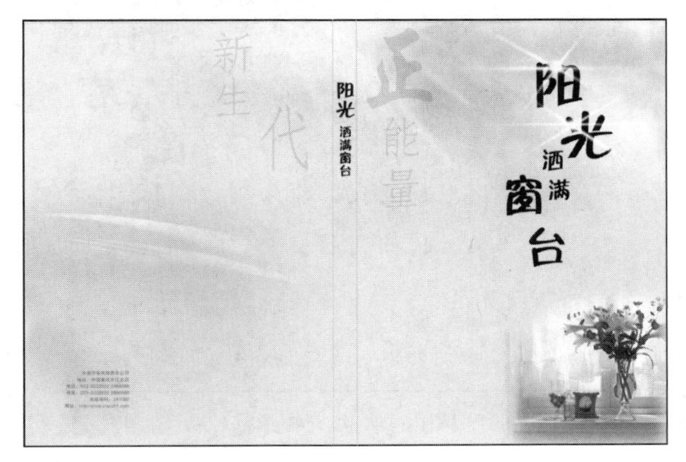

图 1-108 添加书脊文字

（12）再次使用文字工具，设置文字颜色为白色，输入“阳光”文字，使用移动工具移动位置，使之富有阴影效果，如图 1-109 所示。

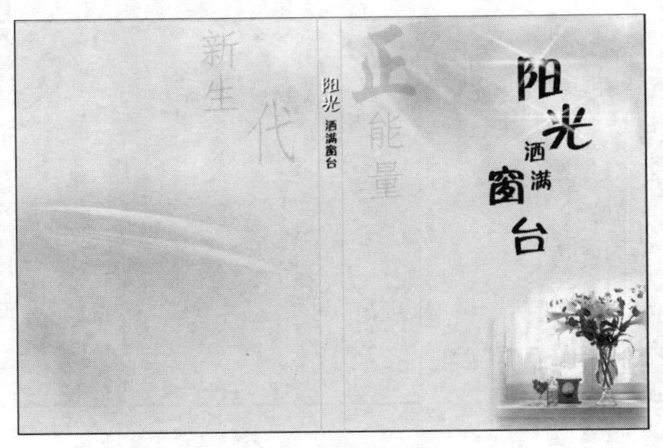

图 1-109 书脊文字效果

（13）新建图层，设置前景色为蓝色，CMYK 值为 67%、0%、2%、0%，如图 1-110 所示，使用矩形选框工具，羽化值为 10 像素，在图中绘制一个蓝色的矩形，如图 1-111 所示。

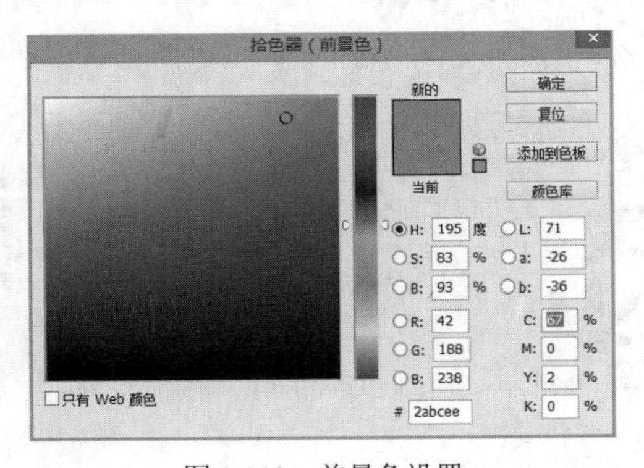

图 1-110 前景色设置

图 1-111 填充矩形框

（14）在蓝色矩形区域输入文字“新生代 正能量”，如图 1-112 所示。

图 1-112　矩形框文字

（15）输入公司信息，如图 1-113 所示。

图 1-113　最终封面效果

（16）按下 Ctrl+S 键，保存文件。

1.4.2　立体效果图制作步骤

（1）打开“书籍立体素材.jpg”文件，如图 1-114 所示。

图 1-114　打开素材

（2）将文件另存为“小说封面立体效果.psd”，如图 1-115 所示。

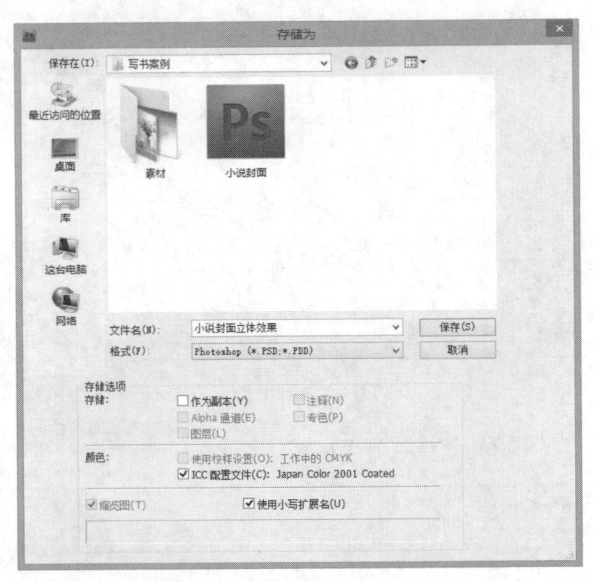

图 1-115　另存文件

（3）打开“小说封面.psd”文件，使用键盘上的 PrtSc 键，进行屏幕截图，返回“小说封面立体效果.psd”文件，按下 Ctrl+V 粘贴，再按下 Ctrl+T 调整其大小（注意在调整的过程中按下 Shift 键进行等比例缩放），如图 1-116 所示。

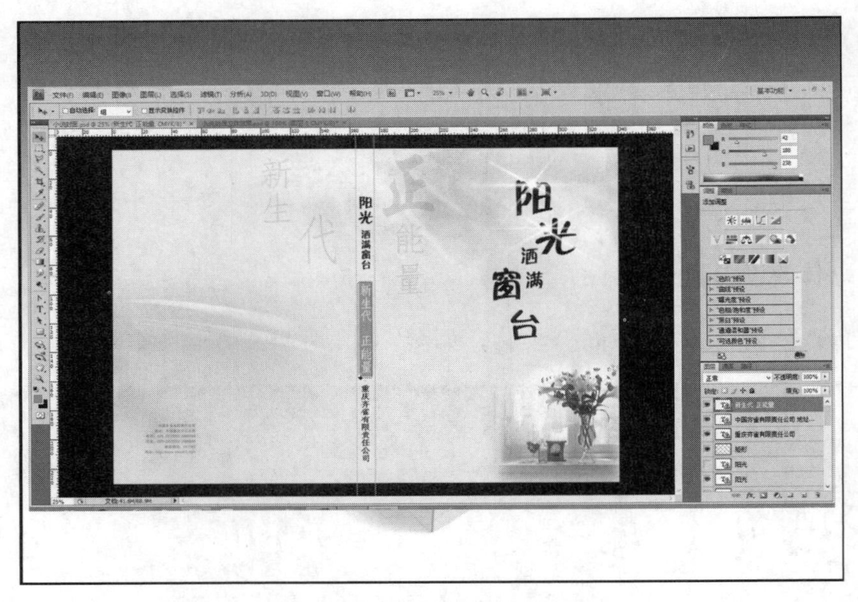

图 1-116　截图效果

（4）使用矩形选框工具，将小说封面部分选中，按下 Ctrl+Shift+I 反选，使用 Delete 键删除封面之外的区域，调整其大小如图 1-117 所示。

（5）按下 Ctrl+T，在边框范围内单击鼠标右键，从弹出的快捷菜单中选择“扭曲”和“变形”，调整之后效果如图 1-118 所示。

图 1-117　小说封面效果

图 1-118　调整为立体效果

（6）重复以上步骤，将“小说封面.psd”文件中的书脊部分复制到“小说封面立体效果.psd”文件中，并通过扭曲调整效果，调整完成之后效果如图 1-119 所示。

图 1-119　书脊效果

（7）按下 Ctrl+S 键保存文件。

1.5 项目小结

本项目主要讲解了书籍装帧设计的基本知识、Photoshop 中文件的操作方法、选区工具的使用和文字工具的使用。在新建图像文件时，必须注意“分辨率”大小的设置；在更改图像大小时，必须注意“像素大小”和“文档大小”的区别。用于网页操作或软件界面的图像，分辨率一般采用 72dpi；用于印刷的图像，一般要求采用 300dpi 或更高。

1.6 项目知识拓展

根据案例效果，设计和制作《重庆印象》封面，如图 1-120 所示。

图 1-120 《重庆印象》封面效果

项目 2　DM 广告设计——写字楼 DM 广告设计

教学重点难点

- DM 广告设计相关知识
- 图层的基本操作
- 图层混合模式的使用
- 图层样式的使用

2.1　项目效果赏析

本项目所使用的案例是某个写字楼的 DM 广告，这个写字楼是位于 CBD 核心区域的国际 5A 甲级写字楼。整体的设计要求是高端大气，故而在设计中采用了较浅的背景颜色，配以高端大气的写字楼室内场景，以及闪亮的灯、节节开花的花卉图案，让收到 DM 广告的人能够很好地感受到写字楼的气息。

本项目最终效果如图 2-1 所示。

图 2-1　写字楼 DM 广告

2.2 项目相关知识

2.2.1 DM 广告的概念

DM 广告有两种表述，但是在本质上的意思上都是差不多的，强调的都是直接投递或是邮寄。第一种，DM 广告是英文 direct mail advertising 的省略表述，译为“直接邮寄广告”，就是通过邮寄、赠送等形式，将宣传品送到消费者手中。第二种，DM 广告表述为 direct magazine advertising，译为“直投杂志广告”。

DM 是区别于传统的广告刊载媒体（报纸、电视、广播、互联网等）的新型广告发布载体。传统广告刊载媒体贩卖的是内容，然后再把发行量二次贩卖给广告主，而 DM 则是贩卖直达目标消费者的广告通道。

DM 广告除了用邮寄以外，还可以借助于其他媒介，如传真、杂志、电视、电话、电子邮件及直销网络、柜台散发、专人送达、来函索取、随商品包装发出等。DM 与其他广告媒体的最大区别在于：DM 可以直接将广告信息传送给真正的受众，而其他广告媒体只能将广告信息笼统地传递给所有受众，而不管受众是否是广告信息的真正受众。

2.2.2 DM 广告的特点

DM 广告具有以下六大特点。

1. 针对性

DM 与其他广告媒体的最大区别在于 DM 可以直接将广告信息传送给真正的受众，这使其具有了很强的针对性，它可以有针对性地选择目标对象，有的放矢，有效减少了广告资源的浪费。

2. 灵活性

DM 广告的设计形式无法则，可视具体情况灵活掌握，自由发挥，出奇制胜。它更不同于报纸、杂志广告，DM 广告的广告主可以根据企业或商家的具体情况来选择版面，并可自行确定广告信息的长短及印刷形式。

3. 持续时间长

DM 广告不同于电视广告，它是真实存在的可保存信息，能在广告受众作出最后决定前使其反复翻阅其广告信息，并以此作为参照物来详尽了解产品的各项性能指标，直到最后做出购买或舍弃决定。

4. 具有可测定性

广告主在发出 DM 广告之后，可以借助产品销售数量的增减变化情况来了解广告信息传出之后产生的效果，这一优势超过了其他广告媒体。

5. 具有隐蔽性

DM 广告是一种深入潜行的非轰动性广告，不易引起竞争对手的察觉和重视。

6. 广告效应良好

DM 广告是由工作人员直接派发或寄送的，故而广告主在付诸实际行动之前，可以参照人口统计因素和地理区域因素选择受传对象，以保证最大限度地使广告信息为受传对象所接受。与其他媒体广告不同的是广告受众在收到 DM 广告后，基于心态驱使会想了解其内容，DM

广告较之其他媒体广告能产生更好的广告效应。

2.2.3 DM 广告的类型

由于 DM 广告的运用范围广，在设计表现上也趋向于比较自由的样式，这使其呈现出多样化的种类，主要是传单型、册子型和卡片型。

1. 传单型

传单型的 DM 广告即单页 DM 广告，主要用于促销等活动的宣传或新产品上市、新店开张等具有强烈时效性的事件，属于加强促销的强心针。其尺寸、形式灵活多变，设计要求以突显宣传内容为主，本项目所采用的就是这类传单型 DM 广告。

2. 册子型

册子型的 DM 广告主要用于企业文化的宣传以及企业产品信息的详细介绍。一般由企业直接邮寄给相应产品的目标消费群，或赠与购买其产品的消费者，还有旗下俱乐部会员，用以加深用户对企业的认识，塑造企业形象，同时也对公司旗下相关联的产品信息进行介绍和发布。这类 DM 广告要求设计简洁、色块分明、便于阅读，同时起到企业形象和产品信息宣传的作用。

3. 卡片型

卡片型的 DM 广告设计新颖多变，制作最为精细，一般以邮寄、卖场展示等方式出现，起到和以上 DM 广告相同的企业形象和产品信息的宣传作用，同时还会在一些节假日或特殊的日子出现，以辅助进行促销。

2.2.4 DM 广告的设计要点

（1）DM 广告的设计与创意要新颖别致，制作精美，要让人不舍得丢弃，确保其有吸引力和保存价值。

（2）主题口号一定要响亮，要能抓住消费者的眼球。好的标题是成功的一半，好的标题不仅能给人耳目一新的感觉，而且还会产生较强的诱惑力，引发读者的好奇心，吸引他们不由自主地看下去，使 DM 广告的广告效果最大化。

（3）纸张、规格的选取大有讲究。一般画面的 DM 广告选铜版纸；文字信息类的选新闻纸。对于所选新闻纸的一般规格，最好是报纸的一个整版面积，至少也要一个半版；彩页类的规格一般不能小于 B5 纸，一些二折页、三折页不要夹，因为读者拿报纸时，很容易将它们抖掉。

（4）要了解商品，熟知消费者心理习性和规律。如针对男性的就可选择新闻和财经类报刊，如《参考消息》《环球时报》《南风窗》《中国经营报》和当地的晚报等。

（5）注意图片的运用，多选择与所传递的信息有强烈关联的图案，刺激记忆。

（6）形式无法则，可根据具体情况灵活选择，自由发挥，出奇制胜。

2.2.5 DM 广告的尺寸、纸张

1. DM 广告的尺寸

通常 16 开 DM 广告的尺寸为 210×285mm，8 开 DM 广告的尺寸为 420×285mm，非标准的尺寸可能会造成纸张的浪费，所以在选用时需格外小心。

标准的 16 开宣传单尺寸是 206mm×285mm，用于印刷，裁切需要每边增加 2mm，有出血的卡片尺寸是 210mm×289mm。

标准的 16 开三折页尺寸是 206mm×283mm，用于印刷，裁切需要每边增加 3mm，有出血的 16 开宣传单尺寸是 210mm×287mm。

标准的 8 开宣传单尺寸是 420mm×285mm，用于印刷，裁切需要每边增加 3mm，有出血的 8 开宣传单尺寸是 424mm×289mm。

图 2-3 列出了印刷的标准宣传单和样本有出血和无出血时的尺寸。

	无出血	带出血
标准 16 开宣传单	206mm×285mm	210mm×289mm
标准 8 开宣传单	420mm×285mm	424mm×289mm
标准 16 开样本	420mm×285mm	424mm×289mm
16 开三折页宣传单	206mm×283mm	210mm×287mm

图 2-2　常用 DM 广告尺寸

注意：出血实际为“初削”，指印刷时为保留画面有效内容预留出的方便裁切的部分。是一个常用的印刷术语，印刷中的出血是指加大产品外尺寸的图案，在裁切位加一些图案的延伸，专门给各生产工序在其工艺公差范围内使用，以避免裁切后的成品露白边或裁到内容。在制作的时候我们就分为设计尺寸和成品尺寸，设计尺寸总是比成品尺寸大，大出来的边是要在印刷后裁切掉的，这些要印出来并裁切掉的部分就称为出血或出血位。

保证宣传单的尺寸、出血、最小分辨率（300 像素/英寸）和 CMYK 色彩模式，才能符合标准的印刷条件。

2. DM 广告的纸张

DM 广告对纸张的要求不是很高，可选择的常用纸张有 80 克、105 克、128 克、157 克、200 克、250 克等的纸张。少量宣传单页印刷一般采用 157 克或 200 克的纸张。

纸张的类型除铜版纸及哑粉纸之外，尚可选择轻涂纸、双胶纸及艺术纸。

DM 广告的尺寸后道加工：少量宣传单页可选择表面过油、覆膜等后道加工工艺来提高亮度或强度等，但通常情况下，一般不太选用。大量 DM 广告宣传单页一般不再后道加工，通过 5 号信封邮寄的一般加工成三折页。

2.3　项目相关操作

2.3.1　图层

图层可以说是 Photoshop 的核心，几乎 Photoshop 所有的应用都是基于图层的，很多强劲的图像处理功能也是图层所提供的。不仅可以将图层作为单独的元素进行编辑，还可以给图层添加图层样式、图层蒙版，或通过改变图层叠放次序和其他属性，来改变图像的合成结果。

1. 图层的概念

通俗地讲，图层就像是含有文字或图形等元素的胶片，一张张按顺序叠放在一起，组合起来形成页面的最终效果，如图 2-3 所示。在图层中，没有绘制内容的区域是透明的，透过透明区域可以看到下面图层的内容，而每个图层中绘制的内容叠加起来，就构成了完整的图像。

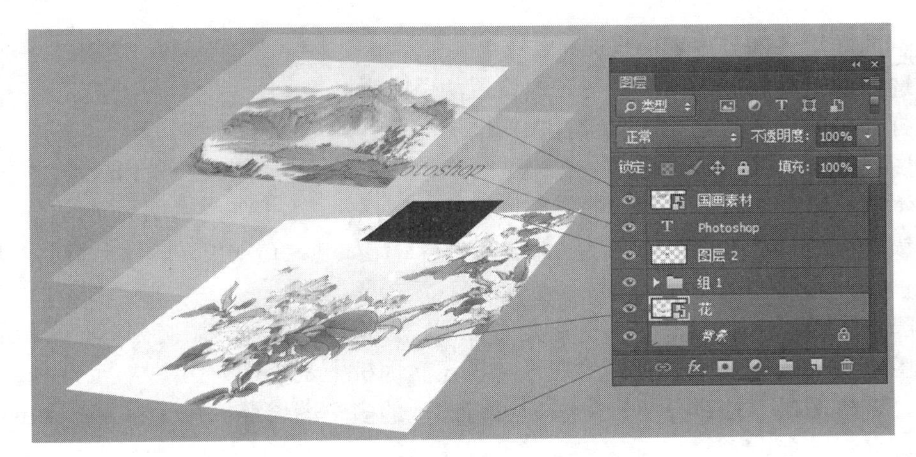

图 2-3　图层

每一个图层都有独立性，可以将图像的不同元素绘制在不同的图层上，这样在对本图层的元素进行编辑修改时，不会影响到其他图层。另外，在图层上还可以单独使用调整图层、填充图层、图层蒙版和图层样式等特殊功能，使图像产生特殊的效果。

Photoshop 在创建新图像时只有一个背景图层，根据需要可以在图像中添加图层、图层组，设置图层效果，添加的数目只受计算机内存的限制。在同一个图像中所有的图层具有相同的分辨率、相同的通道数量和相同的颜色模式。

2. “图层”面板

“图层”面板是用来管理或操作图层的，使用“图层”面板可以快速地完成对图层大部分的操作。在“图层”面板中列出了图像中的所有图层、组和图层效果。可以使用“图层”面板来显示和隐藏图层、创建新图层以及处理图层组，还可以在“图层”菜单中访问其他命令和选项。

启动 Photoshop 后，默认情况下可以在屏幕的右侧看到“图层”面板，如果没有，可执行“窗口”|“图层”命令，显示“图层”面板，如图 2-4 所示。

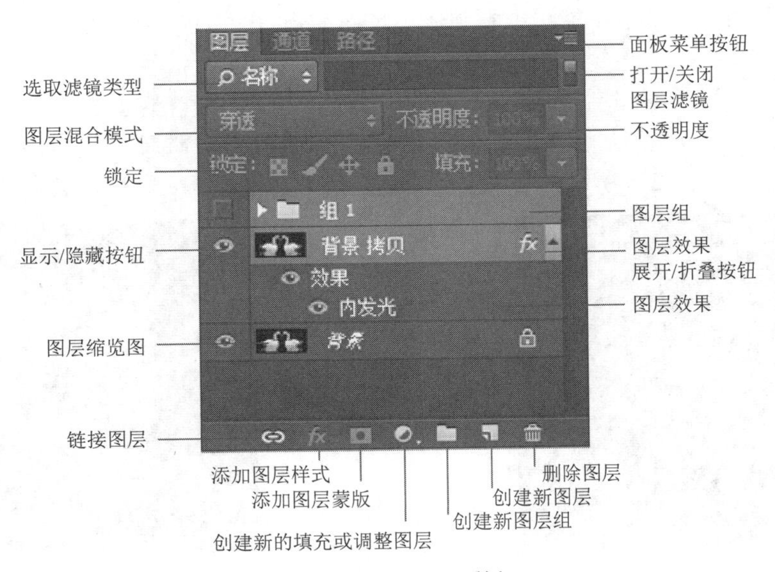

图 2-4　“图层”面板

“图层”面板各部分内容的含义：

- **选取滤镜类型**：根据需求对图层设置滤镜效果。
- **打开关闭图层滤镜**：打开或者关闭图层滤镜开关。
- **图层混合模式**：在下拉列表框中选择当前图层与下方图层之间的混合方式。
- **不透明度**：控制当前图层的透明度，100%为不透明，0%为透明。
- **锁定**：完全或部分锁定图层以保护其内容。比如锁定透明度，图像的透明区域受到保护，不会被编辑。
- **隐藏/显示按钮**：控制当前图层是否显示在图像区域中，有眼睛图标时表示显示。
- **图层效果展开/折叠按钮**：控制在“图层”面板上是否排列在图层上应用的效果。
- **“链接图层”按钮**：单击此按钮可将选定的多个图层链接在一起，再次单击此按钮可取消链接。
- **“添加图层样式”按钮**：单击此按钮，可打开图层样式菜单为图层添加一个新的图层样式。
- **“添加图层蒙版”按钮**：可在图层上添加一个图层蒙版。
- **“创建新的填充或调整图层”按钮**：单击此按钮，在当前图层上添加填充图层或调整图层。
- **“创建新图层组”按钮**：单击此按钮，可在当前图层或组之上创建新图层组。
- **“创建新图层”按钮**：单击此按钮，可在当前图层之上添加新图层。
- **“删除图层”按钮**：将不需要的图层直接拖到此按钮上，可删除图层。

3. 图层的类型

在 Photoshop 中，根据各图层的不同特点，可以将图层分为背景图层、普通图层、文字图层、蒙版图层、形状图层、调整图层和填充图层等几个类型。

（1）背景图层

背景图层是创建新图像时系统自动生成的一个图层，背景图层始终位于“图层”面板最下部，其图层名称为“背景”，如图 2-5 所示。一幅图像中只有一个背景图层。在背景图层的右边有一个锁形图标，表示不能更改背景图层的堆叠顺序、混合模式或不透明度。

（2）普通图层

普通图层也称为常规图层，是 Photoshop 中最常用的图层，普通图层是一个透明的图层，在“图层”面板上其缩览图显示为灰白相间的方格。在没有选择锁定选项的情况下，普通图层的编辑不受限制，如图 2-6 所示，“图层 1”是普通图层。

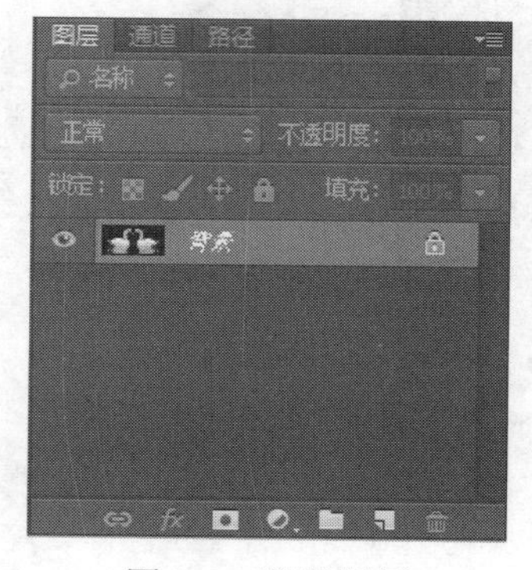

图 2-5　背景图层

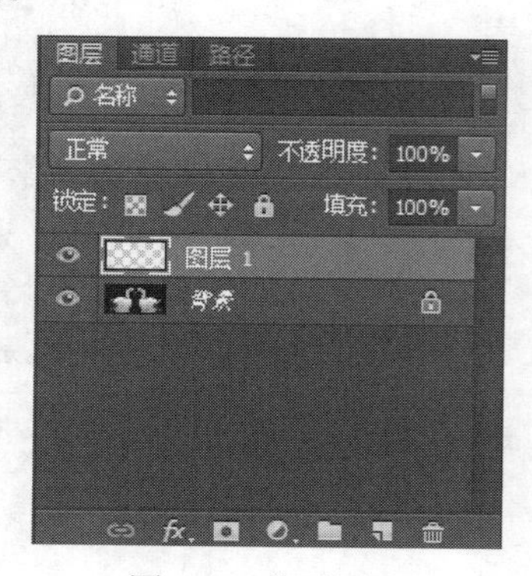

图 2-6　普通图层

根据设计的需要可将背景图层转换为普通图层，或将普通图层转换为背景图层。

①将背景图层转换为普通图层

在“图层”面板中双击“背景”层，弹出“新建图层”对话框，如图 2-7 所示。在“名称”文本框中输入转换后的图层名称，默认名称为“图层 0”，单击“确定”按钮，背景图层被转换为普通图层，如图 2-8 所示。

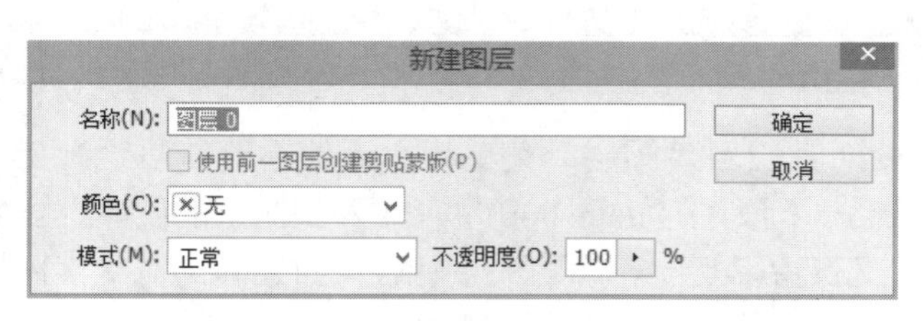

图 2-7 “新建图层”对话框

图 2-8 背景图层转换为普通图层

②将普通图层转换为背景图层

在“图层”面板中，选定需要转换为背景图层的图层，然后选择“图层”|“新建”|“图层背景”命令，普通图层就被转换成了背景图层，同时图层中的透明区域由背景色填充，如图 2-9 所示。

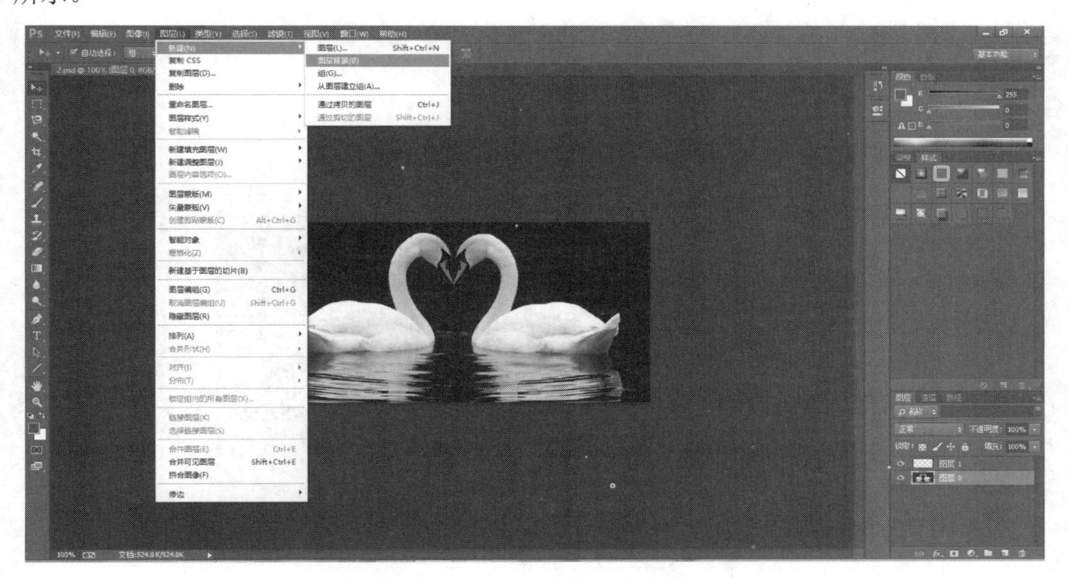

图 2-9 普通图层转换为背景图层

注意：新建文件时，如果“新建”对话框中的“背景内容”下拉列表框中选择的是“透明”，则图像没有背景图层，最下面的图层为普通“图层 1”。

（3）文字图层

文字图层是用来处理和编辑文本的图层。使用文字工具在图像上输入文字，系统会在“图层”面板中自动生成一个文字图层，默认情况下，系统会将图层中的文字内容作为图层的名称，如图 2-10 所示。

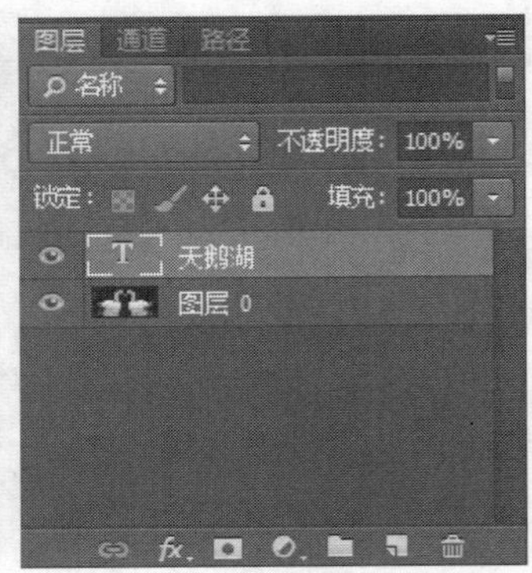

图 2-10 文字图层

创建文字图层后，可以编辑文字并对其应用“图层”菜单命令，但不能使用绘画工具和修饰工具，也不能执行“滤镜”菜单命令。因为在 Photoshop 中，输入到图层的文本，虽然由像素组成，放大时会出现锯齿，但同时又保留了文字轮廓的矢量特性。如果确需对文字图层使用绘画工具和修饰工具或执行“滤镜”菜单命令，可先将文字栅格化（在文字图层上单击鼠标右键，从弹出的快捷菜单中选择“栅格化文字”），文字栅格化后图层效果如图 2-11 所示。

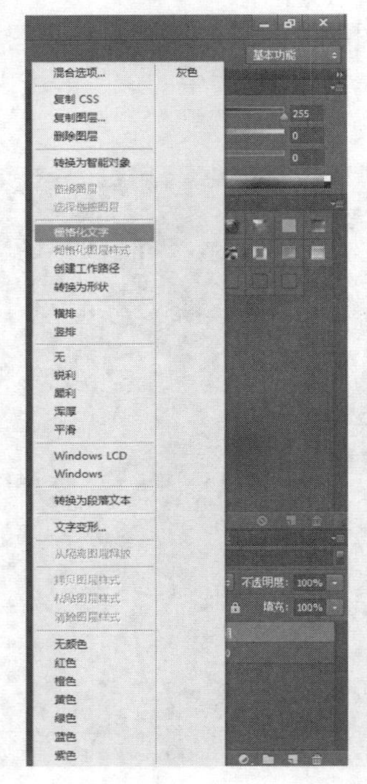

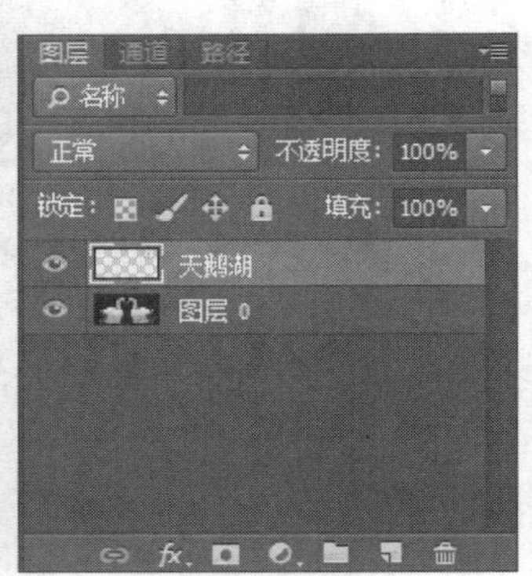

图 2-11 栅格化文字

（4）蒙版图层

单击“添加图层蒙版”图标 可以创建蒙版图层，蒙版图层可以显示或隐藏图层的不同区域，通过编辑图层蒙版可灵活地将大量的特效运用到图层中，而原图层上的内容不会被破坏（详细内容见 5.3.1 节“蒙版”部分），使用蒙版后的图层效果和图像如图 2-12 所示。

（5）形状图层

形状图层是由形状工具或钢笔工具，在确保单击了选项栏上的“形状”按钮后，在图像上绘制形成的图层，如图 2-13 所示。

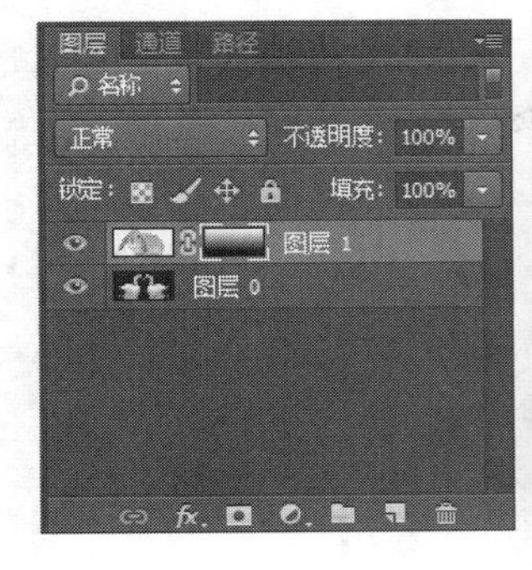

图 2-12　蒙版图层

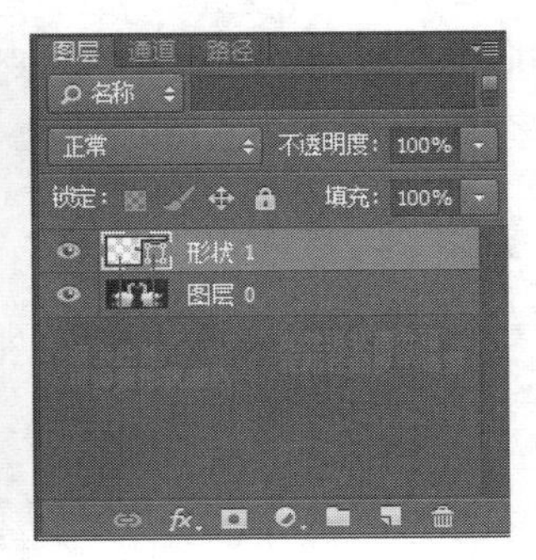

图 2-13　形状图层

形状图层由定义形状颜色的填充图层和定义形状轮廓的链接矢量蒙版组成。双击左侧的填充图层可以调整颜色，而形状轮廓是路径，可通过“路径”面板调整形状的轮廓。由于可以方便地移动、对齐、分布形状图层或调整其大小，因此，形状图层适于为 Web 页创建图形。

（6）调整图层

调整图层主要用于对图像的颜色和色调进行调整。使用调整图层可以将颜色和色调的调整作用于它下面的所有图层。颜色和色调调整存储在调整图层中。比如可以创建色阶或曲线调整图层，而不是直接在图像上调整色阶或曲线，这样就给图像的多次调整提供了更大的空间。

选择“图层”|“新建调整图层”的子菜单中的命令，或单击“图层”面板下方的“创建新的填充或调整图层”按钮，都可以在“图层”面板上创建新的调整图层，如图 2-14 所示（详见 5.3.2 节“填充/调整图层”部分）。

图 2-14　调整图层

（7）填充图层

单击“图层”面板下方的“创建新的填充或调整图层”按钮，可以创建新的填充图层。填充图层可以用纯色、渐变或图案三种类型来填充图层，如图所 2-15 所示。

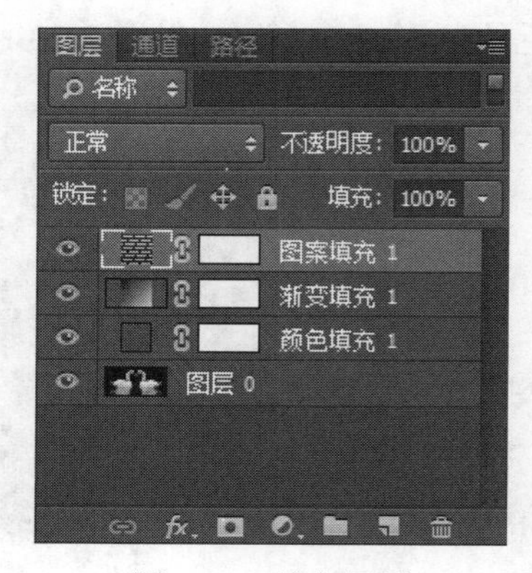

图 2-15 填充图层

填充图层不影响它们下面的图层，要控制填充图层在图像中的效果，可以通过修改图层的混合模式、不透明度或编辑填充图层的蒙版来实现。

4. 图层的选择

由于图像中的元素分布在图层上，要编辑这些元素就需要选定图层，有些编辑工作一次只能在一个图层上进行，比如绘画、调整颜色和色调。而有些编辑工作需要一次在多个图层上进行，比如移动、对齐、变换或应用“样式”等。因此，根据不同的需要可对图像执行单个或多个图层的选定。

（1）单个图层的选定

在“图层”面板中，将鼠标指针指向要选定的图层，然后单击即可选定单个图层。单个选定的图层是当前图层，图层名称将显示在文档窗口的标题栏中。

（2）多个图层的选定

在“图层”面板中，要选择多个图层，可结合键盘上的 Ctrl 键和 Shift 键。

按下 Ctrl 键，然后在“图层”面板中单击那些要选择的图层，可以选择不连续的多个图层。

如果要选择连续的多个图层，可在“图层”面板上先单击首个图层，然后按住 Shift 键单击最后一个图层，即可选定首尾图层和它们之间的所有图层。

（3）在文档窗口中选择图层

在工具箱中选择“移动工具”，在图像中右击，弹出的快捷菜单列出了包含当前光标位置下的所有像素的图层，可从菜单中选取一个图层。

2.3.2 图层的基本操作

对图像的创作和编辑离不开图层，因此对图层的基本操作必须熟练掌握。图层的基本操作主要包括新建图层、命名图层、复制图层、合并图层、对齐图层、删除图层等，而这些操作大都可在“图层”面板上完成。

1. 新建与命名图层

要完成一幅作品往往需要创建多个图层，但如果图层太多，会搞不清楚每个图层上放置的内容，反而不便于对图层的编辑，因此，在将图层添加到图像中时，常为图层指定名称，而这个名称最好能说明其内容，使得图层在面板中更易于识别。

（1）创建新图层

默认状态下，在 Photoshop 中打开或新建的文件只有背景图层，要创建新的图层可以通过以下任一方式实现：

方法 1：单击“图层”面板上的按钮，默认的图层名称为“图层 1”。

方法 2：选择“图层”|“新建”|“图层”命令，弹出“新建图层”对话框，如图 2-16 所示，单击“确定”按钮，创建新图层。

方法 3：单击“图层”面板菜单按钮，从弹出的菜单中选取“新建图层”命令，如图 2-17 所示，弹出“新建图层”对话框，创建新图层。

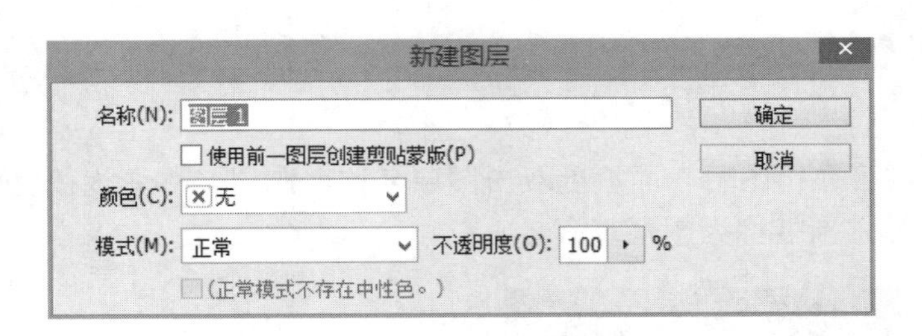

图 2-16　“新建图层”对话框

图 2-17　新建图层

方法 4：在图像中创建选区，如图 2-18 所示。选择“图层”|“新建”|“通过拷贝的图层”命令或按下 Ctrl+J 键，可将选区内容创建为新图层，如图 2-18 所示。

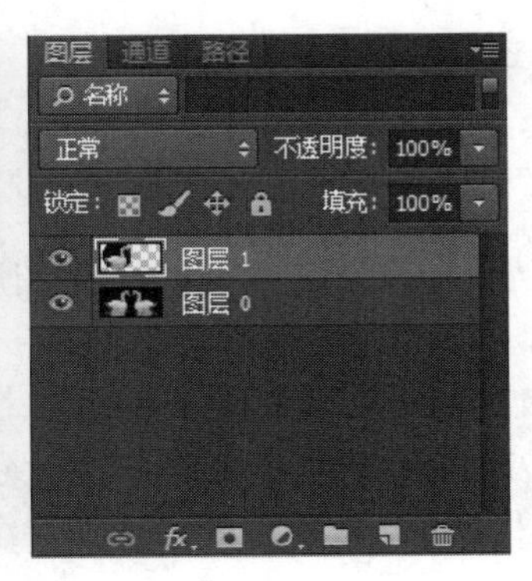

图 2-18　将选区新建为图层

方法 5：在图像中创建选区，选择“图层”|“新建”|“通过剪切的图层”命令，可创建新图层，并将选区内容剪切到新图层中，如图 2-19 所示。

（2）重命名图层

选择“图层”|“新建”|“图层”命令时，会弹出“新建图层”对话框，如图 2-20 所示。可在“名称”文本框中输入新图层名称，如果不输入新的图层名称，系统将以“图层 1”“图层 2”等为图层命名，单击“确定”按钮，创建新图层。

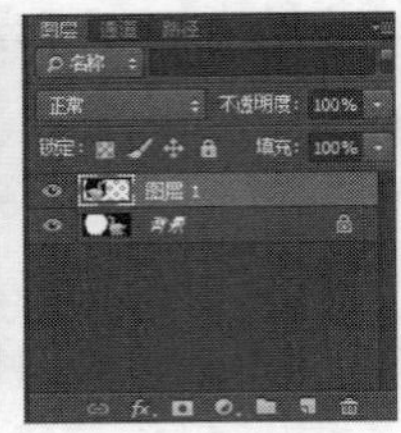

图 2-19　通过剪切新建图层

新建图层
名称(N): 图层 1
使用前一图层创建剪贴蒙版(P)
颜色(C): 无
模式(M): 正常
不透明度(O): 100 %
(正常模式不存在中性色。)
确定
取消

图 2-20　重命名图层

如果需要修改图层的名称，还可在“图层”面板上双击图层名称，图层名称变为蓝色高亮显示，如图 2-21 所示，此时可输入新名称为图层重命名。

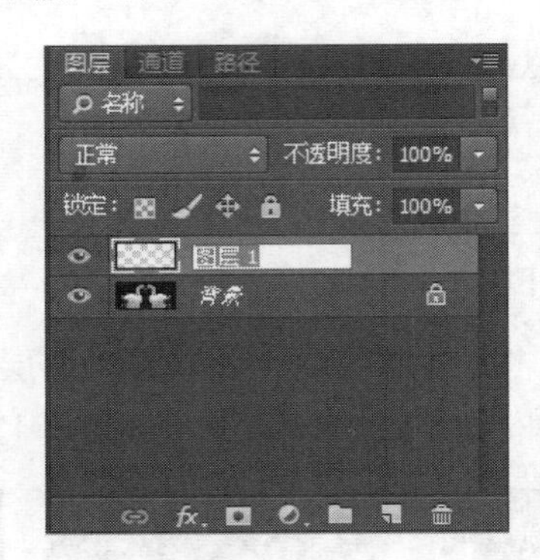

图 2-21　直接重命名图层

（3）创建新图层组

当一幅图中建立了很多个图层，为了对这些图层进行管理，就需要分组。新建图层组的操作，和新建图层的操作类似。

方法 1：单击“图层”面板上的按钮，默认的图层组名称为“组 1”。

方法 2：选择“图层”|“新建”|“组”命令，弹出“新建组”对话框，如图 2-22 所示，单击“确定”按钮，创建新图层组。

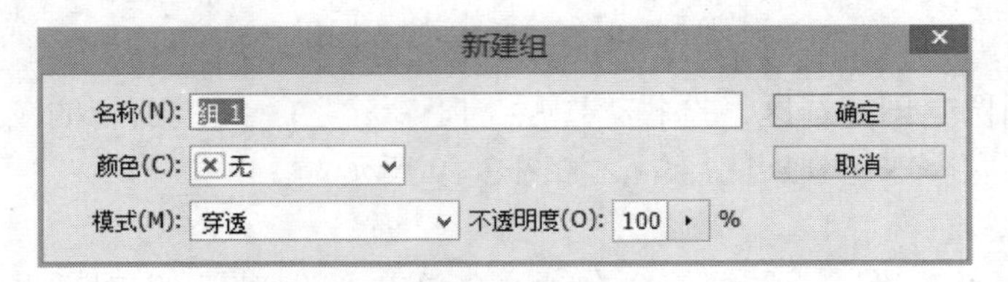

图 2-22　新建图层组

方法 3：单击“图层”面板菜单按钮，从弹出的菜单中选取“新建组”或者“从图层新建组”命令，如图 2-23 所示，弹出“新建组”或“从图层新建组”对话框，创建新图层组。

方法 4：选择“图层”|“新建”|“从图层新建组”命令，弹出“从图层新建组”对话框，如图 2-24 所示，单击“确定”按钮，创建新图层组。

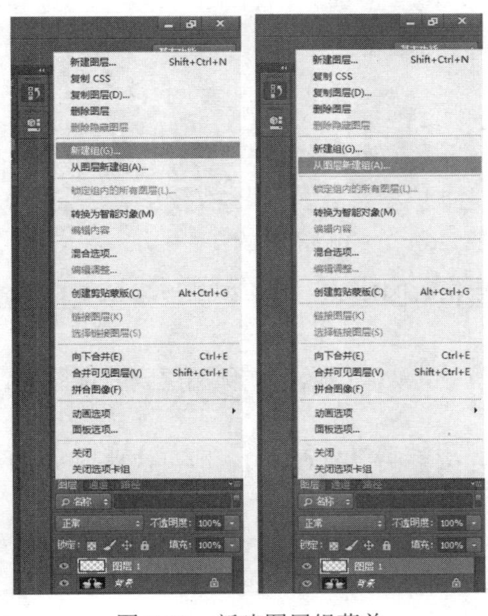

图 2-23　新建图层组菜单

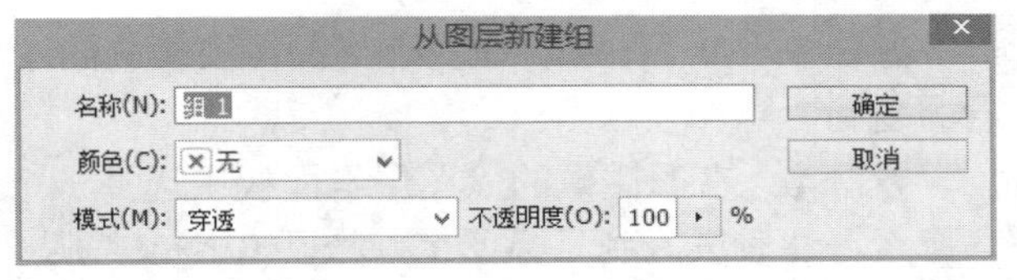

图 2-24　从图层新建组

2. 调整图层顺序和复制图层

（1）移动图层的叠放顺序

在制作一幅作品时，图像会有不止一个图层，而图层的叠放顺序直接影响着图像的合成结果，因此，常常需要调整图层的叠放顺序，来达到设计的要求。移动图层的位置可以通过以下两种方式实现：

方法 1：鼠标拖移图层方式。

在“图层”面板上，将鼠标移动到需要调整的图层上，鼠标变形为手形，按住鼠标左键向上或向下拖移，当突出显示的线条出现在要放置图层的位置时，松开鼠标左键，即可完成图层的移动。

方法 2：菜单方式。

在“图层”面板上选择要移动的图层，选择“图层”|“排列”命令，然后从子菜单中选取相应的命令，选定图层将被移动到指定的位置上。

（2）复制图层

复制图层在编辑图像的过程中应用非常广泛，根据实际需要可以在同一个图像中复制图层，也可以在不同的图像间复制图层。

方法 1：在“图层”面板上选择需要复制的图层，将图层拖移到“创建新图层”按钮上，可复制一个和原图层内容一样的图层，系统为新图层命名为原图层名称+“拷贝”，如图 2-25 所示。

方法 2：在“图层”面板上选择需要复制的图层，从“图层”菜单或“图层”面板菜单中选取“复制图层”命令，在弹出的“复制图层”对话框中，输入图层副本的名称，然后单击“确定”按钮，也可复制图层，如图 2-26 所示。

图 2-25 复制图层

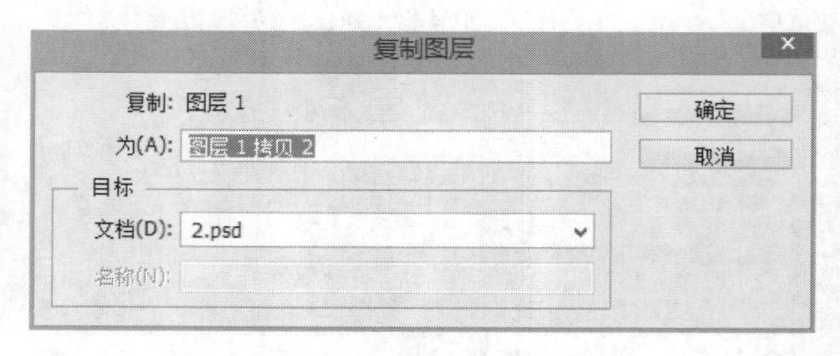

图 2-26 “复制图层”对话框

方法 3：在源图像的“图层”面板中选择一个图层，将图层从“图层”面板拖移到目标图像中，可在不同的图像间复制图层。

方法 4：在工具箱中选择“移动工具”，按住鼠标左键从源图像中拖移图层到目标图像，可将当前图层复制到目标图像。

方法 5：在“图层”面板上选择需要复制的图层，按下快捷键 Ctrl+J，即可快速地实现图层的复制。

方法 6：在源图像的“图层”面板中选择一个图层，按下快捷键 Ctrl+A 选择整个图层所有像素，然后进入到目标图像，按下 Ctrl+V 粘贴，即可将源图像中的图层复制到目标图像。

3. 显示/隐藏图层

显示或隐藏图层是指图层在图像窗口中的可视状态。在创作一幅作品的过程中，往往有很多元素是待定的，在推敲某个元素时，常常将某些元素所在的图层显示或隐藏，观察其对整个画面的影响。在修改或编辑图像的下方图层时，为了不破坏上面的图层，也常常隐藏上面的图层，以方便操作。

在“图层”面板上，图层缩览图的左边有一个眼睛图标，它控制着图层的可视性，当眼睛图标显示时，图层的内容在图像区域是可见的，否则图层的内容是隐藏状态，在图像区域不可见。

（1）切换单个图层的可视状态

图层缩览图前的眼睛图标是一个切换按钮，默认情况下图层是可见的，如图 2-27 所示。单击眼睛图标，眼睛图标消失，图层内容被隐藏起来，如图 2-28 所示；再次单击眼睛图标的位置，眼睛图标显示出来，图层的内容也成为可视状态。

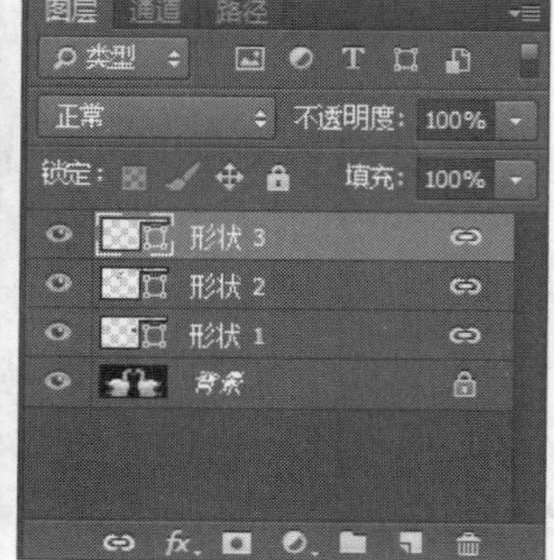

图 2-27 显示图层

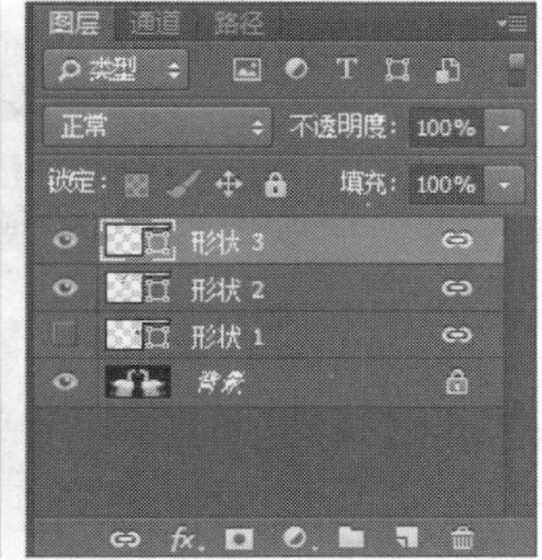

图 2-28　隐藏图层

（2）快速切换多个图层的可视状态

在“图层”面板中，按住鼠标左键在眼睛图标列中拖动，可以快速改变多个图层的可视状态。需要注意的是有些工具的默认行为是在可视的图层上工作，因此被隐藏的图层将不能被这些工具编辑。另外，合并图层时，如果选择“合并可见图层”，被隐藏的图层将不会被合并，如果选择“合并图层”，被隐藏的图层将会被扔掉。

4．栅格化图层

在 Photoshop 中建立的文字图层、形状图层、矢量蒙版和填充图层之类的图层，不能在它们的图层上再使用绘画工具或滤镜进行处理了。如果需要在这些图层上再继续操作就需要用到“栅格化”，它可以将这些图层的内容转换为平面的光栅图像。

栅格化图层的办法：可以选中图层单击鼠标右键选择“栅格化图层”选项，或者在“图层”菜单选择“栅格化”下各类选项，如图 2-29 所示。

图 2-29　栅格化图层

5．链接与合并、盖印图层

链接图层是将多个图层联合在一起，形成一个整体。合并图层是将多个图层合并成一个图层。盖印图层是将多个图层的内容合并为一个图层，而原来的图层不变。

（1）链接图层

在实际的工作中常需要将多个图层中的元素一起移动或对齐、分布。若使用“移动工具”一个个地移动，不仅麻烦，还会改变元素之间的相对位置。Photoshop 为用户提供了图层链接功能，使用此功能可以将两个或两个以上的图层链接起来形成一个图层整体，从所链接的图层中还可以进行复制、粘贴、对齐、合并、应用变换和创建剪贴组等操作。如果不再需要这种关联，还可以取消链接。

①创建链接

在“图层”面板上选择需建立链接的图层，然后单击面板底部的“链接”图标，即可在选择的图层之间建立链接。建立链接后的图层右侧有一个链接图标，如图 2-30 所示。

②取消图层之间的链接

选择要取消链接的图层，然后单击面板底部的“链接”图标，可以取消当前图层的链接，如图 2-31 所示。如果需要取消所有图层的链接，可选择“图层”|“选择链接图层”命令。

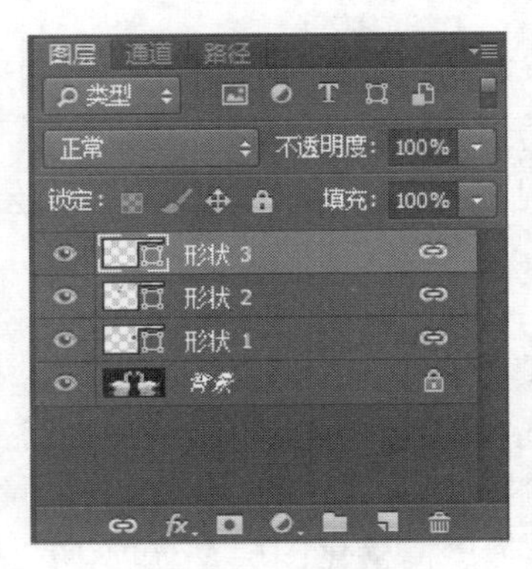

图 2-30　链接图层

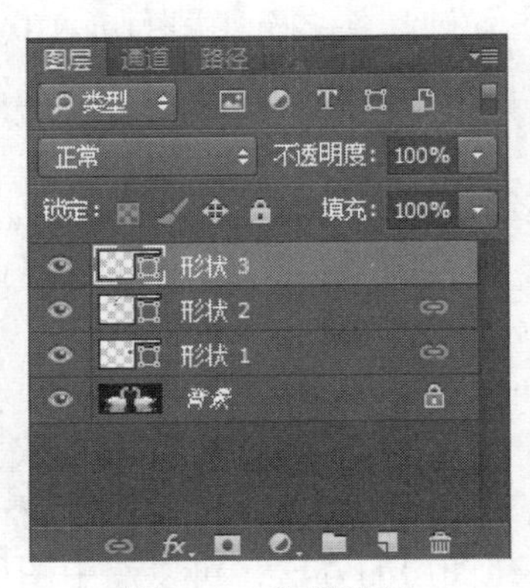

图 2-31　取消链接

③禁用和启用链接

按住 Shift 键，单击链接图层右侧的链接图标，在链接图标上出现一个红×，如图 2-32 所示，表示当前图层的链接被禁用。如果按住 Shift 键，再次单击链接图标可重新启用链接。

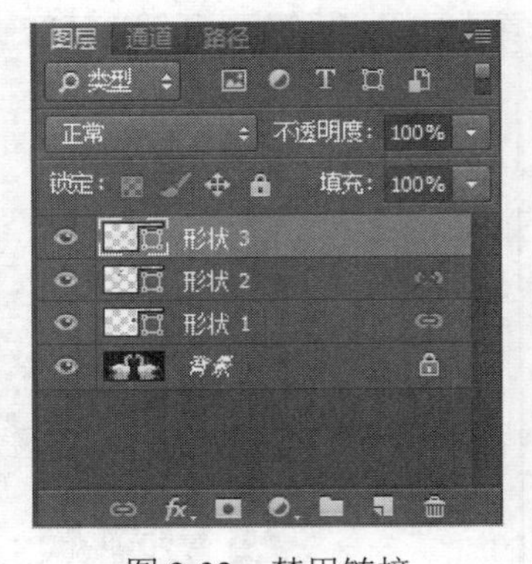

图 2-32　禁用链接

（2）合并图层

在设计的时候很多图形都分布在多个图层上，而对这些已经确定的图形不会再修改了，就可以将它们合并在一起以便于图像管理。合并后的图层中，所有透明区域的交叠部分都会保持透明。

要合并图层，可选择“图层”菜单命令，其中有 3 种合并图层的方式可供选择。

方法 1：“合并图层”命令。

选择“图层”|“合并图层”命令，如图 2-33 所示，所有被选择的图层将合并成一个图层，图层名称为所选图层中最上层图层的名称。如果在“图层”面板中只选择了一个图层，此命令为“向下合并”，即只合并当前图层和与其紧邻的下方图层，图层名称为当前图层名称。

方法 2：“合并可见图层”命令。

选择“图层”|“合并可见图层”命令，将合并图像中所有可视状态的图层，保留不可视图层，如图 2-34 所示。

方法 3：“拼合图像”命令。

选择“图层”|“拼合图像”命令，如图 2-35 所示，将合并图像中所有可视状态的图层，

并删除不可视图层，如果“图层”面板中有隐藏的图层，则会弹出如图 2-36 所示的对话框。

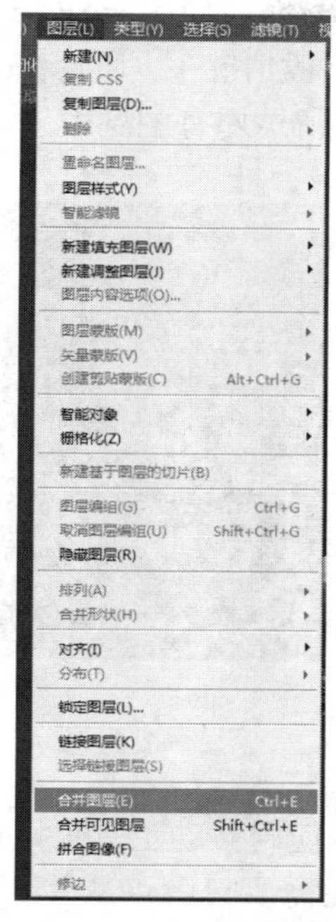

图 2-33　合并图层

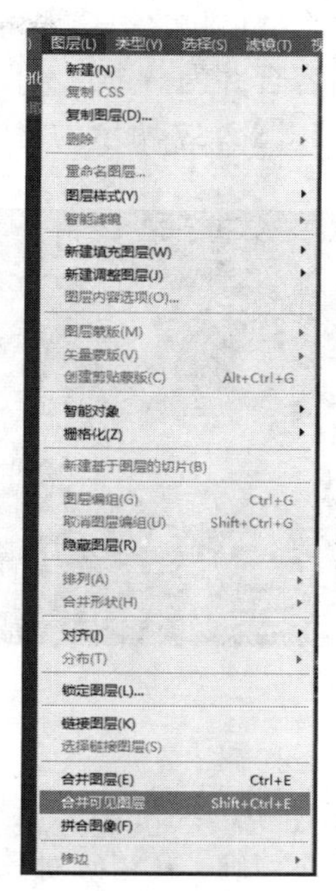

图 2-34　合并可见图层

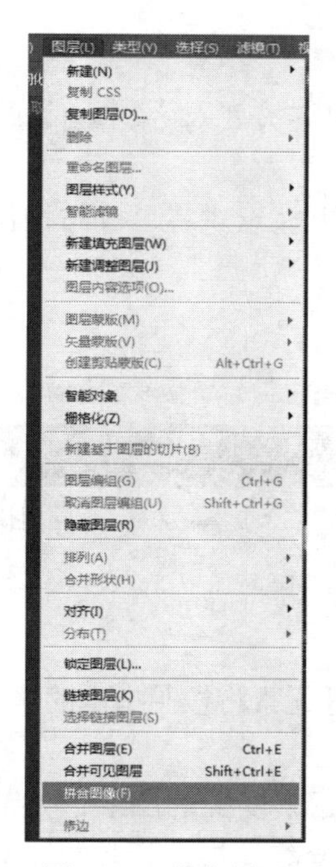

图 2-35　拼合图层

图 2-36　扔掉隐藏的图层对话框

注意：图层合并后，不能再进行单独的修改，所以合并之前一定要确定合并的图层已经不需要做任何改动。如果需要合并的是几个形状图层，菜单中出现的命令是“合并形状”，不再是“合并图层”。

（3）盖印图层

除了可以合并图层之外，还可以盖印图层，盖印图层的快捷键是 Ctrl+Alt+E。盖印可以将多个图层的内容合并为一个目标图层，而原来的图层不变。一般情况下，所选图层将向下盖印它下面的图层。图 2-37 所示为将所有图层合并到一起，并保留了原有图层效果。

图 2-37 盖印图层

6. 对齐和分布图层

在实际工作中，经常需要调整图像中元素的位置，虽然使用移动工具也可以调整元素的位置，但不是很精确。要精确对齐或均匀分布这些元素，往往需要网格和参考线等辅助工具的配合，假如对齐和分布的元素很多，这样做很琐碎，也很费时。而图层中的对齐和分布功能，使得图像元素的对齐和分布变得非常容易。

（1）对齐图层

使用对齐按钮可将两个或以上的图像元素按照相应的对齐方式对齐。具体操作步骤如下：

①选择或链接两个或两个以上需要对齐的图层。

②选择工具箱中的“移动工具”，在移动工具的选项栏上显示对齐、分布按钮，如图 2-38 所示。

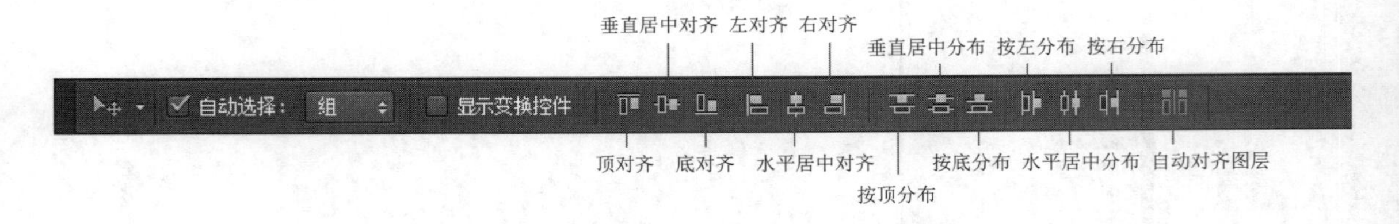

图 2-38 移动工具选项栏

③在选项栏中单击相应的对齐按钮，选中的图层中的图像元素将按照指定的对齐方式对齐。

（2）分布图层

要将图层中的元素均匀分布，必须选择或链接三个或三个以上的图层，然后选择工具箱中的“移动工具”，在选项栏中单击相应的分布按钮，均匀分布图层。选项栏中各分布按钮的含义如下：

- **“按顶分布”按钮**，将从每个图层的顶端像素开始，间隔均匀地分布图像元素。
- **“垂直居中分布”按钮**，将从每个图层的垂直中心像素开始，间隔均匀地分布图像元素。

- **“按底分布”按钮**，将从每个图层的底端像素开始，间隔均匀地分布图像元素。
- **“按左分布”按钮**，将从每个图层的左端像素开始，间隔均匀地分布图像元素。
- **“水平居中分布”按钮**，从每个图层的水平中心开始，间隔均匀地分布图像元素。
- **“按右分布”按钮**，将从每个图层的右端像素开始，间隔均匀地分布图像元素。
- **“自动对齐图层”按钮**：单击此按钮，会弹出如图 2-39 所示的对话框，可根据所需效果调整和设置。

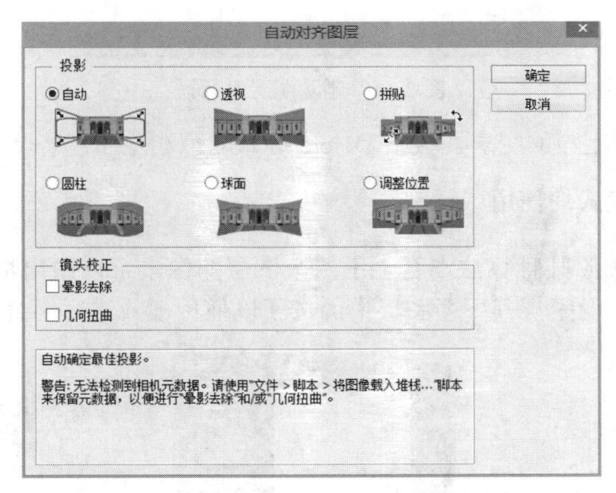

图 2-39　“自动对齐图层”对话框

注意：对齐和分布按钮只对图像中不透明度大于 50%的像素起作用。注意是图层中所含像素的不透明度，而不是图层的不透明度。

7. 删除图层

方法 1：可以在图层上单击鼠标右键，选择“删除图层”，如图 2-40 所示。

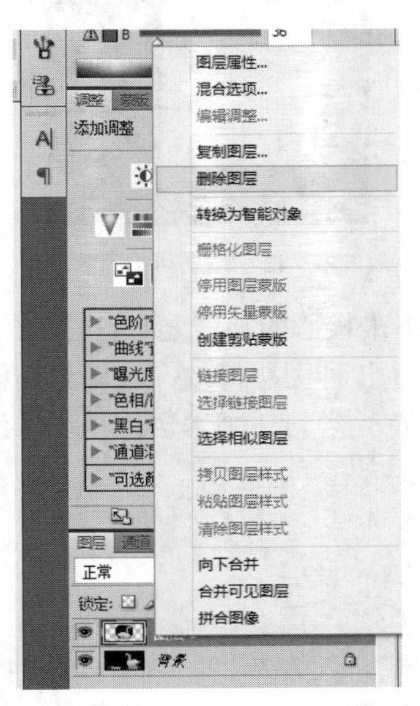

图 2-40　“删除图层”命令

方法 2：将需要删除的图层直接拖入“图层”面板右下角的“删除图层”按钮中。

方法 3：选择所需删除的图层，单击“删除图层”按钮，弹出如图 2-41 所示的对话框，单击“是”即可删除图层。

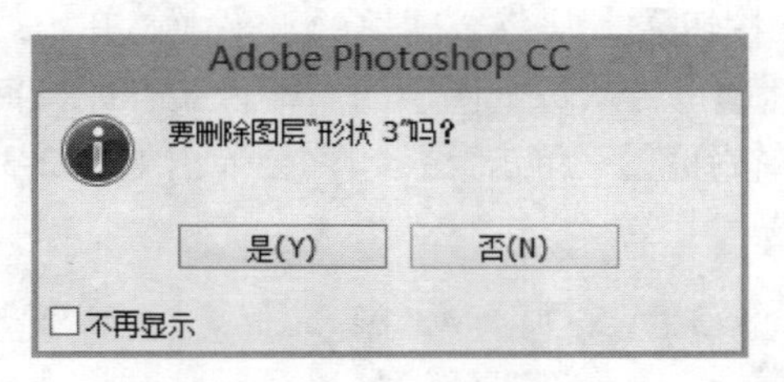

图 2-41 删除图层对话框

方法 4：选择所需删除的图层，按下 Delete 键，即可删除图层。

2.3.3 图层混合模式的使用

图层混合，就是按照某种算法混合上下两个图层的像素，以做出特殊的效果。图层混合模式决定当前图层中的像素与其下面图层中的像素以何种模式进行混合，如图 2-42 所示。

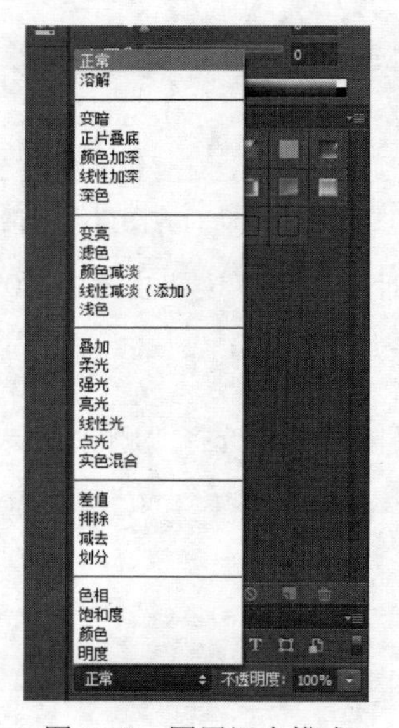

图 2-42 图层混合模式

图层混合模式是 Photoshop 中最核心的功能之一，也是在图像处理中最为常用的一种技术手段。使用图层混合模式可以创建各种图层特效，实现充满创意的平面设计作品。

在讲述图层混合模式之前，首先学习 3 个术语：基色、混合色和结果色。

基色：指当前图层之下的图层的颜色。

混合色：指当前图层的颜色。

结果色：指混合后得到的颜色。

1. “正常”模式

这是图层混合模式的默认方式，较为常用，即不和其他图层发生任何混合。使用时当前图层像素的颜色覆盖下层颜色。因为在 Photoshop 中颜色是当作光线处理的（而不是物理颜料），在“正常”模式下形成的合成或着色作品中不会用到颜色的相减属性。在“正常”模式下，永远不可能得到一种比混合的两种颜色成分中最暗的那个更暗的混合色。图 2-43 所示的三张图片即是两张原始图和“正常”模式下的混合状态图。

图 2-43 “正常”模式

2. “溶解”模式

“溶解”模式是用结果色随机取代具有基色和混合色的像素，取代的程度取决于该像素的不透明度。“溶解”模式的特点是配合调整不透明度可创建点状喷雾式的图像效果，不透明度越低，像素点越分散，如图 2-44 所示。

3. “变暗”模式

“变暗”模式特点是处理比当前图像更暗的区域。比混合色亮的像素被替换，比混合色暗的像素保持不变，与白色混合不产生变化，如图 2-45 所示。

4. “正片叠底”模式

“正片叠底”模式特点是除白色以外的其他区域都会使基色变暗。注意任何颜色与黑色复合产生黑色，任何颜色与白色复合保持不变，如图 2-46 所示。

图 2-44 “溶解”模式

图 2-45 “变暗”模式

图 2-46 “正片叠底”模式

5. “颜色加深”模式

“颜色加深”模式特点是加强深色区域，原理是通过增加对比度使基色变暗以反映混合色，与白色混合不产生变化，如图 2-47 所示。

6. “线性加深”模式

“线性加深”模式与“正片叠底”模式的效果相似，但产生的对比效果更强烈，相当于“正片叠底”模式与“颜色加深”模式的组合。原理是通过减小亮度使基色变暗以反映混合色，与白色混合同样不产生变化，如图 2-48 所示。

图 2-47 “颜色加深”模式

图 2-48 “线性加深”模式

7. “深色”模式

“深色”模式依据当前图层混合色的饱和度直接覆盖基色中暗调区域的颜色。基色中包含的亮度信息不变，以混合色中的暗调信息取代基色，从而得到结果色。“深色”模式可反映背景较亮的图像中暗部信息的表现，如图 2-49 所示。

图 2-49 “深色”模式

8. “变亮”模式

“变亮”模式与“变暗”模式产生的效果相反。选择基色或混合色中较亮的颜色作为结果色。基色比混合色暗的像素保持基色不变，比混合色亮的像素显示为混合色，用黑色过滤时颜色保持不变，如图 2-50 所示。

图 2-50 “变亮”模式

9. “滤色”模式

“滤色”模式是将混合色的互补色与基色复合，结果色总是较亮的颜色。特点是可以使图像产生漂白的效果，“滤色”模式与“正片叠底”模式产生的效果相反。用黑色过滤时颜色保持不变，用白色过滤将产生白色，如图 2-51 所示。

图 2-51 “滤色”模式

10. “颜色减淡”模式

“颜色减淡”模式是通过减小对比度使基色变亮以反映混合色。特点是可加亮底层的图像，同时使颜色变得更加饱和，由于对暗部区域的改变有限，因而可以保持较好的对比度，与黑色混合则不发生变化，如图 2-52 所示。

11. “线性减淡”模式

“线性减淡”模式与“线性加深”模式的效果相反，它通过增加亮度来减淡颜色，产生的亮化效果比“滤色”模式和“颜色减淡”模式都强烈。工作原理是查看每个通道的颜色信息，然后通过增加亮度使基色变亮来反映混合色。与白色混合时图像中的色彩信息降至最低；与黑色混合不会发生变化，如图 2-53 所示。

图 2-52 “颜色减淡”模式

图 2-53 “线性减淡”模式

12. “浅色”模式

“浅色”模式依据当前图层混合色的饱和度直接覆盖基色中高光区域的颜色。基色中包含的暗调区域不变，被混合色中的高光色调取代基色，从而得到结果色，如图 2-54 所示。

图 2-54 “浅色”模式

13. “叠加”模式

“叠加”模式实际上是“正片叠底”模式和“滤色”模式的一种混合模式。该模式是将混合色与基色相互叠加，也就是说底层图像控制着上面的图层，可以使之变亮或变暗。比基色暗 50%的区域将采用“正片叠底”模式变暗，比基色亮 50%的区域则采用“滤色”模式变亮，如图 2-55 所示。

图 2-55 “叠加”模式

14. “柔光”模式

“柔光”模式的效果与发散的聚光灯照在图像上相似，该模式根据混合色的明暗来决定图像的最终效果是变亮还是变暗。如果混合色比基色更亮一些，那么结果色将更亮；如果混合色比基色更暗一些，那么结果色将更暗，使图像的亮度反差增大，如图 2-56 所示。

图 2-56 “柔光”模式

15. “强光”模式

“强光”模式特点是可增加图像的对比度，它相当于“正片叠底”模式和“滤色”模式的组合。此效果与耀眼的聚光灯照在图像上相似，这对于向图像中添加高光和向图像添加暗调非常有用，用纯黑色或纯白色绘画会产生纯黑色或纯白色，如图 2-57 所示。

16. “亮光”模式

“亮光”模式可调整对比度以加深或减淡颜色，具体取决于上层图像的颜色分布。如果上层颜色（光源）亮度高于 50%灰，图像将降低对比度并且变亮；如果上层颜色（光源）亮度低于 50%灰，图像会提高对比度并且变暗，如图 2-58 所示。

17. “线性光”模式

“线性光”模式是“线性减淡”模式与“线性加深”模式的组合。“线性光”模式通过增加或降低当前图层颜色亮度来加深或减淡颜色。如果当前图层颜色（光源）亮度高于中性灰（50%灰），则用增加亮度的方法来使得画面变亮，反之用降低亮度的方法来使画面变暗，如图 2-59 所示。

图 2-57 “强光”模式

图 2-58 “亮光”模式

图 2-59 “线性光”模式

18. “点光”模式

“点光”模式可按照上层颜色分布信息来替换颜色。如果上层颜色（光源）亮度高于 50%灰，比上层颜色暗的像素将会被取代，而较之亮的像素则不发生变化。如果上层颜色（光源）亮度低于 50%灰，比上层颜色亮的像素会被取代，而较之暗的像素则不发生变化，如图 2-60 所示。

19. “实色混合”模式

“实色混合”模式下当混合色比 50%灰亮时，基色变亮；如果混合色比 50%灰暗，则会使底层图像变暗。该模式通常会使图像产生色调分离的效果，减小填充不透明度时，可减弱对比强度，如图 2-61 所示。

图 2-60 “点光”模式

图 2-61 “实色混合”模式

20. “差值”模式

“差值”模式是指混合色中的白色区域会使图像产生反相的效果，而黑色区域则会接近底层图像。原理是从基色中减去混合色，或从混合色中减去基色，具体取决于哪一个颜色的亮度值更大。与白色混合将反转基色；与黑色混合则不产生变化，如图 2-62 所示。

图 2-62 “差值”模式

21.“排除”模式

“排除”模式与“差值”模式相似，但“排除”模式具有高对比度和低饱和度的特点，比“差值”模式的效果要柔和、明亮。白色作为混合色时，图像反转基色而呈现；黑色作为混合色时，图像不发生变化，如图 2-63 所示。

图 2-63　“排除”模式

22.“减去”模式

“减去”模式是用基色的数值减去混合色，与“差值”模式类似，如果混合色与基色相同，那么结果色为黑色。在“减去”模式下，如果混合色为白色，那么结果色为黑色，如果混合色为黑色，那么结果色为基色，如图 2-64 所示。

图 2-64　“减去”模式

23.“划分”模式

“划分”模式是使用基色分割混合色，颜色对比度较强。在“划分”模式下，如果混合色与基色相同，则结果色为白色，如果混合色为白色，则结果色为基色，如果混合色为黑色，则结果色为白色，如图 2-65 所示。

24.“色相”模式

“色相”模式是用基色的亮度和饱和度以及混合色的色相创建结果色。该模式可将混合色层的颜色应用到基色层图像中，并保持基色层图像的亮度和饱和度，如图 2-66 所示。

图 2-65 “划分”模式

图 2-66 “色相”模式

25. “饱和度”模式

“饱和度”模式特点是可使图像的某些区域变为黑白色，该模式可将当前图像的饱和度应用到底层图像中，并保持底层图像的亮度和色相，如图 2-67 所示。

图 2-67 “饱和度”模式

26. “颜色”模式

“颜色”模式特点是可将当前图像的色相和饱和度应用到底层图像中，并保持底层图像的亮度。“颜色”模式可以保留图像中的灰阶，并且对于给单色图像上色和给彩色图像着色都会非常有用，如图 2-68 所示。

图 2-68　“颜色”模式

27. “明度”模式

“明度”模式的特点是可将当前图像的亮度应用于底层图像中，并保持底层图像的色相与饱和度。此模式可创建与“颜色”模式相反的效果，如图 2-69 所示。

图 2-69　“明度”模式

2.3.4　图层样式的使用

在 Photoshop 中，可以为图层的图像和文字，加上各种各样的效果，这就是图层样式。图层样式是 Photoshop 中制作图片效果的重要手段之一，图层样式可以运用于一幅图片中除背景图层以外的任意一个层。利用图层样式功能，可以简单快捷地制作出各种立体投影、各种质感以及光景效果的图像特效。与不用图层样式的传统操作方法相比较，图层样式具有速度更快、效果更精确、可编辑性更强等无法比拟的优势。

1. 添加图层样式的方法

方法 1：Photoshop 已经预置了很多样式，打开“样式”面板就可以看到，如图 2-70 所示，也可以在网上下载样式文件载入 Photoshop 中。在“样式”面板中，直接单击所需的

图 2-70　“样式”面板

图层样式按钮即可添加图层样式，操作方法如下：

①选择需要设置图层样式的图层或者对象。

②打开图层“样式”面板。

③单击所需图层样式，对红心部分设置图层样式，图像效果、“图层”面板部分显示效果如图 2-71 所示。

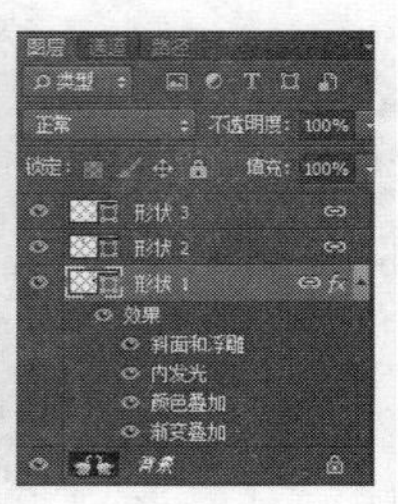

图 2-71　设置图层样式效果

添加了图层样式之后，图层后面就会多出一个字样，单击其后的三角按钮，就可以看到，这时候的桃心形状加了斜面和浮雕、内发光、颜色叠加和渐变叠加的效果。如果要关闭效果，只要单击效果前面的眼睛按钮就可以了。

方法 2：在图层名称后面空白的部分双击鼠标，打开“图层样式”对话框，如图 2-72 所示。

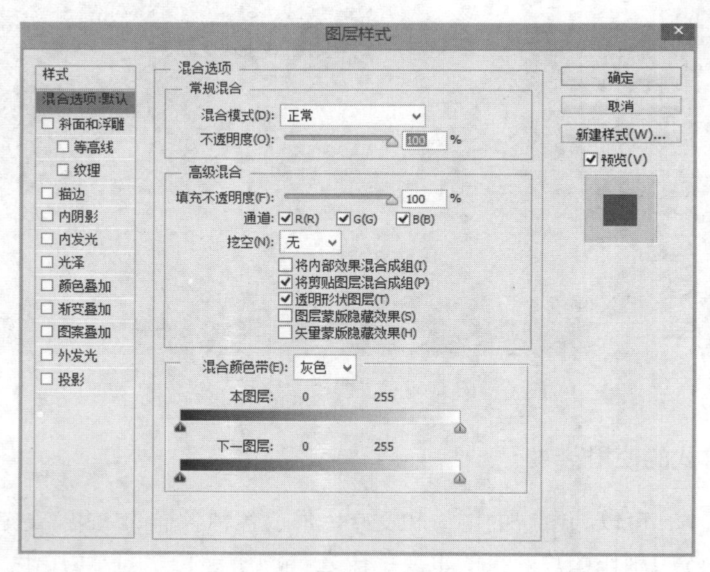

图 2-72　“图层样式”对话框

图层样式包括斜面和浮雕、描边、内阴影、内发光、光泽、颜色叠加、渐变叠加、图案叠加、外发光和投影共计 10 个样式，每个样式有不同的属性设置，设置不同，得到的样式效果不同。

方法 3：单击“图层”面板上的按钮，可以从弹出的菜单中选择所需的图层样式，如图 2-73 所示，并弹出相应的“图层样式”对话框。

方法 4：单击“图层”|“图层样式”，出现图层样式选项，可以从中选择所需的图层样式，如图 2-74 所示，并弹出相应的“图层样式”对话框。

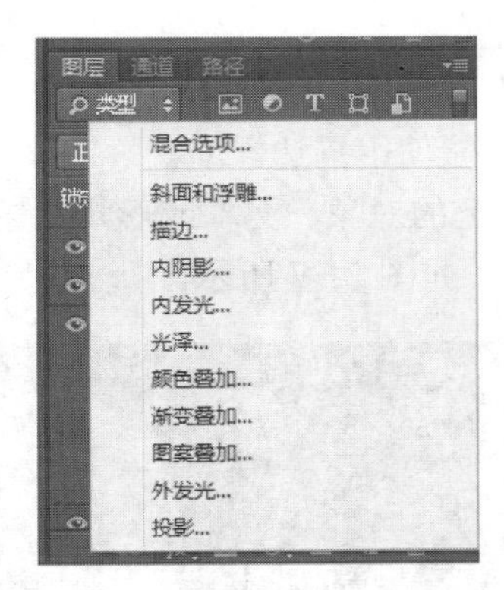

图 2-73 通过“图层”面板建立图层样式

图 2-74 图层样式选项

2. 图层样式的类型

- **斜面和浮雕**：将为图层添加高亮显示和阴影的各种组合效果，如图 2-75 所示，有等高线和纹理两个子样式，对图中天鹅中间的桃心部分使用该样式之后的效果如图 2-76 所示（后面所有样式中所使用的均为默认设置）。

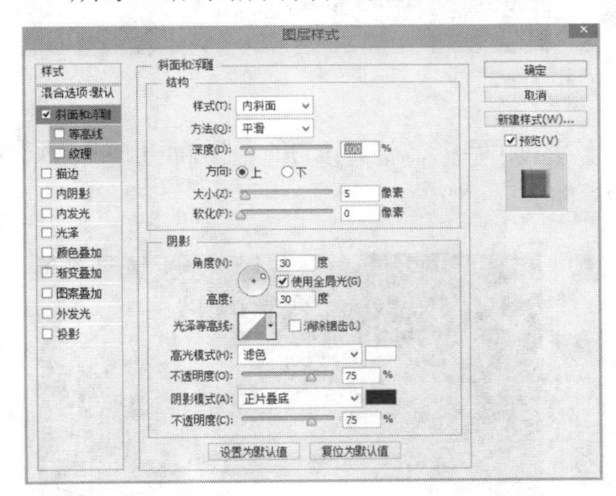

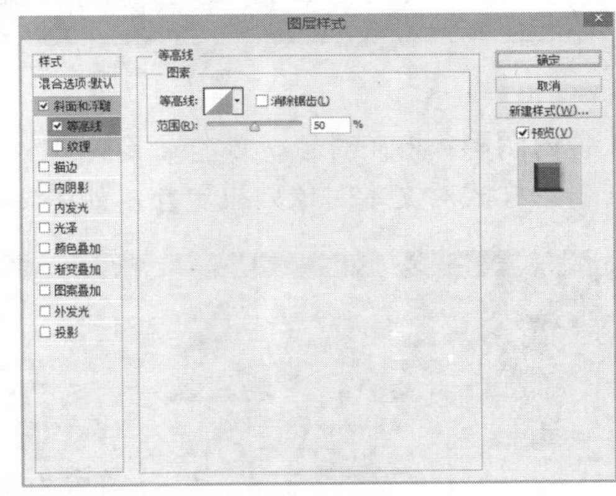

图 2-75 斜面和浮雕样式

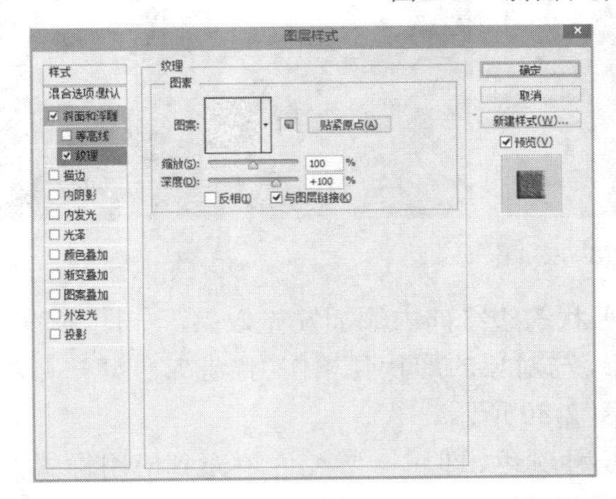

图 2-76 斜面和浮雕效果

其中：

外斜面：沿对象、文本或形状的外边缘创建三维斜面。

内斜面：沿对象、文本或形状的内边缘创建三维斜面。

浮雕效果：创建外斜面和内斜面的组合效果。

枕状浮雕：创建内斜面的反相效果，其中对象、文本或形状看起来下沉。

描边浮雕：只适用于描边对象，即在有描边效果时才能使用描边浮雕。

- **描边**：使用纯色、渐变颜色或图案描绘当前图层上的对象、文本或形状的轮廓，对于边缘清晰的形状（如文本），这种效果尤其有用，如图 2-77 所示。

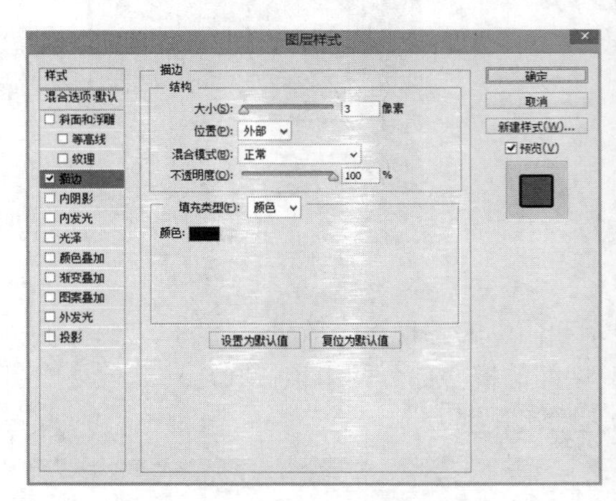

图 2-77　描边效果

- **内阴影**：将在对象、文本或形状的内边缘添加阴影，让图层产生一种凹陷外观，内阴影样式对文本对象效果更佳，如图 2-78 所示。

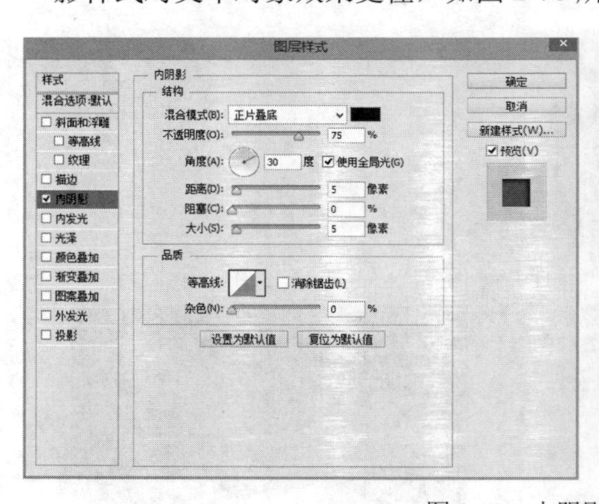

图 2-78　内阴影效果

- **内发光**：将从图层对象、文本或形状的边缘向内添加发光效果，如图 2-79 所示。
- **光泽**：将对图层对象内部应用阴影，与对象的形状互相作用，通常创建规则波浪形状，产生光滑的磨光及金属效果，如图 2-80 所示。
- **颜色叠加**：将在图层对象上叠加一种颜色，即用一层纯色填充到应用样式的对象上。单击“设置叠加颜色”▇，从“拾色器（叠加颜色）”对话框中选择任意颜色，此处由于桃心为红色，默认设置的叠加颜色也为红色，故对颜色做了调整，效果如图 2-81 所示。

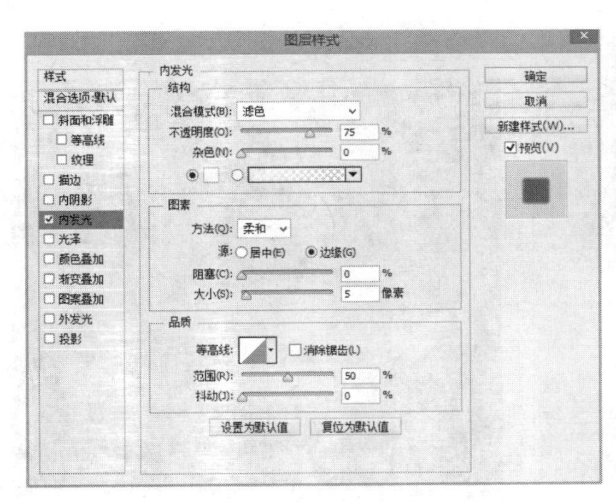

图 2-79　内发光效果

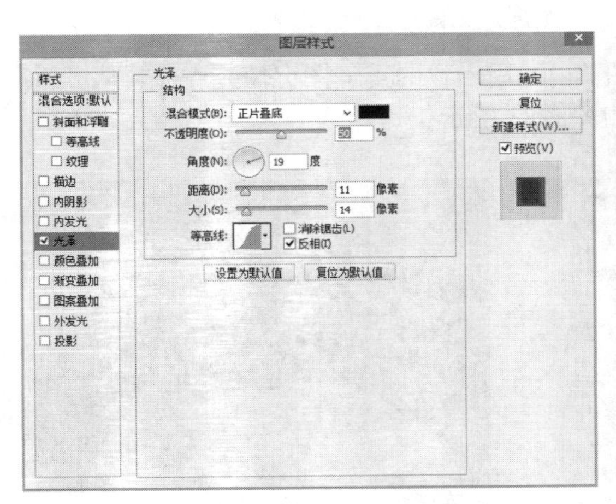

图 2-80　光泽效果

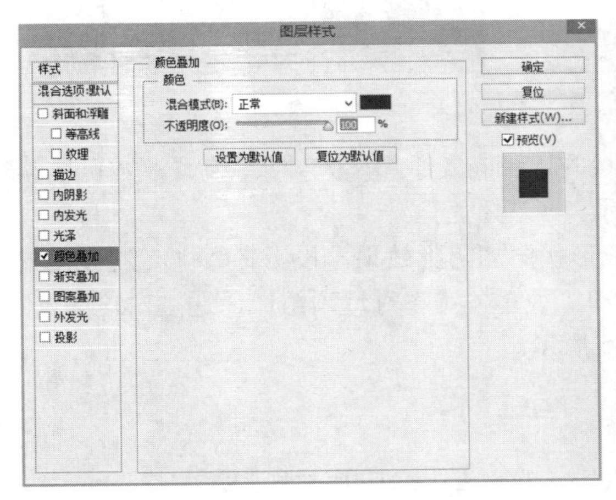

图 2-81　颜色叠加效果

- **渐变叠加**：将在图层对象上叠加一种渐变颜色，即用一层渐变颜色填充到应用样式的对象上。通过“渐变编辑器”还可以选择使用其他的渐变颜色，设置渐变叠加后效果如图 2-82 所示

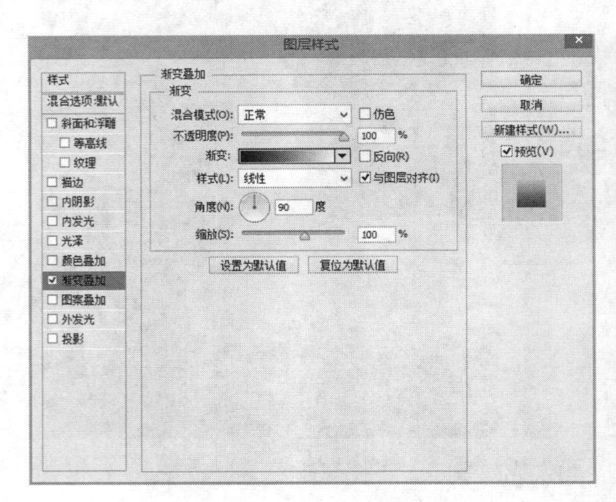

图 2-82　渐变叠加效果

- **图案叠加**：将在图层对象上叠加图案，即用一致的重复图案填充对象。从“图案”下拉列表中可以选择其他的图案，如图 2-83 所示。

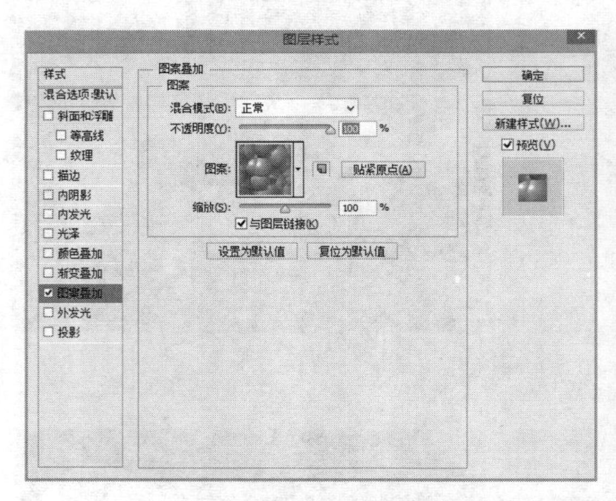

图 2-83　图案叠加效果

- **外发光**：将从图层对象、文本或形状的边缘向外添加发光效果。设置参数可以让对象、文本或形状更精美，如图 2-84 所示。
- **投影**：将为图层上的对象、文本或形状添加阴影效果。投影参数由“混合模式”“不透明度”“角度”“距离”“扩展”和“大小”等各种选项组成，通过对这些选项的设置可以得到需要的效果，如图 2-85 所示。

3. 图层样式的参数

- **混合模式**：不同混合模式选项。
- **不透明度**：减小其值将产生透明效果（0%=透明，100%=不透明）。
- **角度**：控制光源的方向。

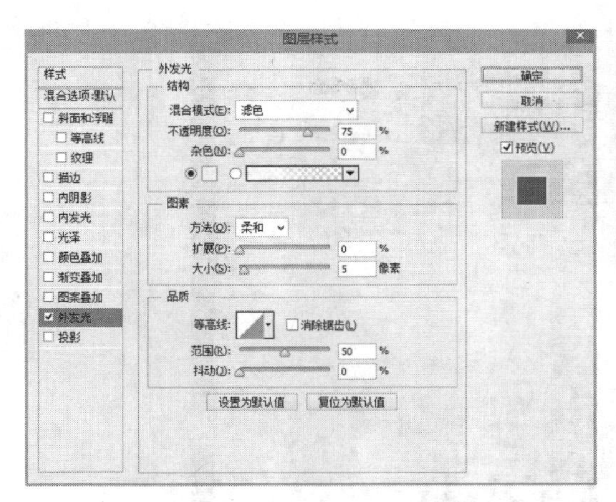

图 2-84　外发光效果

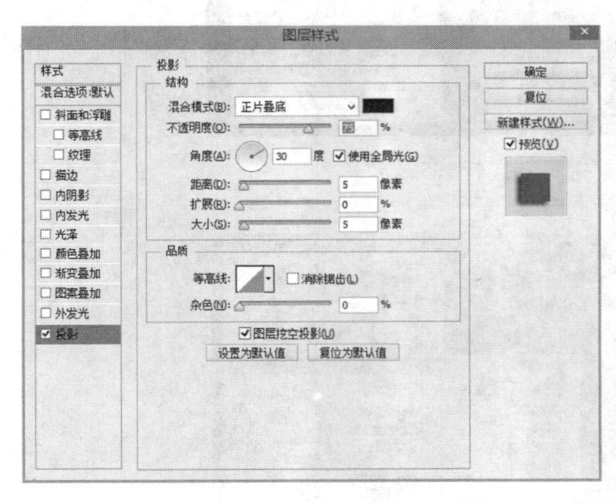

图 2-85　投影效果

- **使用全局光**：可以修改对象的阴影、发光和斜面角度。
- **距离**：确定对象和效果之间的距离。
- **扩展/阻塞**："扩展"主要用于"投影"和"外发光"样式，从对象的边缘向外扩展效果；"阻塞"常用于"内阴影"和"内发光"样式，从对象的边缘向内收缩效果。
- **大小**：确定效果影响的程度，以及从对象的边缘扩展或收缩的程度。
- **消除锯齿**：选中此复选框时，将柔化图层对象的边缘。
- **深度**：此选项是应用斜面和浮雕的边缘深浅度。

4. 图层样式相关操作

（1）拷贝图层样式

在设计过程中，经常会遇到对多个对象使用相同的图层样式，若是逐个去设置，费时费力，Photoshop 中提供了拷贝图层样式的操作，方法如下：

①选择已经设置好图层样式的图层。

②在该图层上单击鼠标右键，从弹出的快捷菜单中选择"拷贝图层样式"，或从"图层"|"图层样式"的子菜单中选择"拷贝图层样式"，如图 2-86 所示。

③选择需要设置图层样式的图层，在该图层上单击鼠标右键，选择"粘贴图层样式"，或从"图层"|"图层样式"的子菜单中选择"粘贴图层样式"，如图 2-87 所示。

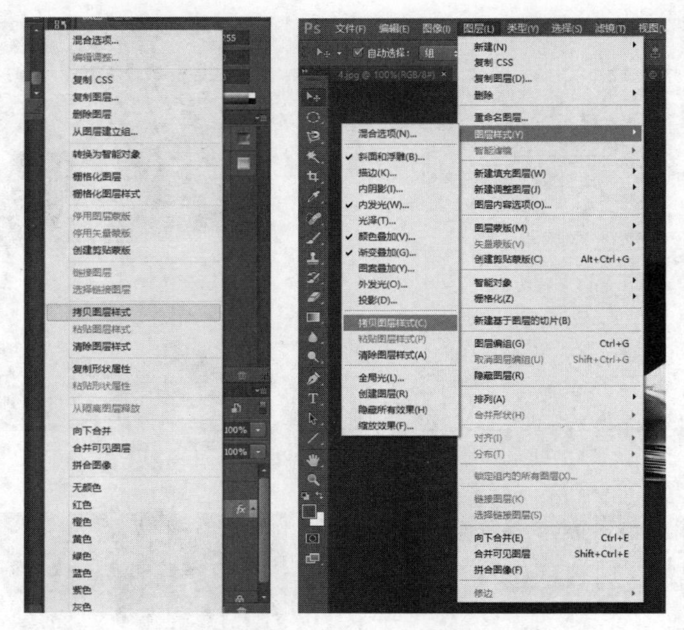

图 2-86 拷贝图层样式

图 2-87 粘贴图层样式

（2）清除图层样式

对于设置错误的图层样式或不再需要图层样式的图层，可以通过清除图层样式删除掉已有的图层样式，步骤如下：

①选择需要删除图层样式的图层；

②在该图层上单击鼠标右键，从弹出的快捷菜单中选择“清除图层样式”，或从“图层”|“图层样式”的子菜单中选择“清除图层样式”，如图 2-88 所示。

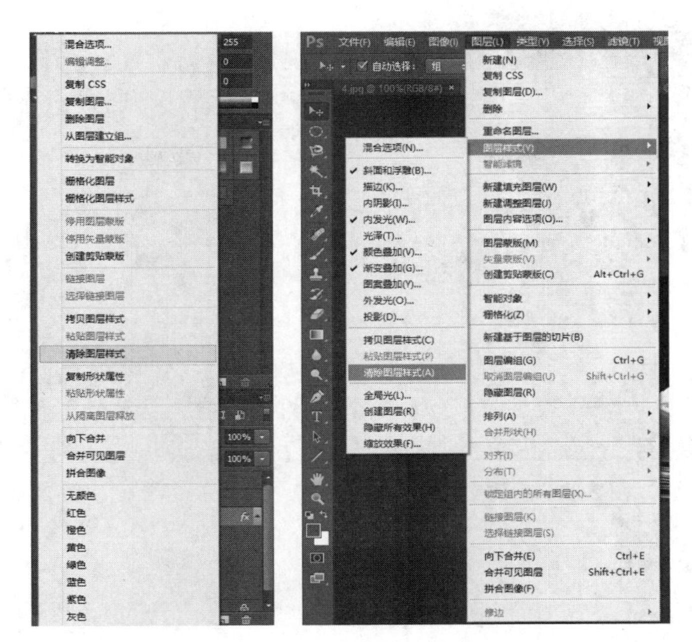

图 2-88　清除图层样式

2.4　项目操作步骤

2.4.1　写字楼 DM 广告设计思路

本项目所使用的案例是某个写字楼的 DM 广告，这个写字楼是位于 CBD 的核心区域的国际 5A 甲级写字楼，该写字楼极力营造国际化办公的氛围，体现人性化办公设计。故而在设计中采用了较浅的背景颜色，配以高端大气的写字楼室内场景和办公场景，以及闪亮的灯、节节开花的花卉图案，给人一种朝气蓬勃、蒸蒸日上的氛围，让收到 DM 广告的人能够很好地感受到写字楼的气息。

2.4.2　写字楼 DM 广告制作

（1）新建文件，设置文件尺寸为 1334 像素×2000 像素，分辨率为 300 像素/英寸，颜色模式为 CMYK，背景内容为白色，如图 2-89 所示。

（2）按下 Ctrl+S 组合键保存文件，文件名为“DM.psd”。

（3）新建图层，命名为“背景”。

（4）选择“填充工具”，设置颜色为 CMYK 颜色（7%、10%、6%、0%），填充背景，效果如图 2-90 所示。

（5）将素材文件夹中的图 5 打开，并放置到文件中，效果如图 2-91 所示。

（6）修改图片混合模式为“正片叠底”，不透明度为 50%，效果如图 2-92 所示。

（7）使用“椭圆选框工具”，设置羽化值为 50 像素，在图 5 右上方绘制一个椭圆，然后按下 Delete 键删除，效果如图 2-93 所示。

（8）使用“矩形选框工具”，在图片下方绘制一个矩形，设置颜色为黑色，填充矩形，效果如图 2-94 所示。

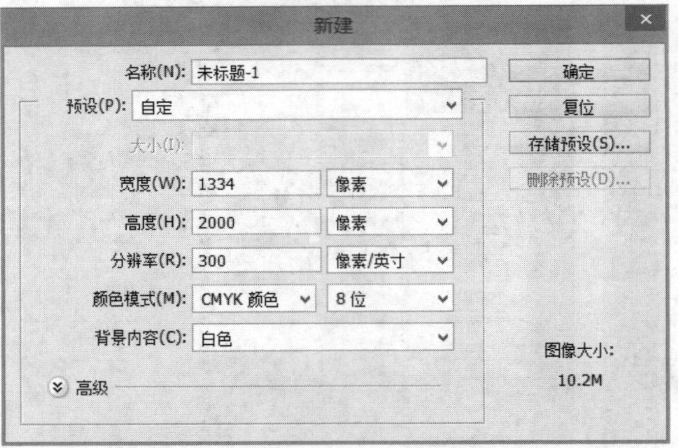

图 2-89　新建文件

图 2-90　填充背景

图 2-91　添加图片

图 2-92　修改图片

图 2-93　调整图片效果

图 2-94　添加矩形块

（9）重复上述（8）操作，添加 CMYK 值为 13%、73%、100%、0%的矩形块，效果如图 2-95 所示。

图 2-95　添加小矩形块

（10）将素材文件夹中的图 6 放入文件中，效果如图 2-96 所示。

图 2-96　添加图 6

（11）将素材文件夹中的图 4 放入文件中，效果如图 2-97 所示。

（12）重复上述操作，放入图 3，效果如图 2-98 所示。

图 2-97　添加图 4

图 2-98　添加图 3

（13）重复上述操作，放入图 2，效果如图 2-99 所示。

（14）重复上述操作，放入图 1，效果如图 2-100 所示。

图 2-99　添加图 2

图 2-100　添加图 1

（15）新建图层，使用“矩形选框工具”，在图2的位置绘制一个矩形框，使用“编辑”|“描边”，设置描边颜色为白色，居中，宽度为2像素，效果如图2-101所示。

图2-101 为矩形框描边

（16）放入花卉图片，使用“矩形选框工具”，将花的底部删除，效果如图2-102所示。

图2-102 添加花卉图片

（17）新建三个图层，分别使用“矩形选框工具”绘制图片之间的间隔线，设置前景色为白色并填充，效果如图2-103所示。

图2-103 添加图片间隔线

（18）新建图层组，命名为“灯”，将素材文件夹中的灯 1、灯 2、灯 3 图片分别置入，效果如图 2-104 所示。

（19）置入星光图片，并将其调整到灯的上面，效果如图 2-105 所示。

图 2-104　添加灯图片

图 2-105　添加星光效果

（20）新建图层组，命名为“文字”，添加写字楼的宣传文本，最终效果如图 2-106 所示。

图 2-106　添加文本效果

（21）按下 Ctrl+S 保存文件。

2.5　项目小结

本项目通过写字楼 DM 广告设计的案例，主要讲解了 DM 广告设计的基本知识、Photoshop 中图层的操作方法、图层混合模式和图层样式的使用。

2.6　项目知识拓展

根据提供的素材，设计和制作“创意无限 共铸重电”DM 广告，案例效果如图 2-107 所示。

图 2-107　“创意无限 共铸重电”DM 广告

项目 3　商业广告设计——《芸芸》三折页广告设计

教学重点难点

- 商业广告相关知识
- 画笔工具的使用
- 涂抹工具的使用
- 橡皮擦工具的使用

3.1　项目效果赏析

本项目所使用的案例是众工作室所推出的《芸芸》三折页广告，《芸芸》是一本以民间艺术、国画为表现形式，以独特的风格为大家展现中国民间传说的画册，里面主要包括皮影和国画，由这两种主要的形式为大家呈现一段段古老的故事。

本项目由两个页面构成，一个是正面，一个是反面。正面部分以一幅模糊的牡丹国画为底，配以中国风的窗花，以及众工作室的标志和宣传语作为点缀元素。反面部分也是用中国风的元素点缀，着重对众工作室和《芸芸》画册宣传介绍，使得客户对工作室和本次宣传的作品有深刻的印象。

本项目最终效果由图 3-1 所示的正面效果图、图 3-2 所示的背面效果图以及图 3-3 所示的立体效果图三部分构成。

图 3-1　三折页广告正面效果图

图 3-2　三折页广告背面效果图

图 3-3　三折页广告立体效果图

3.2　项目相关知识

3.2.1　什么是商业广告

商业广告又称盈利性广告或经济广告，是以盈利为主要目的的广告，由商品经营者或者服务提供者承担费用，通过一定的媒介和形式直接或间接地介绍自己所推销的商品或者所提供的服务。商业广告的目的在于宣传商品或者服务的优越性，并以此引诱顾客购买商品或者接受服务。

3.2.2 商业广告的特点

商业广告是人们为了赚取利益而制作的广告，是为了宣传某种产品或服务而让人们去购买或接受它。其特点如下：

（1）以盈利为目的。这是商业广告的根本属性。

（2）有明确的广告主并支付费用。广告主常通过付费来宣传其产品，在现代广告活动中，广告主是指那些为发布广告信息而付钱的机构和个人。

（3）商业广告是说服的艺术，目的在于影响消费者的行动。

（4）商业广告是有目的、有计划、连续性的。

（5）商业广告通过一定的传播媒介进行。

（6）广告对象是有选择的，即目标市场和目标受众。

3.2.3 商业广告的作用

商业广告既是一种经济现象，具有功利性，又是一种社会文化现象，具有思想性。因此，商业广告一方面具有促进消费、指导消费的经济功能，另一方面也应服务于社会，传播适合社会要求，符合人民群众利益的思想、道德、文化观念，即具有社会功能和文化功能。

（1）商业广告的社会功能

商业广告是否履行社会功能，会对社会文化造成广泛而深远的影响。这是因为，不管有意无意，很多广告都表达、折射了某种思想观念，体现出某种价值评判和价值追求，人们接受广告的过程就是一个被诉求、被感染、被影响的过程，且广告的传播速度快、传播范围广、重复频次高，每天充斥于广大受众的生活。可见，广告的确可以影响受众的文化心理，改变受众的思维方式和价值取向。事实上，20 多年来我国社会风气的变化、思想观念的解放、生活方式的改变，无不与广告息息相关。

（2）商业广告的文化功能

商业广告是商品促销的重要手段，具有鲜明的功利特征和强大的经济功能。商业广告也是一种社会文化现象，是社会文化的组成部分，因而也具有文化的特征和功能。我们在利用商业广告经济功能的同时，还应当把广告纳入社会文化的系统中加以考察，充分认识商业广告的文化功能及其所担负的文化责任，以便更好地利用它，使之在社会精神文明建设中发挥积极的作用。

广告向人们所传递的有关商品、服务、企业等经济、科技、文化诸多方面的信息，本来就是人类所创造的物质文化和精神文化的反映。而广告主采取“文化攻心”策略，利用文化的力量号召受众，在广告中注入文化内容，又为广告增加了文化含量。所以我们可以看到，现代商业广告不仅介绍各种商品或各类服务，说明广告商品或服务的特点、功能、作用，向消费者作出利益的承诺，而且传播各种文化意识，展示纷纭的文化景观，介绍发达国家的时尚，说明广告商品或服务与文化的关系。这些内容为广告商品或服务增加了文化附加值，增添了文化吸引力。商业广告因此成为一种社会文化现象，呈现出商业功利和社会文化双重色彩，具有了经济和文化两方面的功能，不再是简单地卖什么就吆喝什么的促销工具。

广告文化既代表一定的物质文化、行为文化，又属于观念文化、精神文化。在商品或服务无差异、同质化造成市场竞争异常激烈的今天，广告文化的影响力往往大于广告商品或服务自身的竞争力。如果受众认同了广告文化，那么也就可能会接受广告商品或服务，成为商品的消费者、服务的利用者。

广告中的文化内容，特别是其中的价值观念、生活方式，无论是传统的，还是现代的，积极的还是消极的，经过传播都会渗透到生活中，对受众的思想、行为产生影响。而反复发布广告，借助科技和艺术手段强化广告视听冲击力以及设置议题制造轰动效应，又能使其渗透力、影响力更强。消费者的购买，常常是文化选择的实践行为。这些选择有的是理性的，有的则是盲目从众的，但它们都能说明商业广告一边改善着人们的物质生活和行为方式，一边深入到人们的心灵，冲击人们的文化心理，影响人们的思想意识。

3.2.4 商业广告的分类

（1）商品广告又称产品广告。它以销售为导向，介绍商品的质量、功能、价格、品牌、生产厂家、销售地点以及该商品的独到之处，给人以某种特殊的利益和服务等有关商品本身的一切信息，追求近期效益和经济效益，如图 3-4 所示。

图 3-4 雷柏无线鼠标、键盘商业广告

（2）劳务广告又称服务广告，比如介绍银行、保险、旅游、饭店、车辆出租、家电维修、房屋搬迁等内容的广告，如图 3-5 所示。

（3）声誉广告又称公关广告、形象广告，它是指通过一定的媒介，把与企业有关的信息有计划地传播给公众的广告。这类广告的目的是为了引起公众对企业的注意、好感，从而提高企业知名度和美誉度，树立良好的企业形象。声誉广告传播的内容非常广泛，主要是介绍有关企业的一些整体性特点，既可以是发展历史、企业理念、经营方针、服务宗旨、人员素质、技术设备、社会地位、业务情况以及发展前景等，又可以是企业理念、视觉标志、行为标志等 CI 内容。本次项目中所使用到的《芸芸》三折页广告即属于这一类商业广告，如图 3-1、图 3-2、图 3-3 所示。

图 3-5　花儿艺术旅行服务广告

3.2.5　商业广告的设计原则

（1）真实性：真实性是商业广告最基本的原则和生命。

（2）思想性：广告既是一种经济现象，也是一种社会宣传活动。

（3）规范性：商业广告必须遵守国家法律法规。

（4）目的性：有明确目标受众和目标市场，有的放矢。

（5）科学性：其制作、使用、管理都与现代化科学技术手段相结合，从宏观、微观上进行定量、定性的科学研究。

（6）艺术性：广告也是一门艺术。艺术性越强，越有吸引力、表现力、感染力。

3.3　项目相关操作

3.3.1　画笔工具组的使用

画笔工具组包括画笔工具、铅笔工具、颜色替换工具和混合器画笔工具。

1. 画笔工具

画笔工具主要用于手工绘制不同的图像。通过设置不同的笔刷，可以创建出柔软或尖锐的艺术效果，绘制出一些个性化的简单图案。在画笔上设置不同的笔触形态、大小以及材质等，表现各种不同的笔触样式。

画笔工具是最基本的绘图工具，它的操作非常容易。单击工具箱中“画笔工具”，在画笔工具选项栏上为画笔设置相应的颜色、不透明度等，然后按住鼠标在画面中拖动就可以快速地得到各种不同形状的图形。具体操作步骤如下：

（1）在使用画笔工具前，应先选取一种前景色。

（2）单击工具箱中的“画笔工具”。

（3）在选项栏中设置工具选项。

从工具箱中选择“画笔工具”后，会出现画笔工具选项栏，可以从“画笔预设”选取器中选择一种画笔，并设置画笔选项，如图 3-6 所示。

- **大小**：控制画笔大小，输入以像素为单位的值，或拖动滑块改变画笔直径。
- **硬度**：控制画笔硬度中心的大小。可以输入数字，或使用滑块设置画笔直径的百分比，不同硬度值的画笔描边效果如图 3-7 所示。

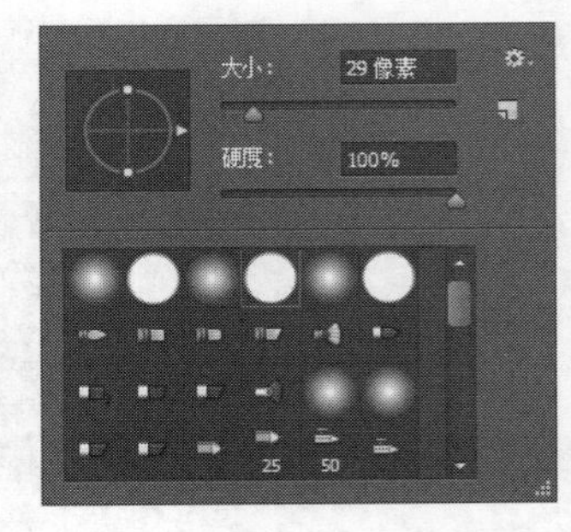

图 3-6　“画笔预设”选取器

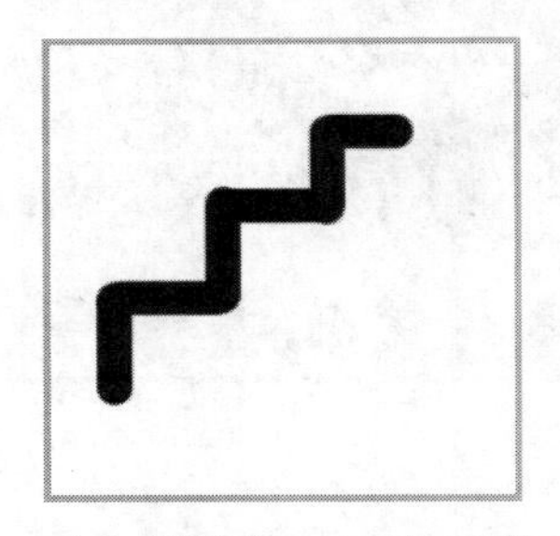

（a）硬度为 100%的画笔

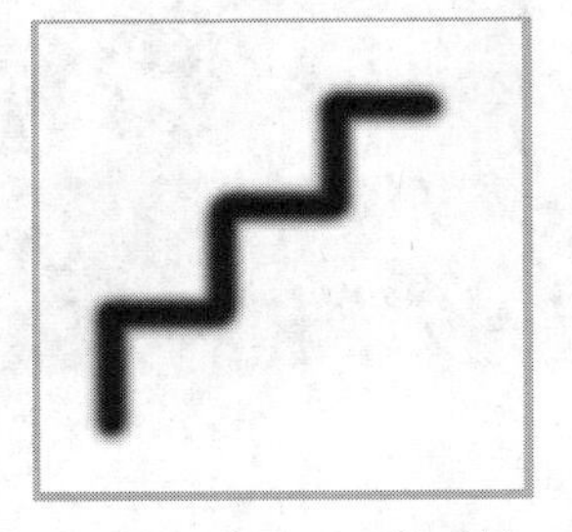

（b）硬度为 5%的画笔

图 3-7　不同硬度值的画笔效果

单击“画笔预设”选取器上的按钮，将弹出一个菜单，在该菜单中可以更改画笔样式的视图显示模式，选择画笔的类型，载入、存储或替换画笔等，如图 3-8 所示。

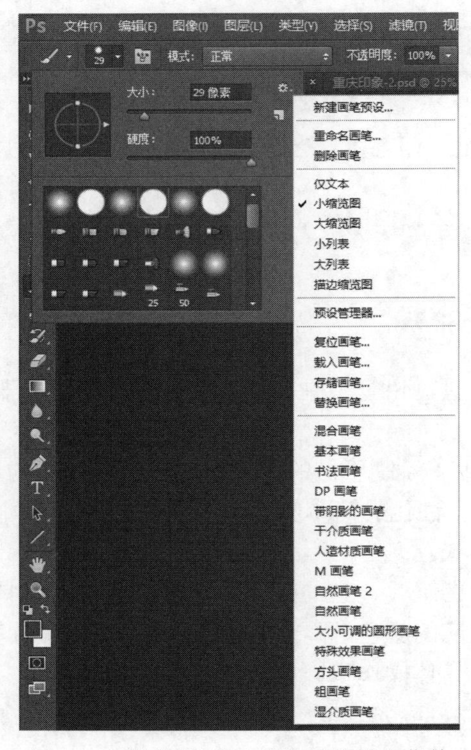

图 3-8　“画笔预设”选取器的弹出菜单

在画笔工具选项栏中，除了设置画笔类型、大小外，还可以设置画笔的模式、不透明度及流量等选项，如图 3-9 所示。当设置不同参数时，绘制出来的图像效果也有所变化。

图 3-9　画笔工具选项栏

- **模式**：设置画笔和图像的合成效果，在“模式”下拉列表中提供了正常、溶解、背后、清除、变暗、正片叠底、颜色加深、线性加深、变亮、滤色、柔光、强光、亮光、线性光、差值、排除、饱和度等 29 种不同的混合模式，在绘制图案时可以在其中选择合适的模式，使绘制的图案更符合画面要求。
- **不透明度**：设置画笔的不透明度。不透明度越大，图案显示就越清楚，不透明度越小，图像显示就越透明。
- **流量**：设置画笔笔触的密度。流量值越大，笔触就越密集，所绘制出来的图像颜色就越深，流量值越小，笔触就越稀疏，绘制出来的图像颜色就越淡。

画笔的功能远不止这些，在“画笔”面板中还有很多选项可供选择。“画笔”面板可用于选择预设画笔和设计自定义画笔。从画笔工具选项栏中可以打开“画笔”面板，如图 3-10 所示。

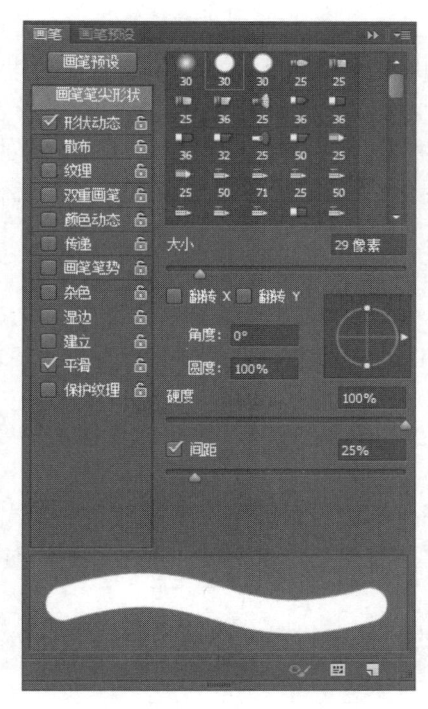

图 3-10　“画笔”面板

在“画笔”面板中，可以进行一些参数设置。

（1）“画笔笔尖形状”设置

- **大小**：可以控制画笔的大小。
- **翻转 X**：改变画笔笔尖在其 X 轴上的方向。
- **翻转 Y**：改变画笔笔尖在其 Y 轴上的方向。

- **角度**：指定椭圆画笔或样本画笔的长轴从水平方向旋转的角度。
- **圆度**：指定画笔短轴和长轴之间的比率。
- **硬度**：控制画笔硬度中心的大小。
- **间距**：控制描边时两个画笔笔迹之间的距离。当取消选择此项时，光标的速度将确定间距。增大间距的效果如图 3-11 所示。

（a）无间距　　　　（b）有间距

图 3-11　间距效果

（2）“形状动态”设置

形状动态决定描边时画笔笔迹的变化，如图 3-12 所示。

（a）无大小抖动　　　　（b）有大小抖动

图 3-12　大小抖动效果

- **大小抖动**：指定描边时画笔笔迹大小的改变方式。如果是 0%，则元素在描边路线中不改变；如果是 100%，则元素具有最大的随机性。
- **“控制”下拉列表中的选项**：指定如何控制动态元素的变化。其中“关”指定不控制画笔笔迹的大小变化；“渐隐”按指定数量的步长在初始直径和最小直径之间渐隐画笔笔迹的大小；“钢笔压力”“钢笔斜度”“光笔轮”和“旋转”将依据钢笔笔压、钢笔斜度、钢笔拇指轮位置或钢笔的旋转来改变初始直径和最小直径之间的画笔笔迹大小。
- **最小直径**：指定当启用“大小抖动”或大小“控制”时画笔笔迹可以缩放的最小百分比。
- **倾斜缩放比例**：指定当大小“控制”设置为“钢笔斜度”时，在旋转前应用于画笔高度的比例。
- **角度抖动和控制**：指定描边时画笔笔迹角度的改变方式。
- **最小圆度**：指定当“圆度抖动”或圆度“控制”启用时画笔笔迹的最小圆度。

（3）“散布”设置

散布可确定描边时笔迹的数目和位置。使用无散布和有散布的画笔描边效果如图 3-13 所示。

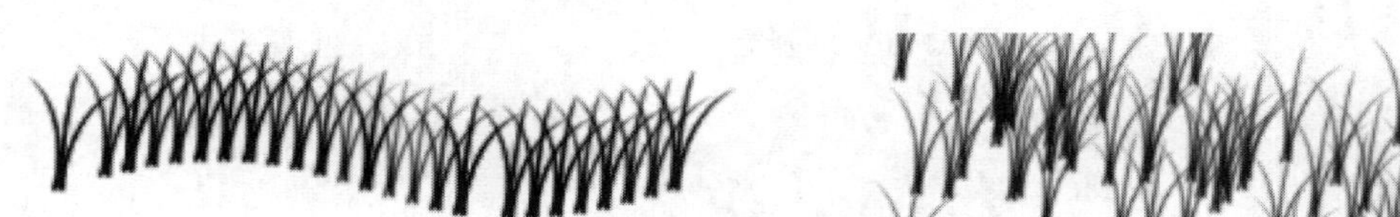

（a）无散布　　　　（b）有散布

图 3-13　无散布和有散布的画笔描边效果

编辑画笔的“散布”选项步骤如下：

1）在“画笔”面板中，选择面板左侧的“散布”。选择选项时一定要单击名称，而不要单击复选框。

2）指定画笔笔迹在描边时的分布方式。当选择“两轴”时，画笔笔迹按径向分布。当取消选择“两轴”时，画笔笔迹垂直于描边路径分布。

3）要指定散布的最大百分比，可直接在“散布”文本框输入数值或使用滑块来设置；要指定如何控制画笔笔迹的散布变化，可从“控制”下拉列表中设置：

- **关闭**：不控制画笔笔迹的散布变化。
- **渐隐**：可按指定数量的步长将画笔笔迹的散布设为从最大散布渐隐到无散布。
- **钢笔压力、钢笔倾斜、光笔轮**：基于钢笔压力、钢笔斜度或钢笔拇指轮位置改变画笔笔迹的散布。

4）要指定在每个间距间隔应用的画笔笔迹数量，可设置“数量”值。

5）要指定在每个间距间隔应用的画笔笔迹的最大百分比，可设置“数量抖动”值；要指定如何控制画笔笔迹的数量变化，可从“控制”下拉列表中设置：

- **关闭**：不控制画笔笔迹的数量变化。
- **渐隐**：可按指定数量的步长将画笔笔迹数量从“数量”值渐隐到 1。
- **钢笔压力、钢笔倾斜、光笔轮**：基于钢笔压力、钢笔斜度或钢笔拇指轮位置改变画笔笔迹的数量。

（4）“纹理”设置

纹理利用图案使描边看起来像是在带纹理的画布上绘制。无纹理和有纹理的画笔描边效果如图 3-14 所示。

（a）无纹理

（b）有纹理

图 3-14　无纹理和有纹理的画笔描边效果

编辑画笔的“纹理”选项步骤如下：

1）在“画笔”面板中选择面板左侧的“纹理”。选择选项时一定要单击名称，而不要单击复选框。

2）单击图案样本，然后从弹出的面板中选择图案。

3）设置下面的一个或多个选项。

- **反相**：基于图案中的色调反转纹理中的亮点和暗点。当选择“反相”时，图案中的最亮区域是纹理中的暗点，因此接收最少的油彩；图案中的最暗区域是纹理中的亮点，因此接收最多的油彩。当取消选择“反相”时，图案中的最亮区域接收最多的油彩；图案中最暗区域接收最少的油彩。
- **缩放**：指定图案的缩放比例。
- **为每个笔尖设置纹理**：指定在绘画时是否分别渲染每个笔尖。如果不选择此选项，则无法使用“深度”选项。

- **模式**：指定用于组合画笔和图案的混合模式。
- **深度**：指定油彩渗入纹理中的深度。如果是 100%，则纹理中的暗点不接收任何油彩。如果是 0%，则纹理中的所有点接收相同数量的油彩，从而隐藏图案。
- **最小深度**：指定当深度“控制”设置为“渐隐”“钢笔压力”“钢笔斜度”或“光笔轮”，并且选中“为每个笔尖设置纹理”时油彩可渗入的最小深度。
- **深度抖动和控制**：指定当选中“为每个笔尖设置纹理”时深度的改变方式。要指定抖动的最大百分比，可设置“深度抖动”。要指定如何控制画笔笔迹的深度变化，可从“控制”下拉列表中设置：“关闭”指不控制画笔笔迹的深度变化。“渐隐”可按指定数量的步长从“深度抖动”百分比渐隐到“最小深度”百分比。“钢笔压力”“钢笔倾斜”“喷枪轮”基于钢笔压力、钢笔斜度或钢笔拇指轮位置改变深度。

（5）“双重画笔”设置

双重画笔使用两个笔尖创建画笔笔迹。在“画笔”面板的“画笔笔尖形状”部分可以设置主要笔尖的选项。在“画笔”面板的“双重画笔”部分可以设置次要笔尖的选项。使用单笔尖和双重笔尖创建的画笔描边效果如图 3-15 所示。

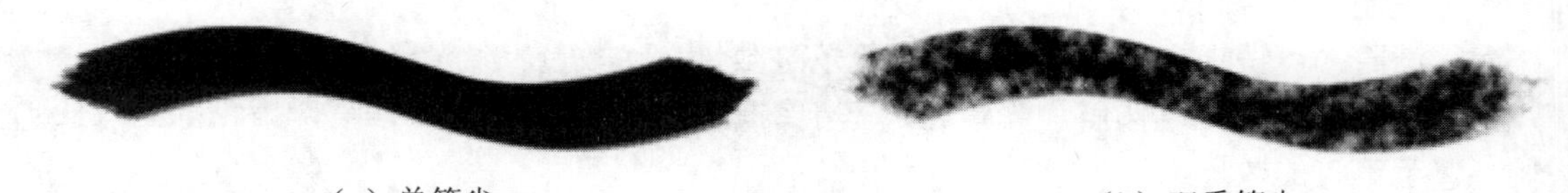

（a）单笔尖　　（b）双重笔尖

图 3-15　使用单笔尖和双重笔尖创建的画笔描边效果

编辑画笔的双重笔尖的步骤如下：

1）在“画笔”面板中，选择面板左侧的“双重画笔”。选择选项时一定要单击名称，不要单击复选框。

2）选择主要笔尖和次要笔尖组合画笔笔迹时使用的混合模式。

3）从“模式”列表框中选择双重画笔的笔尖。

4）设置下面的一个或多个选项。

- **大小**：控制双笔尖的大小。
- **间距**：控制描边中双重画笔笔迹之间的距离。
- **散布**：指定描边中双重画笔笔迹的分布方式。当选中“两轴”时，双重画笔笔迹按径向分布；当取消选择“两轴”时，双重画笔笔迹垂直于描边路径分布。
- **数量**：指定在每个间距间隔应用的双重画笔笔迹的数量。

（6）“颜色动态”设置

颜色动态决定描边路线中油彩颜色的变化方式。运用无动态颜色和有动态颜色的画笔描边效果如图 3-16 所示。

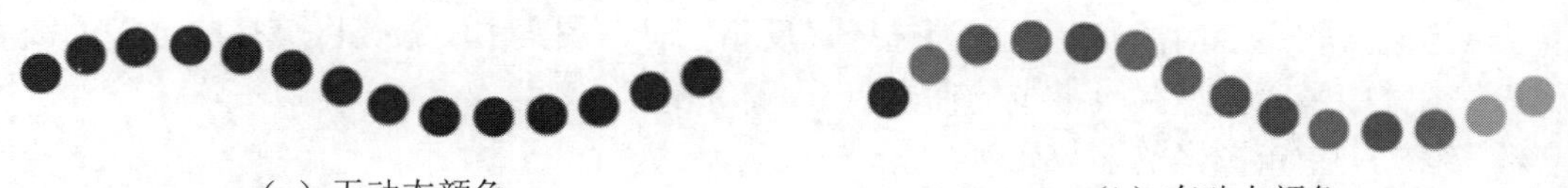

（a）无动态颜色　　（b）有动态颜色

图 3-16　无动态颜色和有动态颜色的画笔描边效果

编辑画笔的“颜色动态”选项步骤如下：

1）在“画笔”面板中，选择面板左侧的“颜色动态”。选择选项时一定要单击名称，而不要单击复选框。

2）设置下面的一个或多个选项。

- **前景/背景抖动和控制**：指定前景色和背景色之间的油彩变化方式。
- **色相抖动**：指定描边时油彩颜色可以改变的百分比。较低的值在改变色相的同时保持接近前景色的色相，较高的值增大色相间的差异。
- **饱和度抖动**：指定描边时油彩饱和度可以改变的百分比。较低的值在改变饱和度的同时保持接近前景色的饱和度；较高的值增大饱和度级别之间的差异。
- **亮度抖动**：指定描边时油彩亮度可以改变的百分比。
- **纯度**：增大或减小颜色的饱和度。如果该值为-100，则颜色将完全去色；如果该值为100，则颜色将完全饱和。

（7）其他画笔选项

- **传递**：确定油彩在描边路线中的改变方式。
- **杂色**：为个别画笔笔尖增加额外的随机性。当应用于柔画笔笔尖（包含灰度值的画笔笔尖）时，此选项最有效。
- **湿边**：沿画笔描边的边缘增大油彩量，从而创建水彩效果。
- **平滑**：在画笔描边时生成更平滑的曲线。当使用画笔进行快速绘画时，此选项最有效，但是它在描边渲染时可能会导致轻微的滞后。
- **保护纹理**：将相同图案和缩放比例应用于具有纹理的所有画笔预设。选择此选项后，在使用多个纹理画笔笔尖绘画时，可以模拟出一致的画布纹理。

2. 铅笔工具

铅笔工具常用来画一些棱角突出的线条，该工具类似于铅笔。铅笔工具与画笔工具的选项栏类似，这里就不再赘述。不同的是铅笔工具没有“流量”和“启用喷枪样式的建立效果”的设置，却有“自动抹除”的设置。

选中“自动抹除”复选框，当画布颜色为前景色时，使用铅笔工具可以在画布中涂抹出背景色。当画布颜色为背景色时，使用铅笔工具可以在画布中涂抹出前景色。

3. 颜色替换工具

使用颜色替换工具可以在不改变图案的状态下进行图像中特定颜色的替换。该工具不适用于位图、索引或多通道颜色模式的图像。

Photoshop 中对图像进行颜色替换时，可以利用颜色替换工具，也可以执行“图像”|“调整”|“替换颜色”命令。利用颜色替换工具替换颜色时，应将前景色设为目标颜色。颜色替换效果如图 3-17 所示。

4. 混合器画笔工具

混合器画笔工具是较为专业的绘画工具，通过选项栏的设置可以调节笔触的颜色、潮湿度等，这些就如同在绘制水彩画或油画的时候，随意地调节颜料颜色、浓度等一样，通过混合器画笔可以绘制出更为细腻的效果图。

混合器画笔工具选项栏如图 3-18 所示。

（a）原图

（b）效果图

图 3-17　颜色替换

图 3-18　混合器画笔工具选项栏

在选项栏上单击按钮，打开画笔下拉列表。可以看到 Photoshop CC 的几款专用的描图画笔，如图 3-19 所示。

选项栏中的“切换画笔面板”按钮，可以让我们打开“画笔”面板，如图 3-20 所示，更方便地选择需要的画笔，图 3-21 所示即为选择的圆角画笔样式。

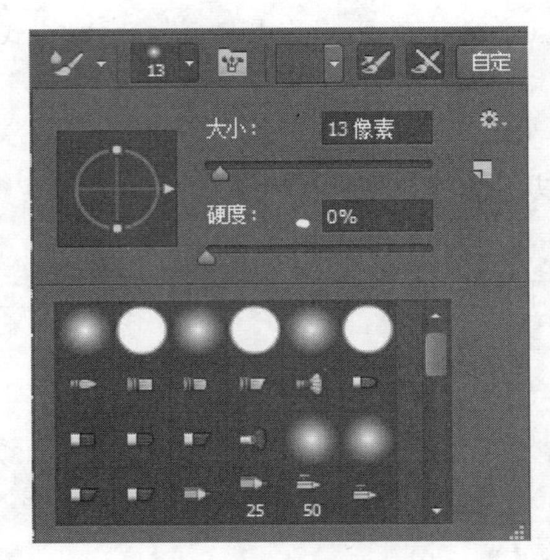

图 3-19　默认的描图画笔

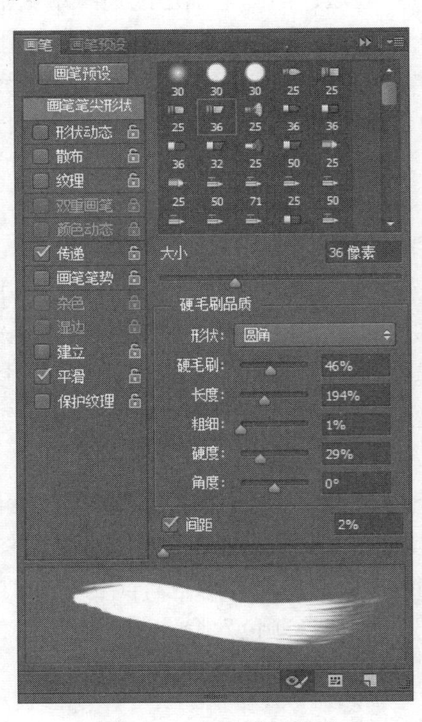

图 3-20　“画笔”面板

“每次描边后载入画笔”和“每次描边后清理画笔”：用于控制每一笔涂抹结束后对画笔是否更新和清理，类似于画家在绘画时一笔过后是否将画笔在水中清洗。

“有用的混合画笔组合”：预先设置好的混合画笔，如图 3-22 所示。

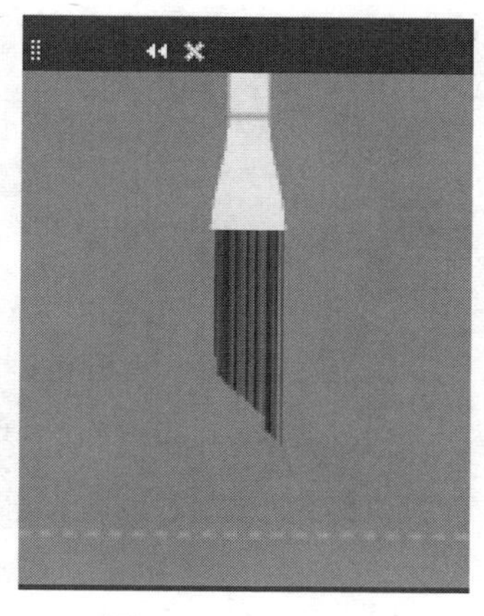

图 3-21　圆角画笔

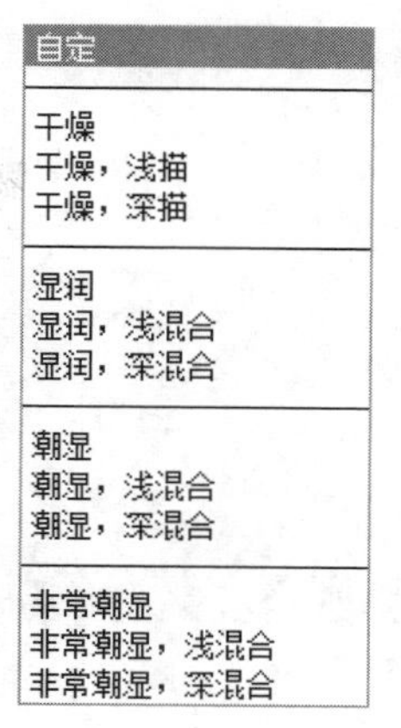

图 3-22　混合画笔组合

当选择某一种混合画笔时，右边的四个数值会自动改变为预设值。如选择图 3-23 所示的“干燥”混合画笔时：“潮湿”值为 0（设置从画布拾取的油彩量）；“载入”值为 50%（设置画笔上的油彩量）；没有“混合”值（设置颜色混合的比例）；“流量”值为 100%（这是其他画笔常见的设置，可以设置描边的流动速率）。

图 3-23　“干燥”混合画笔

如选择图 3-24 所示的“非常潮湿”混合画笔时：“潮湿”值为 100%；“载入”值为 50%；“混合”值 50%；“流量”值 100%。

图 3-24　“非常潮湿”混合画笔

“启用喷枪样式的建立效果”：当画笔在一个固定的位置一直描绘时，画笔会像喷枪那样一直喷出颜色。如果不启用这个模式，则画笔只描绘一下就停止流出颜色。

“对所有图层取样” 对所有图层取样：无论有多少图层，都将它们作为一个单独的合并的图层看待。

绘图板压力设置按钮：当选择普通画笔时，它可以被选择，此时可以用绘图板来控制画笔的压力。

3.3.2　模糊工具组的使用

模糊工具组包括模糊工具、锐化工具和涂抹工具。

1．模糊工具

模糊工具可将涂抹的区域变得模糊，模糊有时候是一种表现手法，将画面中其余部分作模糊处理，就可以突现主体。图 3-25（a）是天空的摄影图片，为了突出天空中的白云，将下方树木的部分使用模糊工具涂抹，得到如图 3-25（b）所示的效果。注意模糊工具的操作类似于喷枪的可持续作用，也就是说鼠标在一个地方停留时间越久，这个地方被模糊的程度就越大。

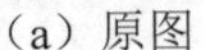

（a）原图

（b）效果图

图 3-25　模糊效果

模糊工具可柔化硬边缘或减少图像中的细节。使用此工具在某个区域上方绘制的次数越多，该区域就越模糊。

选择“模糊工具”，在如图 3-26 所示的选项栏中：

- **“画笔预设”选取器**：设置画笔大小和硬度（也可在“画笔”面板中详细设置）。
- **模式**：根据需要选择相应的模式。
- **强度**：设置模糊的强度大小，强度越大，效果越明显。
- **对所有图层取样**：勾选此项则对所有可见图层中的数据进行模糊处理。取消选择此项，则模糊工具只使用现有图层中的数据。

图 3-26　模糊工具选项栏

2. 锐化工具

锐化工具的作用和模糊工具正好相反，它用于增加边缘的对比度以增强外观上的锐化程度，将画面中模糊的部分变得清晰。在使用过程中应选择较小的强度并小心使用。图 3-27（a）是天空的摄影图片，为了突出树木部分，将下方树木的部分使用锐化工具涂抹，得到如图 3-27（b）所示的效果。

（a）原图

（b）效果图

图 3-27　锐化效果

另外，锐化工具在使用中不带有类似喷枪的可持续作用性，在一个地方停留并不会加大锐化程度。不过在一次绘制中锐化工具反复经过同一区域则会加大锐化效果。

选择“锐化工具”，在如图 3-28 所示的选项栏中：

- **“画笔预设”选取器**：设置画笔大小和硬度（也可在“画笔”面板中详细设置）。
- **模式**：根据需要选择相应的模式。
- **强度**：设置锐化的强度大小，强度越大，效果越明显。
- **对所有图层取样**：勾选此项则对所有可见图层中的数据进行锐化处理。取消选择此项，则该工具只使用现有图层中的数据。

图 3-28　锐化工具选项栏

注意：锐化工具将模糊部分变得“清晰”，这里的清晰是相对的，它并不能使拍摄模糊的照片变得清晰。这是由于点阵图像的局限性，在第一次的模糊之后，像素已经重新分布，原本不同颜色之间互相融入形成新颜色，而要再从中分离出原先的各种颜色是不可能的了。因此，大家不能将模糊工具和锐化工具当作互补工具来使用。什么叫互补呢？比如模糊太多了，就锐化一些。这种操作是不可取的，不仅不能达到所想要的效果，反而会加倍地破坏图像。在 Photoshop 众多的工具及命令中，有许多彼此间的作用是相反的，而绝大多数作用相反的工具式命令都不能互补来使用。在实际操作中，如果一种操作的效果过分了，就应该撤销该操作，而不是用作用相反的操作去抵消。

3．涂抹工具

涂抹工具模拟将手指拖过湿油漆时所看到的效果。该工具可拾取描边开始位置的颜色，并沿拖动的方向展开这种颜色，所以这个工具通常情况下是用在修图的时候，还可以把涂抹的直径改得很小，这样就可制作出诸如羽毛、头发等效果。图 3-29（a）是儿童的摄影图片，为了添加小天使翅膀，使用画笔工具绘制部分翅膀形状后用涂抹工具涂抹出边缘的羽毛效果，如图 3-29（b）所示的效果。

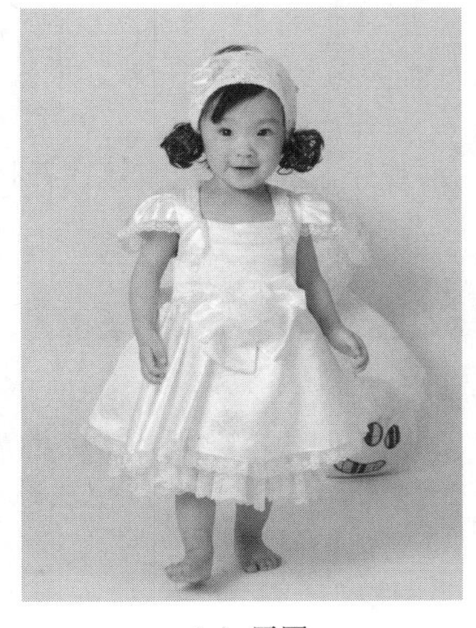

（a）原图

（b）效果图

图 3-29　涂抹效果

选择涂抹工具，在如图 3-30 所示的选项栏中：

图 3-30 涂抹工具选项栏

- **“画笔预设”选取器**：设置画笔大小和硬度（也可在“画笔”面板中详细设置）。
- **模式**：根据需要选择相应的模式。
- **强度**：设置涂抹的强度大小，强度越大，效果越明显。
- **对所有图层取样**：勾选此项则可利用所有可见图层中的颜色数据来进行涂抹。如果取消选择此项，则涂抹工具只使用现有图层中的颜色。
- **手指绘画**：可使用每个描边起点处的前景色进行涂抹。如果取消选择该项，涂抹工具会使用每个描边起点处指针所指的颜色进行涂抹。

3.3.3 擦除工具的使用

图像擦除工具用于擦除图像，包含橡皮擦工具、背景橡皮擦工具和魔术棒橡皮擦工具，它们都具有各种不同的用途。

1. 橡皮擦工具

橡皮擦工具用于擦除图像，可将像素更改为背景色或透明。如果正在背景中或已锁定透明度的图层中编辑，像素将更改为背景色，否则，像素将被抹成透明。橡皮擦工具选项栏如图 3-31 所示。

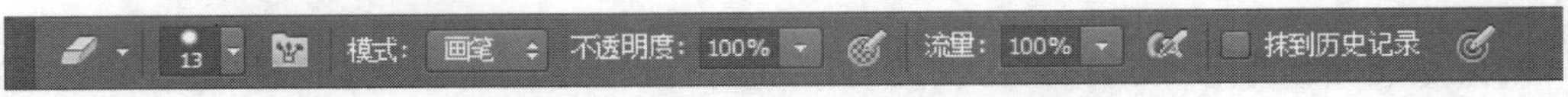

图 3-31 橡皮擦工具选项栏

- **模式**：可设为“画笔”“铅笔”和“块”模式。“画笔”和“铅笔”模式可将橡皮擦设置为像画笔工具和铅笔工具一样使用。“块”模式指将橡皮擦设置为具有硬边缘和固定大小的方形，并且不提供用于更改透明度或流量的选项。
- **不透明度和流量**：设置擦除图像的程度。
- **抹到历史记录**：效果同历史记录画笔工具一样，需要配合“历史记录”面板使用。

2. 背景橡皮擦工具

背景橡皮擦工具使用效果与普通橡皮擦工具相同，都是抹除像素，可直接在背景图层上使用，使用后背景图层将自动转为普通图层。其工具选项栏如图 3-32 所示。

图 3-32 背景橡皮擦工具选项栏

- **“取样：连续”按钮**：背景橡皮擦工具采集画笔中心的色样时会随着光标的移动进行采样，可以任意擦除。
- **“一次”按钮**：背景橡皮擦工具采集画笔中心的色样时只采取一次，并只擦除所吸取的颜色。
- **“背景色板”按钮**：擦除的颜色是设置的背景色。
- **保护前景色**：与设置的前景色相同的颜色，将不被擦除。

背景橡皮擦工具有“替换为透明”的特性，加上其又具备类似魔术棒工具那样的容差功能，因此可以用来抹除图片的背景。

3. 魔术橡皮擦工具

魔术橡皮擦工具在作用上与背景橡皮擦工具类似，都是将像素抹除以得到透明区域。只是两者的操作方法不同，背景橡皮擦工具采用了类似画笔工具的绘制（涂抹）操作方式，而魔术橡皮擦工具则是区域型（一次单击可针对一片区域）的操作方式。

3.4 项目操作步骤

3.4.1 三折页广告正面页面制作步骤

（1）首先新建文件，由于成品尺寸为 95 毫米×210 毫米，故设置文件大小为 291 毫米×216 毫米，分辨率为 300 像素/英寸，颜色模式为 CMYK，背景颜色为白色，如图 3-33 所示。

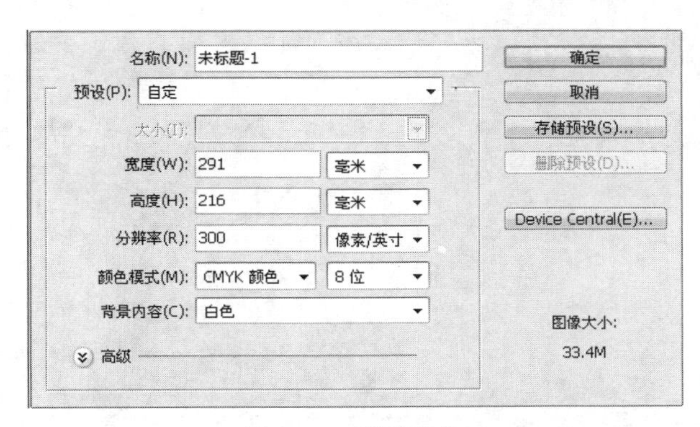

图 3-33 新建文件

（2）按下 Ctrl+S 保存文件，将文件命名为“三折页广告正面.psd”。

（3）按下 Ctrl+R 打开标尺，从标尺中拖出 6 条参考线。其中 4 条为出血线，分别位于页面上下左右四边各 3 毫米的位置，第 5 条参考线位于纵向 98 毫米的位置，第 6 条参考线位于 193 毫米的位置，如图 3-34 所示。

图 3-34 设置参考线效果

（4）打开“颜色”面板，设置前景颜色为浅黄色，C 值为 6%，M 值为 6%，Y 值为 18%，K 值为 0%，如图 3-35 所示。按下 Alt+Delete 为页面填充前景色，如图 3-36 所示。

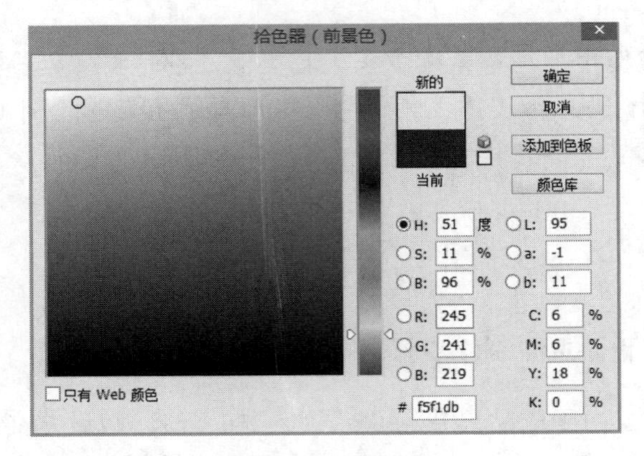

图 3-35　颜色设置

图 3-36　填充颜色效果

（5）将牡丹素材放到页面第一个区域，使用模糊工具对牡丹图片做模糊处理，效果如图 3-37 所示。

图 3-37　添加牡丹图片效果

（6）选中“图层”面板中的“牡丹”图层，将该图层拖到“新建图层”按钮上，对其复制两份，如图 3-38 所示，分别放置于页面第二区域和第三区域，调整图层效果如图 3-39 所示。选择三个牡丹图所在的图层，按下 Ctrl+E 将三个图层合并为一个图层。

图 3-38　复制“牡丹”图层

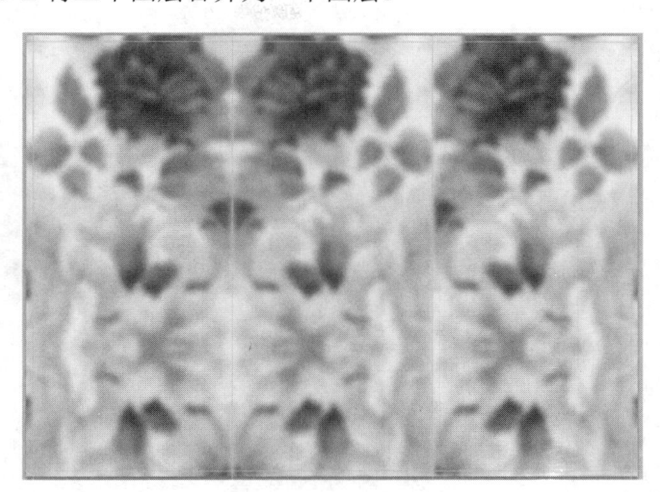

图 3-39　调整好的牡丹图片效果

（7）将边框 1 素材放入页面中，将其放置于页面第一区域的左上角，按下 Ctrl+T 调整位置和大小，复制一份后按下 Ctrl+T，在边框范围内单击鼠标右键，从弹出的快捷菜单中选择“垂直翻转”，放在左下角，设置完成后效果如图 3-40 所示。

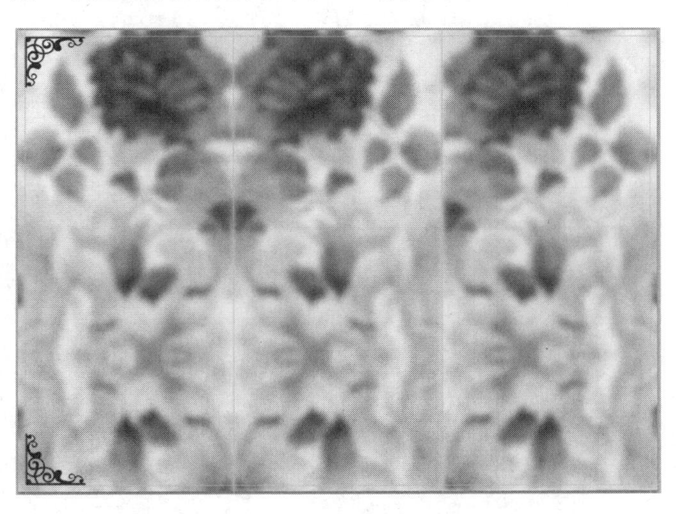

图 3-40　添加边框 1 效果

（8）将边框 2 素材放入页面中，按下 Ctrl+T 调整大小和位置，如图 3-41 所示。

（9）将调整好的边框复制一份，按下 Ctrl+T，在边框范围内单击鼠标右键，从弹出的快捷菜单中选择“水平翻转”，调整之后效果如图 3-42 所示。选中两个边框图层，按下 Ctrl+E 将两个图层合并为一个图层。

（10）将窗格图片放入页面中，按下 Ctrl+T 调整窗格大小，如图 3-43 所示。设置前景色为边框 2 的颜色，按下 Ctrl 键并单击“窗格”图层缩览图，选择窗格选区，将整个区域填充为前景色，色彩值如图 3-44 所示，填充之后效果如图 3-45 所示。

图 3-41　添加边框 2 效果

图 3-42　复制调整边框 2 效果

图 3-43　放入窗格效果

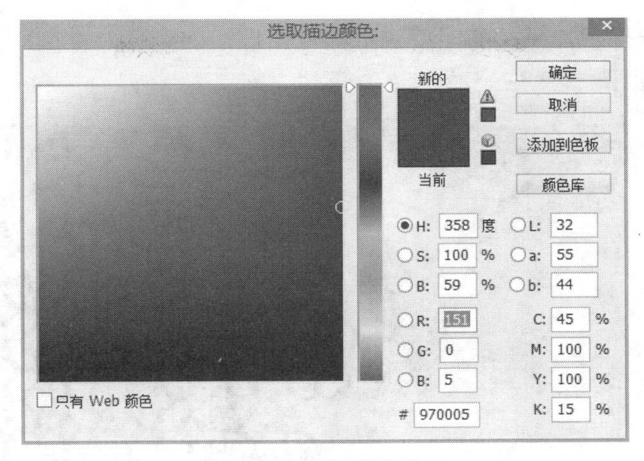

图 3-44　窗格颜色设置

图 3-45　调整窗格颜色效果

（11）按下 E 键选择橡皮擦工具，将窗格中超出边框 2 的部分擦除，效果如图 3-46 所示。

图 3-46　擦除超出边框 2 的效果

（12）切换到牡丹图片所在的图层，继续使用橡皮擦工具，将窗格中的牡丹图片部分擦除，效果如图 3-47 所示。

图 3-47　擦除窗格中牡丹图片部分

（13）新建图层，命名为“圆框”，使用椭圆选框工具，在窗格中心部分绘制一个椭圆，单击“编辑”|“描边”，从弹出的对话框中设置描边宽度为 40px，描边颜色为边框 2 颜色，位置为内部，如图 3-48 所示。描边完成之后的效果如图 3-49 所示。

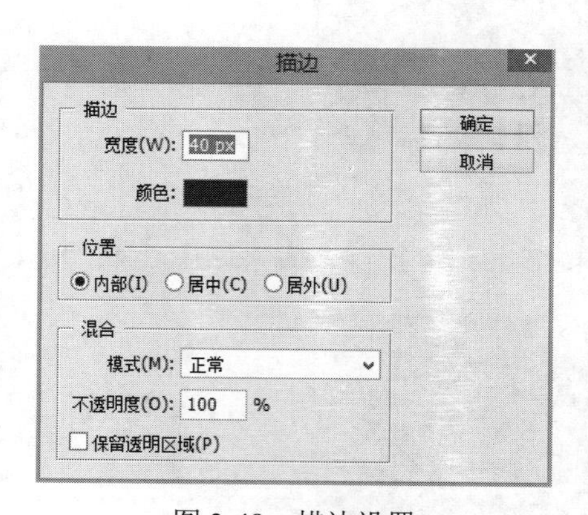

图 3-48　描边设置

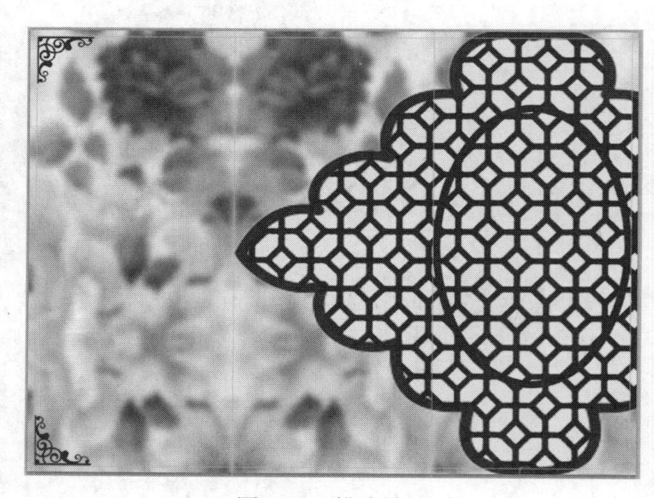

图 3-49　描边效果

（14）按下 E 键选择橡皮擦工具，将椭圆中的窗格部分擦除，效果如图 3-50 所示。

（15）将花图片放入页面中“圆框”图层下方，按下 Ctrl+T，单击鼠标右键，从弹出的快捷菜单中选择“变形”，将花的图片放置于椭圆区域内，效果如图 3-51 所示。

（16）按下 T 键选择文本工具，设置合适的字体和字号，在“花”图层上方添加文字“芸芸”，效果如图 3-52 所示。

（17）将 LOGO 放入页面第一个区域，调整大小和位置，效果如图 3-53 所示。

（18）按下 T 键选择文本工具，设置合适的字体和字号，在“花”图层上方添加文字“传播东方智慧 文化润泽心灵”，效果如图 3-54 所示。

图 3-50　擦除椭圆中窗格效果

图 3-51　添加花图片素材

图 3-52　添加“芸芸”文字

图 3-53　添加 LOGO 效果

图 3-54　最终效果

（19）按下 Ctrl+S 保存文件。

3.4.2　三折页广告背面页面制作步骤

（1）首先新建文件，由于成品尺寸为 95 毫米×210 毫米，故设置文件大小为 291 毫米×216 毫米，分辨率为 300 像素/英寸，颜色模式为 CMYK，背景颜色为白色，如图 3-55 所示。

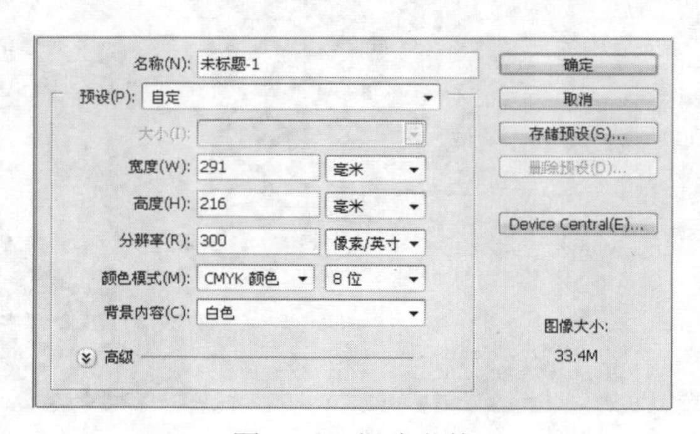

图 3-55　新建文件

（2）按下 Ctrl+S 保存文件，将文件命名为“三折页广告背面.psd”。

（3）按下 Ctrl+R 打开标尺，从标尺中拖出 6 条参考线。其中 4 条为出血线，分别位于页面上下左右四边各 3 毫米的位置，第 5 条参考线位于纵向 98 毫米的位置，第 6 条参考线位于 193 毫米的位置，如图 3-56 所示。

图 3-56　添加参考线效果

（4）打开“颜色”面板，设置前景颜色为浅黄色，C 值为 14%，M 值为 13%，Y 值为 40%，K 值为 0%，如图 3-57 所示。按下 Alt+Delete 为页面填充前景色，如图 3-58 所示。

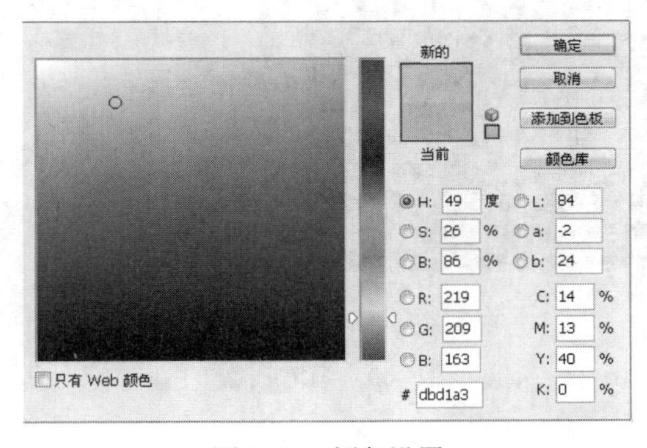

图 3-57　颜色设置

图 3-58　背景填充效果

（5）按下 B 键选择画笔工具，设置画笔颜色分别为 79%、30%、100%、18%（CMYK）和 2%、44%、0%、0%（CMYK），如图 3-59、图 3-60 所示；并使用画笔工具在页面第三个区域随机画上几个圆圈，如图 3-61 所示。

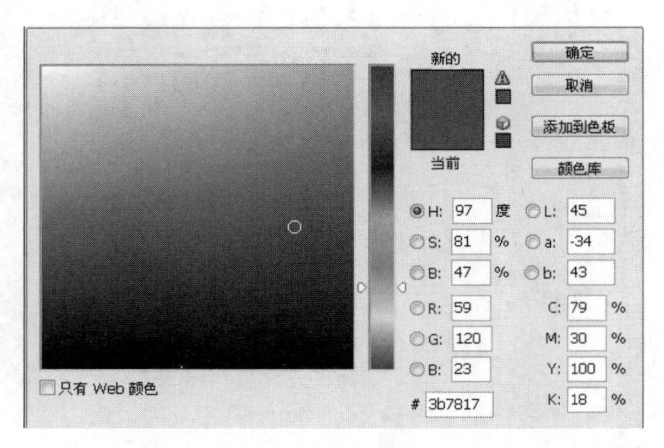

图 3-59 画笔颜色 1

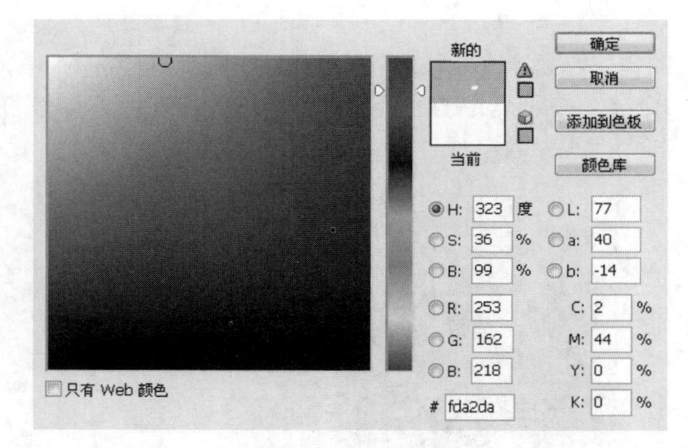

图 3-60 画笔颜色 2

图 3-61 画笔绘制效果

（6）选择涂抹工具，设置如图 3-62 所示，用涂抹工具对画出的圆圈进行涂抹，效果如图 3-63 所示。

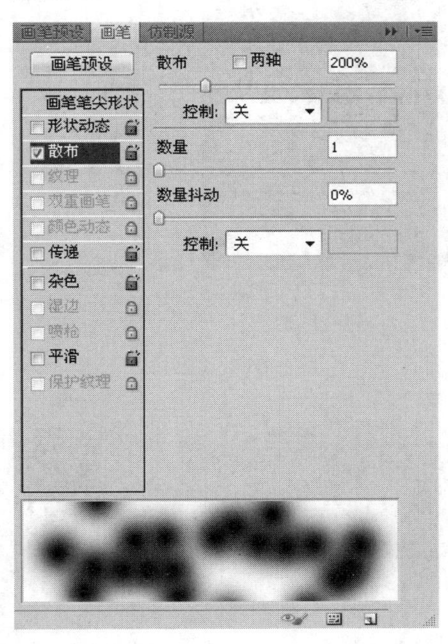

图 3-62　涂抹工具画笔设置

图 3-63　涂抹效果

（7）将符合主题的剪纸素材放入页面中，放好位置后用选框工具选取所需的部分，然后按 Shift+Ctrl+I 反选，并使用 Delete 键将多余部分删除。剪纸图案过于暗的部分可以进行调色，颜色设置如图 3-64 所示，设置好颜色后按 Alt+Delete 进行填充。将 LOGO 放入页面中，调整大小和位置，剪纸素材和 LOGO 添加完成并调整好后效果如图 3-65 所示。

（8）在页面中间区域插入暗纹素材，效果如图 3-66 所示。

（9）在页面中间区域放入花枝素材，如图 3-67 所示。

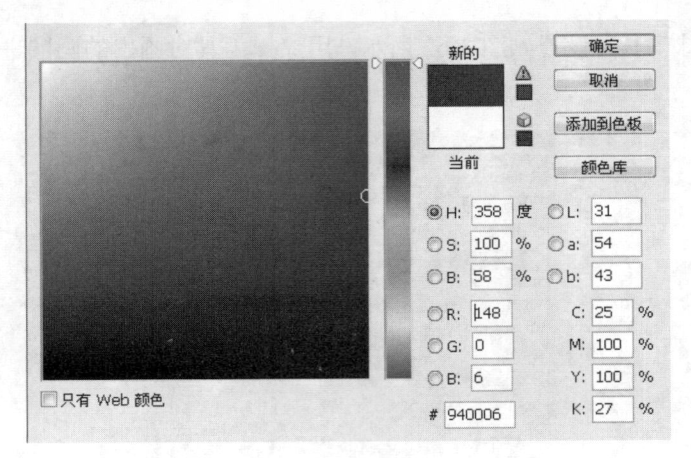

图 3-64　颜色设置

图 3-65　添加剪纸素材效果

图 3-66　添加暗纹素材效果

图 3-67　放入花枝素材效果

（10）在页面第一个区域放入国画素材，混合模式调整为明度，如图 3-68 所示，调整之后的效果如图 3-69 所示。

图 3-68　混合模式设置

图 3-69　调整混合模式之后的效果

（11）为了使“国画”图层边缘柔和，使用多边形套索工具，设置羽化像素为 50，对国画图片天空部分区域进行选取，如图 3-70 所示，按下 Delete 键，将这部分区域删除，效果如图 3-71 所示。

图 3-70 使用多边形套索工具

图 3-71 删除国画图片天空部分效果

（12）为页面加上相应风格的边框，如图 3-72 所示，设置前景色为剪纸的颜色，按下 Ctrl 键并单击边框图层缩览图，选择边框选区，将整个区域填充为前景色，效果如图 3-73 所示。

（13）由于此时边框太细，与原本的剪纸素材搭配之后效果不够好，因此再次将边框的区域选出，单击“选择”→“修改”→“扩展”，将选区扩展 2 像素，如图 3-74 所示，单击“确定”按钮，再次使用前景色对选区进行填充，最终效果如图 3-75 所示。

图 3-72　添加边框效果

图 3-73　调整边框效果

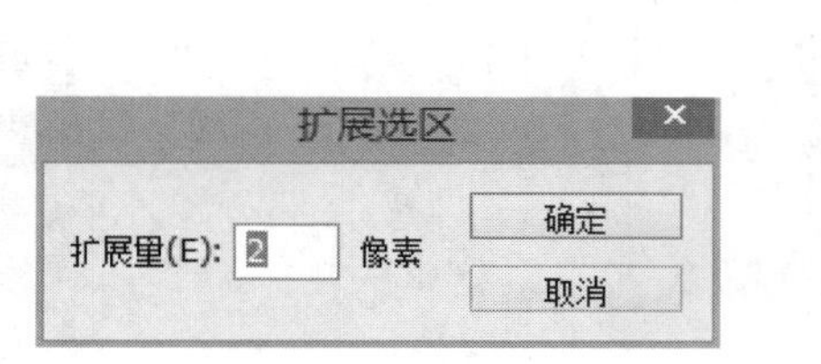

图 3-74　扩展选区

图 3-75　调整之后的效果

（14）将画轴素材加入到页面第一个区域，添加图层样式“投影”效果，设置混合模式为“正片叠底”，不透明度为 75%，角度为 132 度，距离为 26 像素，大小为 10 像素，如图 3-76 所示；投影颜色 CMYK 值为 49%、54%、77%、2%，如图 3-77 所示；调整之后的效果如图 3-78 所示。

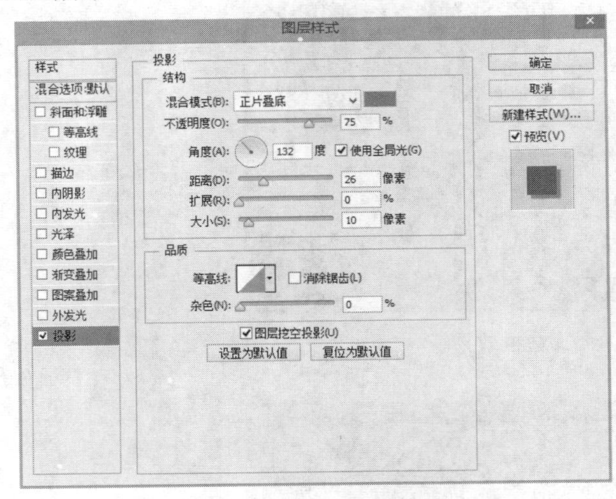

图 3-76 “投影”设置

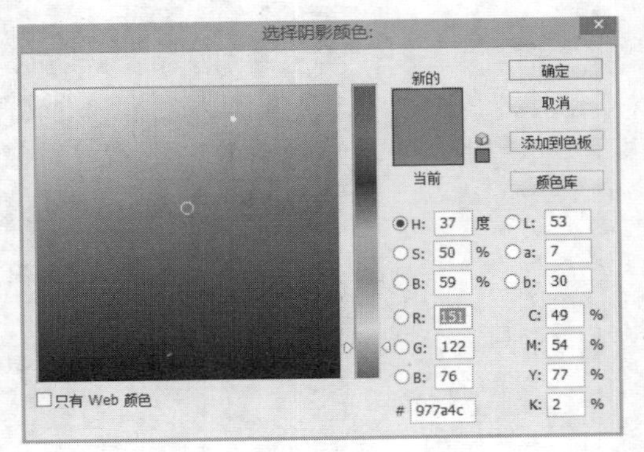

图 3-77 颜色设置

图 3-78 调整之后的效果

（15）按下 T 键选择文本工具，设置合适的字体和字号，将素材中的“芸芸”文字介绍信息添加到页面中，并调整位置，如图 3-79 所示。

（16）在 LOGO 部分单击鼠标右键，从弹出的快捷菜单中选择 LOGO 图层，按下 V 键选择移动工具，按住 Alt 键不放将 LOGO 部分拖动并复制一份，放置到中间区域，调整大小和位置，如图 3-80 所示。

（17）再次选择文本工具，设置合适的字体和字号，将文本素材中关于“众”工作室的文字介绍部分复制到页面中，调整之后效果如图 3-81 所示。

（18）按下 Ctrl+S 保存文件。

图 3-79　添加芸芸文本效果

图 3-80　添加 LOGO 效果

图 3-81　最终效果

3.4.3 三折页广告立体效果制作步骤

（1）首先新建文件，设置文件大小为 200 毫米×150 毫米，分辨率为 300 像素/英寸，颜色模式为 CMYK，背景颜色为白色，如图 3-82 所示。

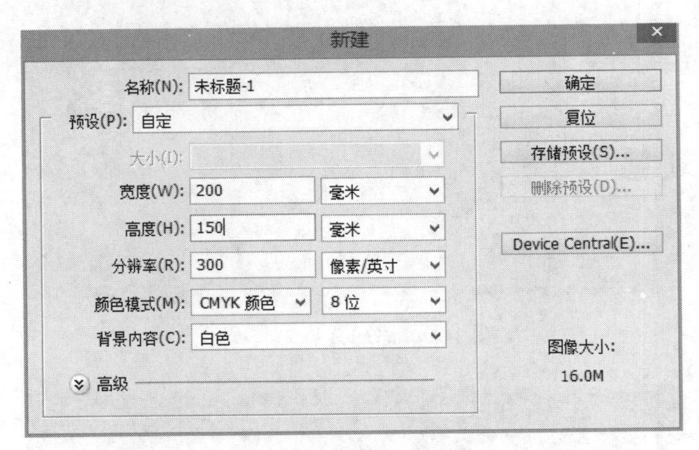

图 3-82 新建文件

（2）按下 Ctrl+S 保存文件，命名为“三折页立体效果.psd”。

（3）将背景图片放入页面中，调整大小使其铺满整个页面，如图 3-83 所示。

（4）打开“三折页广告正面.psd”文件，在图层最上方新建图层，按下 Ctrl+Alt+Shift+E 盖印图层，将三折页正面的效果组合到一个图层，如图 3-84 所示。

图 3-83 添加背景效果

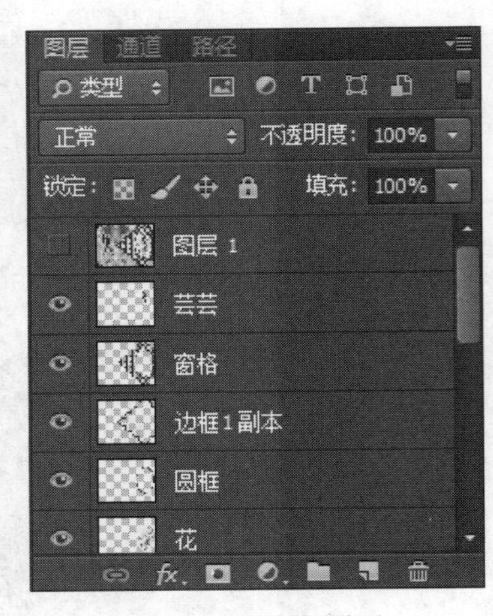

图 3-84 盖印图层

（5）使用矩形选框工具，将三折页广告正面第三个区域的部分选中，按下 Ctrl+C 复制，然后返回“三折页立体效果.psd”文件，按下 Ctrl+V 粘贴，调整其大小，如图 3-85 所示。

（6）按下 Ctrl+T，在边框范围内单击鼠标右键，从弹出的快捷菜单中选择“扭曲”，调整之后效果如图 3-86 所示。

（7）重复以上步骤，将“三折页广告正面.psd”文件中的其他两个部分复制到“三折页立体效果.psd”文件中，并通过“扭曲”调整效果，调整完成之后效果如图 3-87 所示。

图 3-85　三折页广告封面效果

图 3-86　调整为立体效果

图 3-87　三折页广告正面立体效果

（8）采用同样的方法对“三折页广告背面.psd”文件做处理，完成之后的效果如图 3-88 所示。

图 3-88　最终效果

3.5　项目小结

本项目通过《芸芸》三折页广告的制作案例，让读者既复习了前面所学习的 Photoshop 中填色、调整图像以及变形等基本功能，也新增了画笔工具、模糊工具以及擦除工具的使用，使学生在巩固前期知识基础上学习了新的技能。

3.6　项目知识拓展

为自己的故乡设计一个三折页商业广告，案例效果参考图 3-89、图 3-90 所示。

图 3-89　三折页广告正面效果

图 3-90　三折页广告背面效果

项目 4　标志设计——“计算机学院”标志设计

- 标志设计相关知识
- 钢笔工具的操作方法
- 矢量图形的调整方法
- 路径面板的使用
- 矩形工具组的使用

4.1　项目效果赏析

本项目所使用的案例是某学校计算机学院院徽标志设计，重点是通过文字“计”变形成图形的方式进行设计。

本项目最终整体效果如图 4-1 所示。

图 4-1　院徽标志整体效果

4.2　项目相关知识

4.2.1　标志设计的概念

标志即 LOGO，是表明事物特征的记号。它以单纯、显著、易识别的物象、图形或文字符号为直观语言，除表示什么，代替什么之外，还具有表达意义、情感和指示行动等作用。

标志设计不仅是实用物的设计，也是一种图形艺术的设计。它与其他图形艺术表现手段既有相同之处，又有自己的艺术规律。必须体现前述的特点，才能更好地发挥其功能。由于对其简练、概括、完美的要求十分苛刻，即要完美到几乎找不到更好的替代方案，其难度比其他任何图形艺术设计要大得多。

标志，作为人类直观联系的特殊方式，不但在社会活动与生产活动中无处不在，而且对于国家、社会集团乃至个人的根本利益，显示了其越来越重要的独特功用。例如：国旗、国徽作为一个国家形象的标志，具有任何语言和文字者难以确切表达的特殊意义；公共场所标志、交通标志、安全标志、操作标志等，对于指导人们进行有秩序的正常活动，确保生命财产安全，具有直观、快捷的功效；商标、店标、厂标等专用标志对于发展经济、创造经济效益、维护企业和消费者权益等具有重大实用价值和法律保障作用。

4.2.2 标志的分类

按标志的功能分类，标志分为国家和城市标志、企业标志、商品标志、纪念标志、活动标志、包装储运标志、公共环境标志、安全标志、交通标志、社会团体标志、体育标志、民俗标志、军队标志等。

按标志的形式分类，标志分为图形标志、文字标志，以及图形与文字组合的综合型标志。

按标志的表现手法分类，标志分为具象形标志、抽象形标志、符号形标志及其他综合型标志。

按标志的使用范围分类，标志分为公共标志和专用标志。

4.2.3 标志的特征

1. 识别性特征

标志最突出的特点是各具独特面貌，易于识别，显示事物自身特征，标示事物间不同的意义、区别与归属。因此标志必须特征鲜明，令人一眼即可识别，并过目不忘。

2. 易记性特征

标志形式新颖并有强烈的视觉效果，具有独特面貌，易于识别，显示事物自身特征且便于记忆，标志的特征必须鲜明，令人一眼即可识别，并过目不忘。

3. 象征性特征

象征性是标志的本质特征，标志设计大多通过比喻、暗示、隐喻、象征等较为抽象的形式表达其所指信息和主体立意，而不是通过文字堆砌或注解的形式表达出来。

4. 艺术性特征

标志作为一种视觉语言符号，标志图形本身的形式美直接影响商标信息的传达。优秀的标志在传达信息的同时，给人带来美的享受，艺术化的标志图形与所传达的信息相融合时，令人回味无穷，记忆深刻。

5. 时代性特征

现代企业面对发展迅速的社会、日新月异的生活和意识形态、激烈的市场竞争形势，其标志形态必须具有鲜明的时代特征。特别是许多老企业，有必要对现有标志形象进行改进，在保留旧有形象的基础上，采取清新简洁、明晰易记的设计形式，这样能使企业的标志具有鲜明的时代特征。

4.2.4 标志的功能

1. 标志的识别功能

早期的标志往往是人们利用创始人的名字作为一种独特的标记，标注在自己的商品上，识别功能是标志设计的基本特征。

2. 标志的传播功能

标志的传播功能主要集中在形象信息的传达和理解上，它更多地指向对标志形象信息传播的性质和传播环节的认知，标志传播是一个信息传递的过程。

3. 标志的专属功能

当一个标志经注册成为商标时，它具有专属功能。专属功能是指商标注册人享有法律保护的专用权，他人未经许可不得擅自使用和侵犯，带有这个标志符号的商品品牌在市场上是受到法律保护的。

4. 标志的象征功能

标志的象征功能体现了商标的最本质特征，将标志附在商品、包装或广告上时，标志成为权威性的印记。

4.2.5 标志的表现手法

1. 图形表现法

（1）具象表现法

具象表现法指将自然形态中的动物、植物、环境，甚至人物的造型，通过夸张、变形、简化等手法，得到具有艺术美的形象。在这个提炼过程中，夸张美的部分，省略不美的部分，既不能丢弃自然形态的“形”，更不能丢弃自然形态的“神”，如图 4-2 所示。

（2）抽象表现法

抽象表现法指运用点、线、面等几何形状，含蓄地、理性地表达设计概念。不同的点、线、面，可以形成各种不同的性格特征。抽象标志单纯简练，启迪性、概括性强，善于表达单纯、条理、有序的现代科技产品，如图 4-3 所示。

图 4-2 具象表现标志

图 4-3 抽象表现标志

2. 文字表现法

文字表现法指运用汉字、拉丁字母、数字来表达设计概念，如图 4-4 所示。汉字以图形、象形文字为基础，发展为音、形、意三位一体。拉丁字母在 60 多个国家中使用，具有明显的几何化特征，有利于元素的组织构成，设计时通常会以单词和图形结合。数字本身就是一个主要的信息，且数字本身指向明确，形态可塑性强，是一个很好的设计元素。这类标志简洁明了，歧义性小，但个性特点不是很强，标识能力相对较弱，所以应该在字形上认真推敲。

3. 图文表现法

图文表现法指运用图形和文字相结合，形象要素可以是具象的，也可以是抽象的，可以是连字的，也可以是组字的，但是一般多用组字与抽象的结合，如图 4-5 所示。

图 4-4　文字表现标志

图 4-5　图文表现标志

图文表现法发展了图形与文字的优点，极大丰富了标志设计的表现力与传达力，也避免了歧义性和传递信息模糊的缺点，但由于图文符号是运用了图形与文字的有机结合，在设计中容易出现烦琐、不简洁的问题，特别是连字标志，在设计中不能太花哨，应以整体结构为主，局部形状变化为辅。

4.2.6　标志设计的基本要素

1. 名称

一个出色完美的标志，除了要有优美鲜明的图案外，还要有与众不同的响亮动听的名称。

名称不仅影响今后商品在市场上流通和传播，还决定商标的整个设计过程和效果。如果商标有一个好的名称，能给图案设计者更多的有利因素和灵活性，设计者就可能发挥更大的创造性，反之就会带来一定的困难和局限性，也会影响艺术形象的表现力。因此，确定商标的名称应遵循“顺口、动听、好记、好看”的原则，要有独创性和时代感，要富有新意和美好的联想。

2. 图案

在设计中，各国名称、国旗、国徽、军旗、勋章，及与其相同或相似者，不能用作标志图案。国际与国内规定的一些专用标志，也不能用作标志图案。此外，取动物形象作为报纸图案时，应注意不同民族、不同国家对各种动物的喜爱与忌讳。

3. 色彩

在标志设计中，恰当运用色彩的情感特征，能够加强识别力、理解力、记忆力和感染力。中国京剧艺术中各类脸谱都具有强烈的色彩个性效果，例如，红脸表示忠，白脸表示奸等，充分利用了色彩的情感特征。

在标志设计中，应重视色彩对视觉的传达作用，利用人们对自然景物色感方面的了解程度和视觉心理反映，结合商品或企业本身的个性特点，将色彩与图形、文字组合得更加完美统一。

4.2.7　标志设计的流程

1. 调研分析

标志不仅仅为一个图形或文字的组合，它是依据企业的构成结构、行业类别、经营理念，并充分考虑标志接触的对象和应用环境，为企业制定的标准视觉符号。在设计之前，首先要对企业作全面深入的了解，包括经营战略、市场分析，以及企业最高领导人的基本意愿，这些都是标志设计开发的重要依据。对竞争对手的了解也是重要的步骤，标志的识别性，就是建立在对竞争环境的充分掌握上。

2. 要素挖掘

要素挖掘是为设计开发工作作进一步的准备。要依据对调查结果的分析，提炼出标志的结构类型、色彩取向，列出标志所要体现的精神和特点，挖掘相关的图形元素，找出标志的设计方向，使设计工作有的放矢，而不是对文字图形的无目的组合。

3. 设计开发

有了对企业的全面了解和对设计要素的充分掌握，可以从不同的角度和方向进行设计开发工作。设计者对通过标志的理解，可充分发挥想象，用不同的表现方式，将设计要素融入设计中，标志必须达到含义深刻、特征明显、造型大气、结构稳重的要求，色彩搭配能适合企业，避免流于俗套或大众化。不同的标志所反映的侧重或表象会有区别，经过讨论分析修改，应找出适合企业的标志。

4. 标志修正

提案阶段确定的标志，可能在细节上还不太完善，经过对标志的标准制图、大小修正、黑白应用、线条应用等不同表现形式的修正，可使标志更加规范，从而可达到信息统一、有序、规范的传播。

4.3 项目相关操作

4.3.1 钢笔工具组的使用

在钢笔工具组中，包括钢笔工具、自由钢笔工具、添加锚点工具、删除锚点工具以及转换点工具，如图 4-6 所示。

图 4-6 钢笔工具组

1. 钢笔工具

钢笔工具属于矢量绘图工具，其优点是可以勾画平滑的曲线，在缩放或者变形之后仍能保持平滑效果。

钢笔工具画出来的矢量图形称为路径，矢量的路径允许是不封闭的开放状，如果把起点与终点重合绘制就可以得到封闭的路径。

在画布上连续单击可以绘制出折线，通过单击工具箱中的“钢笔”按钮结束绘制，也可以按住 Ctrl 键的同时在画布的任意位置单击，如果要绘制多边形，最后闭合时，将鼠标箭头靠近路径起点，当鼠标箭头旁边出现一个小圆圈时，单击鼠标左键，就可以将路径闭合。

选择钢笔工具后，根据所选的绘图模式不同，钢笔工具状态栏有所不同。绘图模式可以设置为“形状”“路径”和“像素”三种，三种不同模式的绘图效果如图 4-7 所示。对钢笔工具而言，只能设置“形状”或“路径”两种模式，不能设置“像素”模式。

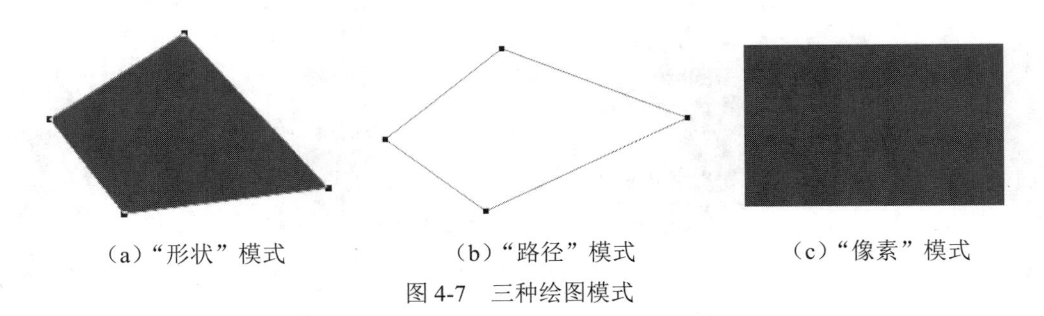

（a）“形状”模式　（b）“路径”模式　（c）“像素”模式

图 4-7　三种绘图模式

（1）“路径”模式

选择“路径”模式的钢笔工具选项栏如图 4-8 所示。

图 4-8　“路径”模式钢笔工具选项栏

在“路径”模式下，可以对路径设置通过路径建立选区、蒙版或者形状，也可以对路径做其他修改。

“路径操作”按钮：可以设置新绘制的形状与现有形状的混合模式，如合并、减去或相交等，如图 4-9 所示。

“路径对齐方式”按钮：设置路径的对齐方式，如左对齐、右对齐、水平居中、对齐到画布等，如图 4-10 所示。

“路径排列方式”按钮：设置路径的排列方式，如置为顶层、前移一层、后移一层和置为底层，如图 4-11 所示。

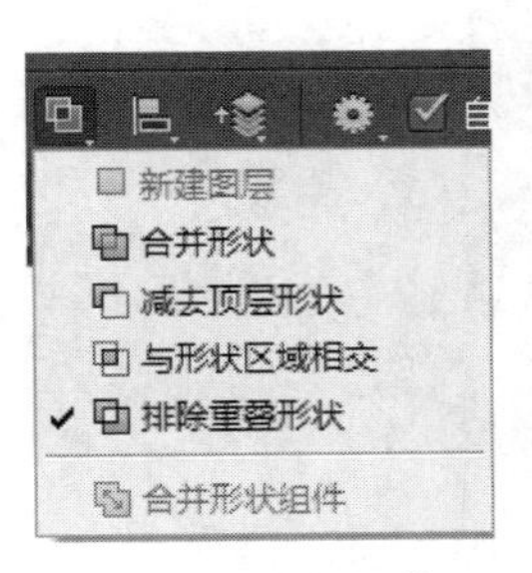

图 4-9　路径操作

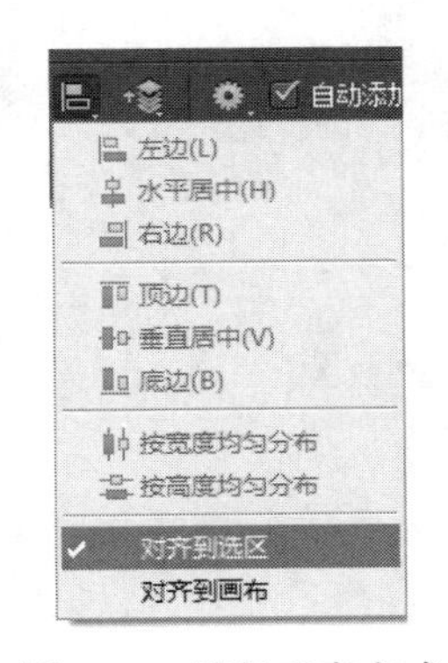

图 4-10　路径对齐方式

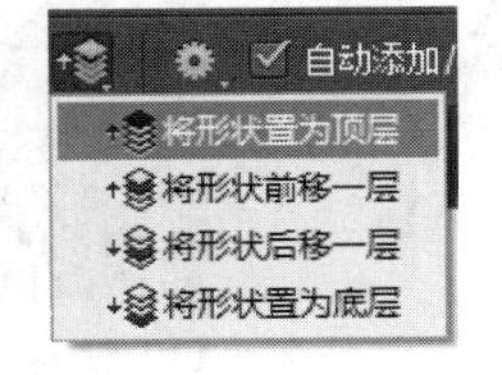

图 4-11　路径排列方式

“橡皮带”设置按钮：在移动指针时可预览两次单击之间的路径段，选择“橡皮带”选项可以看到下一个将要定义的锚点所形成的路径，这样在绘制的过程中会感觉比较直观。

“自动添加/删除”选项：选择此选项可在单击线段时添加锚点，或在单击锚点时删除锚点。

注意：使用钢笔工具在绘制的过程中，既可以绘制直线，也可以绘制曲线。直接在画布上逐次单击鼠标产生的锚点形成的就是直线。在单击鼠标的同时拖动鼠标产生的锚点形成的就是曲线，如图 4-12 所示，此时锚点会出现一个曲率调杆，可以调节该锚点处曲线的曲率，从而调节出想要的路径曲线。

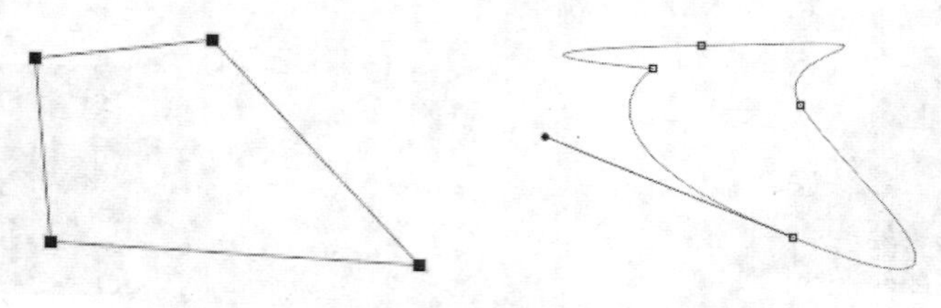

图 4-12　钢笔工具绘制直线和曲线

（2）“形状”模式

在“形状”模式中，不仅可以在“路径”面板中新建一个路径，同时还在“图层”面板中创建了一个形状图层。

选择“形状”模式的钢笔工具选项栏如图 4-13 所示。

图 4-13　“形状”模式钢笔工具选项栏

在“形状”模式下，选项的设置和“路径”模式基本相同，所不同的地方在于“形状”模式下可以对形状设置填充、描边和查看形状大小。

填充：可以设置形状的填充效果和填充颜色，如图 4-14 所示。

描边：设置形状的描边效果、描边颜色、描边的大小和类型，描边类型如图 4-15 所示。

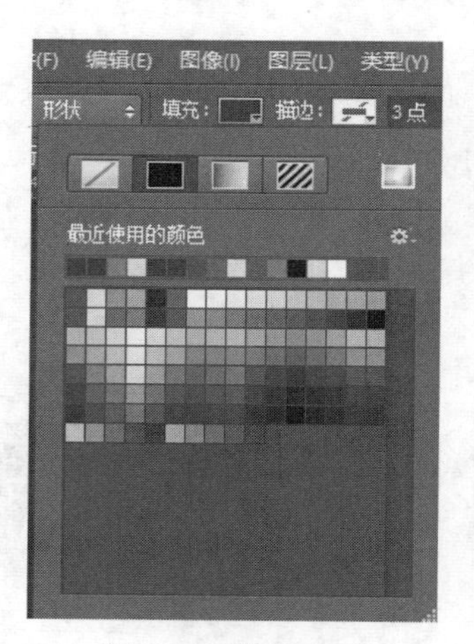

图 4-14　填充设置

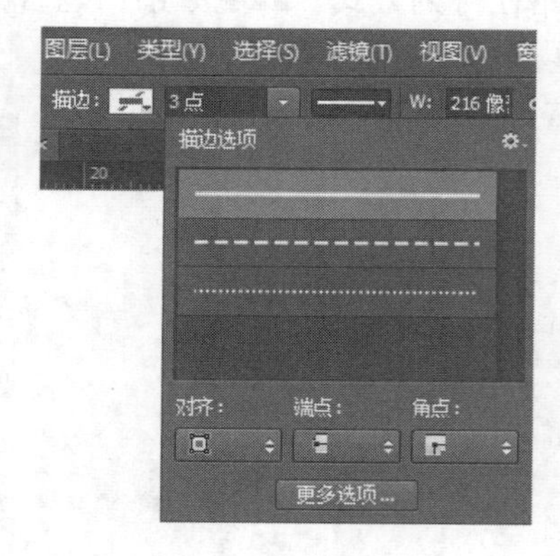

图 4-15　描边选项

W: 216 像　H: 144 像：设置或查看形状尺寸。

2. 自由钢笔工具

自由钢笔工具可用于像使用铅笔在纸上绘图一样来绘制路径。不必定义锚点的位置，因为它是自动添加的，绘制完后再作进一步的调节。

自动添加的锚点数目由自由钢笔工具选项栏中的曲线拟和参数决定，单击可设置自由钢笔工具曲线拟合参数，其中参数值越小自动添加的锚点数目越大，反之则越小。曲线拟和参数的范围是 0.5 像素到 10 像素之间，如图 4-16 所示。

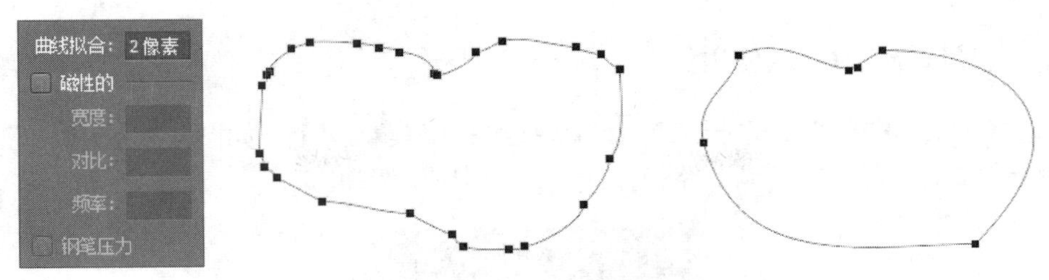

图 4-16　曲线拟合参数效果

自由钢笔工具也具有“形状”模式和“路径”模式两种绘图模式，选项栏也基本类似，如图 4-17 所示。

图 4-17　“形状”和“路径”模式自由钢笔工具选项栏

与钢笔工具不同的地方在于，自由钢笔工具多了一个选项：磁性的 磁性的 。

如果勾选“磁性的”复选框，自由钢笔工具将转换为磁性钢笔工具，磁性选项用来控制磁性钢笔工具对图像边缘捕捉的敏感度。单击 会弹出磁性钢笔工具的设置框，其中“宽度”是磁性钢笔工具所能捕捉的距离，范围是 1 到 40 像素；“对比”是图像边缘的对比度，范围是 0 到 100%；“频率”决定添加锚点的密度，范围是 0 到 100%，如图 4-18 所示。

注意：在磁性钢笔模式下，按下 Alt 键可以绘制直线。

3．添加/删除锚点工具

添加锚点工具 和删除锚点工具 主要用于对现成的或绘制完的路径曲线调节时使用。比如要绘制一个很复杂的形状，不可能一次就绘制成功，应该先绘制一个大致的轮廓，然后就可以结合添加锚点工具和删除锚点工具对其逐步进行细化直到达到最终效果。

4．转换点工具

在讲解转换点工具前，首先需要了解路径上的锚点种类。路径上的锚点有 3 种：无曲率调杆的锚点（角点），两侧曲率一同调节的锚点（平滑点）和两侧曲率分别调节的锚点（平滑点），如图 4-19 所示。3 种锚点之间可以使用转换点工具 进行相互转换。

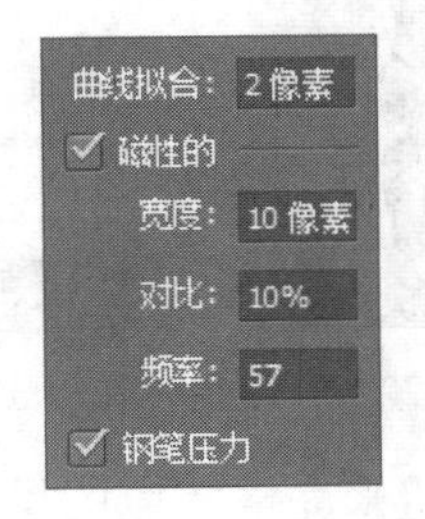

图 4-18　磁性设置

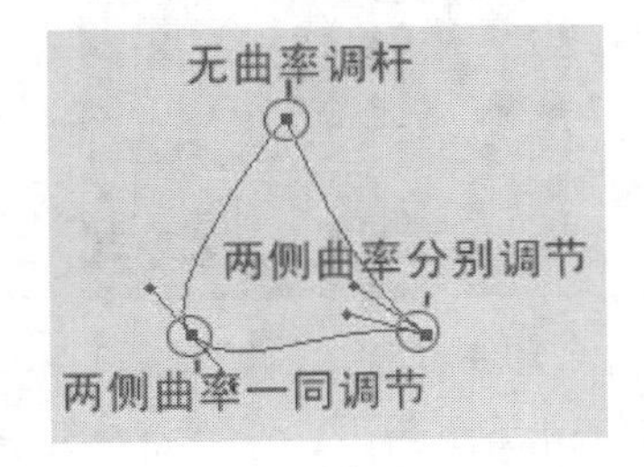

图 4-19　锚点类型

选择转换点工具，单击两侧曲率一同调节的锚点或两侧曲率分别调节的锚点，可以使其转换为无曲率调杆方式，单击该锚点并按住鼠标左键拖拽，可以使其转换为两侧曲率一同调节方式，再使用转换点工具移动调杆，又可以使其转换为两侧曲率分别调节方式。

4.3.2 路径选择工具组的使用

路径选择工具组包括路径选择工具和直接选择工具两个，如图 4-20 所示。路径选择工具和直接选择工具在绘制和调节路径曲线的过程中使用率很高。

图 4-20 路径选择工具组

1. 路径选择工具

路径选择工具可以选择不同的路径曲线，当选择至少两条路径曲线，然后单击选项栏中的“路径操作”按钮时，可从中选择一种方式将其组合为一条路径，还可以对选择的路径应用对齐（至少选择两条路径）和排列（至少选择三条路径）。

2. 直接选择工具

直接选择工具在调节路径曲线的过程中起着举足轻重的作用，因为对路径曲线来说，最重要的锚点的位置和曲率都要用直接选择工具来调节。

4.3.3 “路径”面板的使用

如果说画布是钢笔工具的舞台，那么“路径”面板就是钢笔工具的后台了，图 4-21 所示的即是“路径”面板。

绘制好的路径曲线都在“路径”面板中，在“路径”面板中可以看到每条路径曲线的名称及其缩览图，当前所在路径在“路径”面板中为反白显示状态。

在“路径”面板的弹出式菜单中包含了诸如“删除路径”“复制路径”“存储路径”等命令，如图 4-22 所示。

图 4-21 “路径”面板

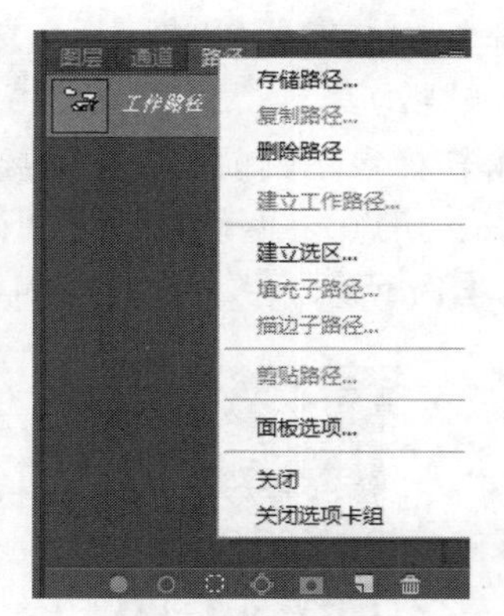

图 4-22 “路径”弹出式菜单

除了可以使用弹出式菜单外，也可以单击面板下方的按钮来完成相应的操作，如图 4-23 所示。

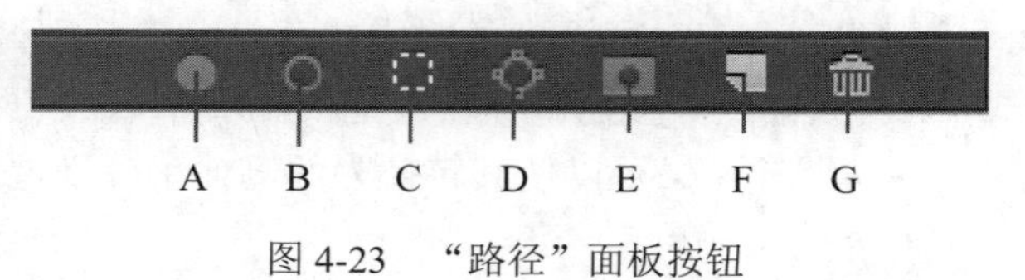

图 4-23 “路径”面板按钮

A．用前景色填充路径（缩览图中的白色部分为路径的填充区域）；
B．用画笔描边路径；
C．将路径作为选区载入；
D．从选区生成工作路径；
E．添加蒙版；
F．创建新路径；
G．删除当前路径。

4.3.4　矩形工具组的使用

矩形工具组包括矩形工具、圆角矩形工具、椭圆工具、多边形工具、直线工具和自定形状工具，如图 4-24 所示。

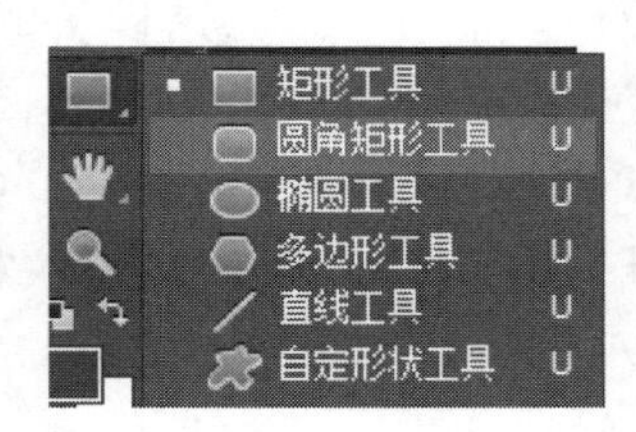

图 4-24　矩形工具组

1．矩形工具

选择矩形工具后，根据所选的绘图模式不同，钢笔工具选项栏有所不同。绘图模式可以设置为“形状”“路径”和“像素”三种。其中“形状”模式和“路径”模式与前面所讲到的钢笔工具一致，不同的地方在于矩形工具只能绘制矩形或者正方形（按下 Shift 键的同时绘制矩形即可得到正方形），另外矩形工具的绘图模式还能设置为“像素”模式，矩形工具的三种绘图模式如图 4-25 所示。

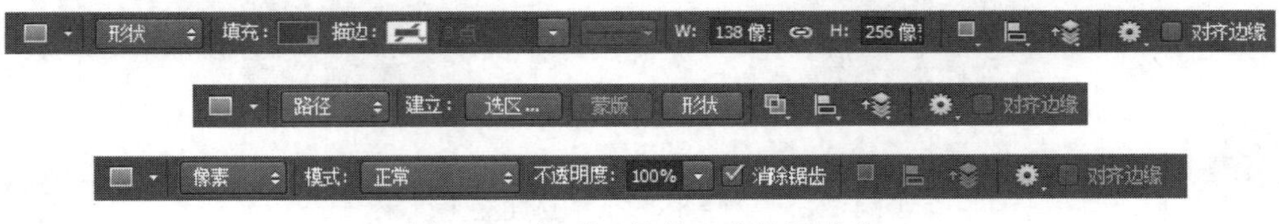

图 4-25　矩形工具的三种绘图模式

在“形状”和“路径”模式下，可以单击按钮，从弹出的设置框中可以设置参数，如图 4-26 所示。

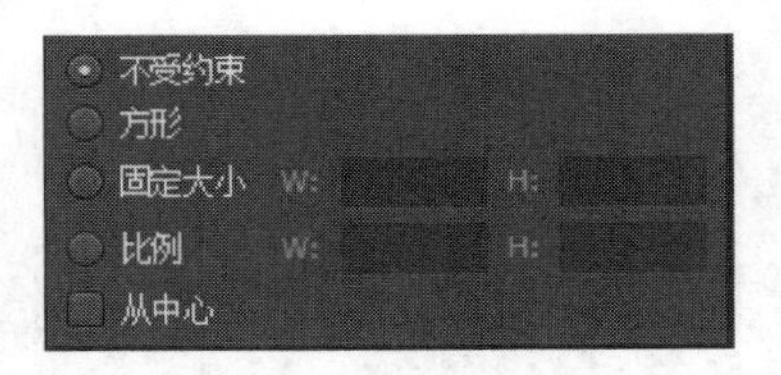

图 4-26　矩形工具参数

不受约束：绘制任意大小和比例的矩形。

方形：绘制正方形。

固定大小：在 W 框和 H 框输入宽度值和高度值后绘制出固定的矩形。

比例：在 W 框和 H 框中输入数值后，可绘制固定宽和高的比例的矩形。

从中心：绘制的矩形起点为矩形的中心。

在“像素”模式下，不会产生形状图层，可使用前景色在当前图层中直接绘制矩形，若是当前图层为形状图层，则需另外新建图层才能绘制。

使用三种不同模式绘制的矩形效果如图 4-27 所示。

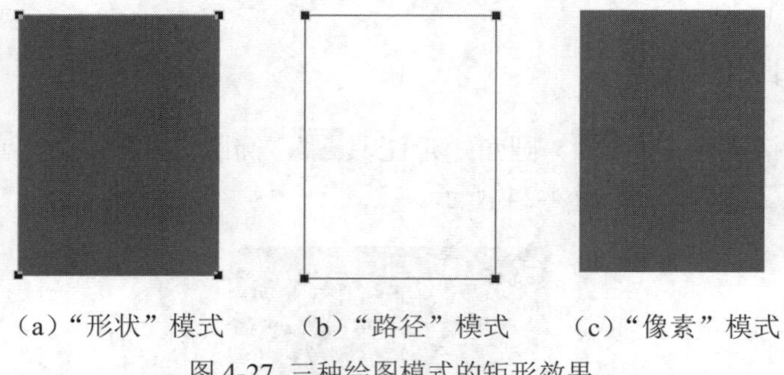

（a）“形状”模式　（b）“路径”模式　（c）“像素”模式

图 4-27 三种绘图模式的矩形效果

2. 圆角矩形工具

圆角矩形工具的功能是绘制圆角矩形，与矩形工具不同的地方在于，圆角矩形工具的选项栏中多了一个设置矩形圆度的项 半径：10 像素 ，其余参数设置与矩形工具相同，使用圆角矩形工具绘制的图形效果如图 4-28 所示。

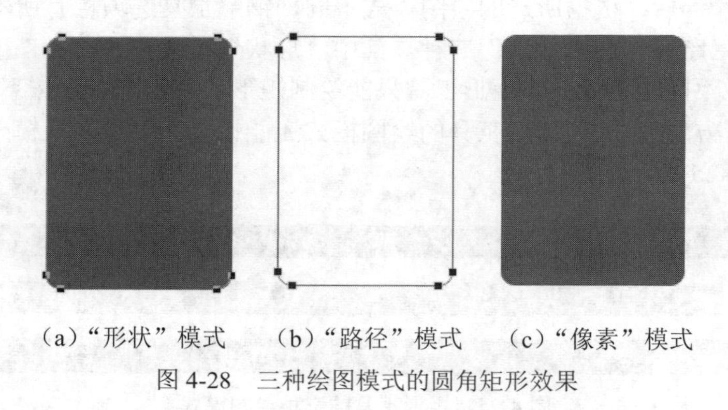

（a）“形状”模式　（b）“路径”模式　（c）“像素”模式

图 4-28　三种绘图模式的圆角矩形效果

3. 椭圆工具

椭圆工具的功能是绘制椭圆或正圆（按下 Shift 键的同时绘制），其绘图模式和参数设置均与矩形工具类似，不同的地方在于，在“形状”和“路径”模式下单击按钮，弹出的设置框中“方形”变为“圆”，如图 4-29 所示。

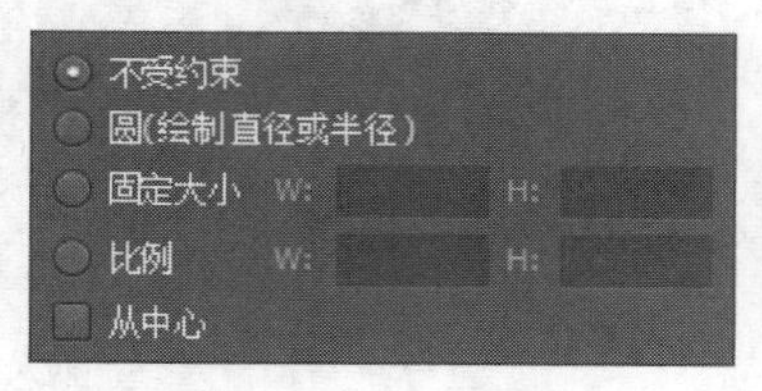

图 4-29　椭圆工具参数

使用椭圆工具绘制的形状如图 4-30 所示。

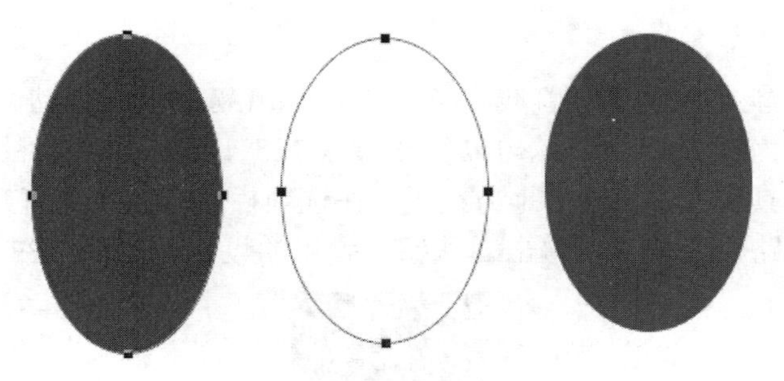

（a）“形状”模式　（b）“路径”模式　（c）“像素”模式

图 4-30　三种绘图模式的椭圆效果

4. 多边形工具

多边形工具的功能是绘制多边形和星形，其绘图模式和参数设置均与矩形工具类似，不同的地方在于，在选项栏上可以设置多边形的边数边: 5，另外在“形状”和“路径”模式下单击按钮，弹出的设置框如图 4-31 所示。

图 4-31　多边形工具参数

其中：

半径：限定绘制的多边形外接圆的半径，可以直接在文本框中输入数值。

平滑拐角：选中此项，多边形的边缘将更圆滑。

星形：勾选“星形”，在“缩进边依据”文本框中输入百分比，可以得到向内缩进的多边形，百分比值越大，边缩进程度越大。

“平滑缩进”：选中此项，在缩进边的同时使边缘圆滑。

使用多边形工具绘制的形状如图 4-32 所示。

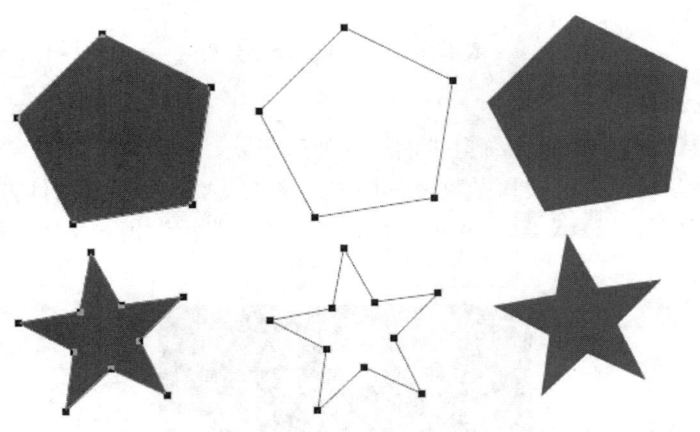

（a）“形状”模式　（b）“路径”模式　（c）“像素”模式

图 4-32　三种绘图模式的多边形效果

5．直线工具

直线工具的功能是绘制各类直线线条，按下 Shift 键的同时拖动鼠标绘制直线，可以得到相对于水平线角度为 0°、45°、90°、135°、180°、225°、270°和 315°的直线。其绘图模式和参数设置均与矩形工具类似，不同的地方在于，在选项栏上可以设置直线的粗细粗细：1像素，另外在“形状”和“路径”模式下单击按钮，弹出的设置框如图 4-33 所示。

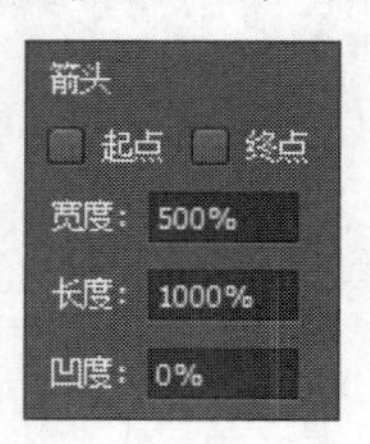

图 4-33　直线工具参数

其中：

起点：勾选此项，绘制的线段起点部分为箭头。

终点：勾选此项，绘制的线段终点部分为箭头。

宽度：500%：在此文本框中可以输入箭头和线段的宽度的百分比。

长度：1000%：在此文本框中可以输入箭头和线段的长度的百分比。

凹度：50%：在此文本框中可以输入箭头凹的程度。

使用直线工具绘图，如图 4-34 所示。

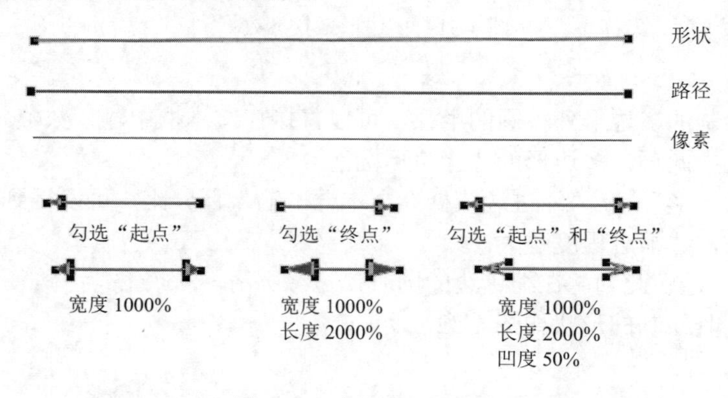

图 4-34　直线工具绘图效果

6．自定形状工具

自定形状工具用于绘制系统自带的一些特殊形状，或是存储的、载入自制的、网络下载的一些特殊形状，其绘图模式和参数设置均与矩形工具类似，不同的地方在于，在选项栏上可以设置自定形状的样式形状：，另外在“形状”和“路径”模式下单击按钮，弹出的设置框如图 4-35 所示。

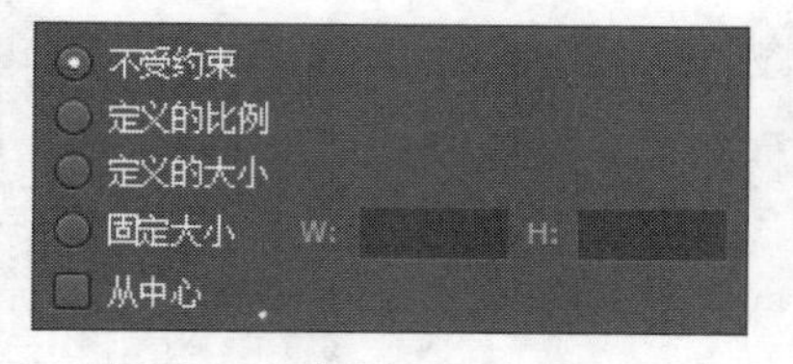

图 4-35　自定形状工具参数

单击形状右侧的 按钮，打开下拉列表框，可以直接选择提供的形状，也可以将自定形状添加到列表框中，如图 4-36 所示。

系统自带的自定义图形如图 4-37 所示。

图 4-36　自定形状工具下拉列表框

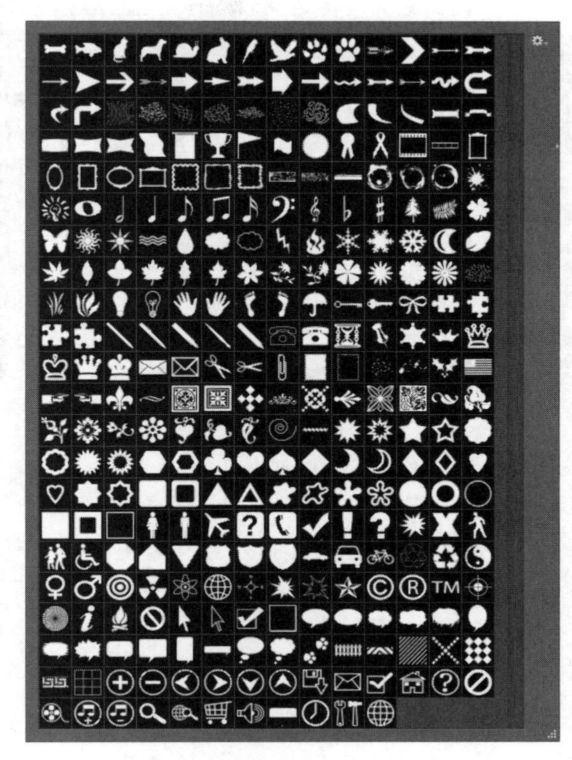

图 4-37　系统自带的自定义图形

4.4　项目操作步骤

4.4.1　院徽标志设计思路

本项目所使用的案例是某学校计算机学院院徽标志设计，重点是通过文字“计”变形成图形的方式进行设计。

4.4.2　院徽标志设计绘制

1. 新建文件

建立一张图片需要新建一个图像文件，选择“文件”→“新建”命令或按下 Ctrl+N 组合键，就会打开“新建”对话框，如图 4-38 所示。

2. 建立参考线

在画布上建立十字交叉参考线，方法如下：

（1）单击“视图”→“显示”→“标尺”命令。

（2）单击“视图”→“显示”→“参考线”命令。

（3）使用移动工具 ，将参考线从标尺处拖出横竖交叉的两条。

（4）将参考线的交叉点拖至画布的中心，如图 4-39 所示。

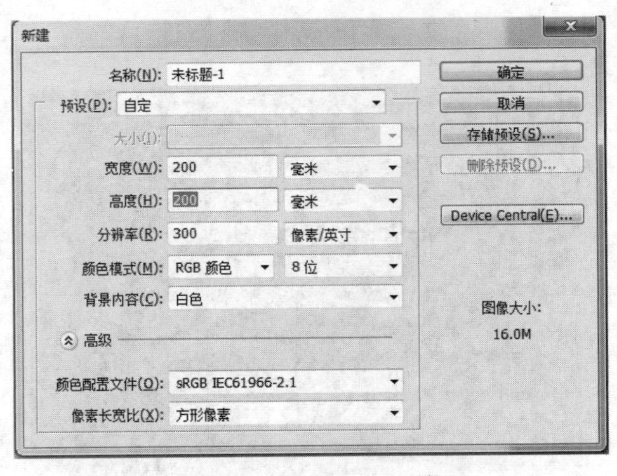

图 4-38　“新建”对话框

图 4-39　建立参考线

3. 绘制圆环路径，同时建立选区

（1）单击“路径”。

（2）使用椭圆工具，如图 4-40 所示。

（3）按下 Shift 键，拖拽鼠标在画布中画出一个正圆的路径，如图 4-41 所示。

图 4-40　选择椭圆工具

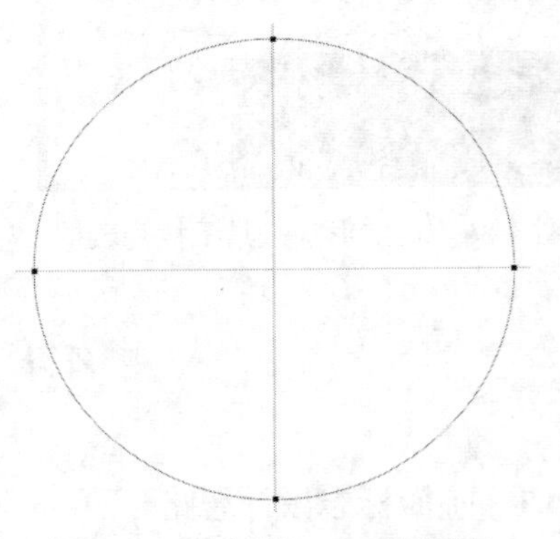

图 4-41　绘制第一个正圆路径

（4）用同样的方法绘制第二个正圆路径，比第一个稍小一些，效果如图 4-42 所示。

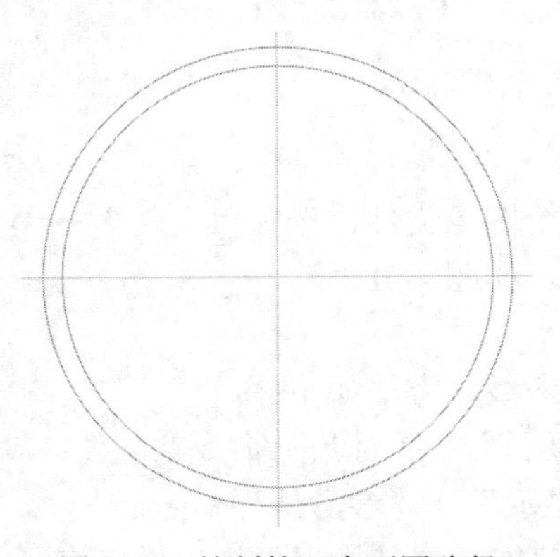

图 4-42　绘制第二个正圆路径

（5）使用路径选择工具，同时选中两条正圆路径，在选项栏“路径操作”下拉列表中，单击“从选项中减去”命令。

（6）单击鼠标右键，选择“建立选区”命令，如图 4-43 所示。

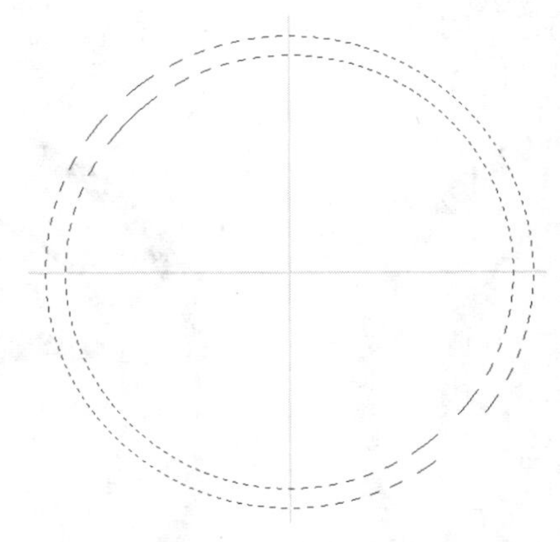

图 4-43　建立选区

（7）单击“编辑”→“填充”命令，填充蓝色调，如图 4-44 所示。

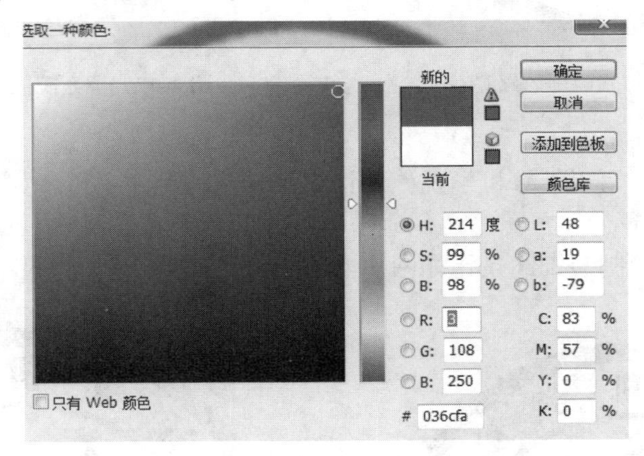

图 4-44　填充蓝色调

（8）同样的方法，在这个大圆环的里面再画一个小圆环，如图 4-45 所示。

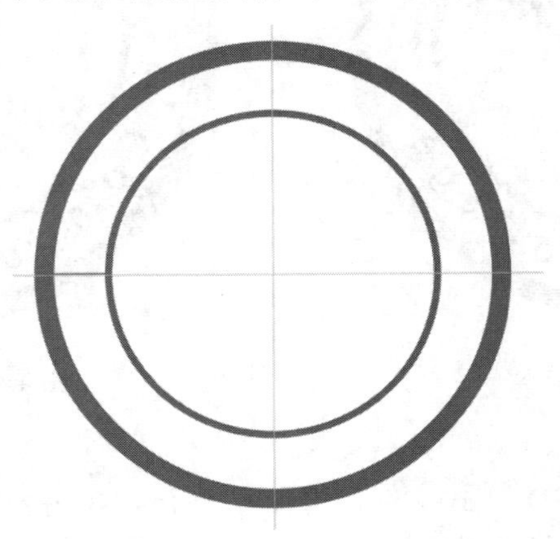

图 4-45　绘制两个圆环并填充蓝色调

4. 绘制院徽标志路径

在第二个圆环内使用钢笔工具，绘制出院徽路径，如图 4-46 所示。

5. 填充院徽标志路径

方法同于填充圆环路径的选区的方法，如图 4-47 所示。

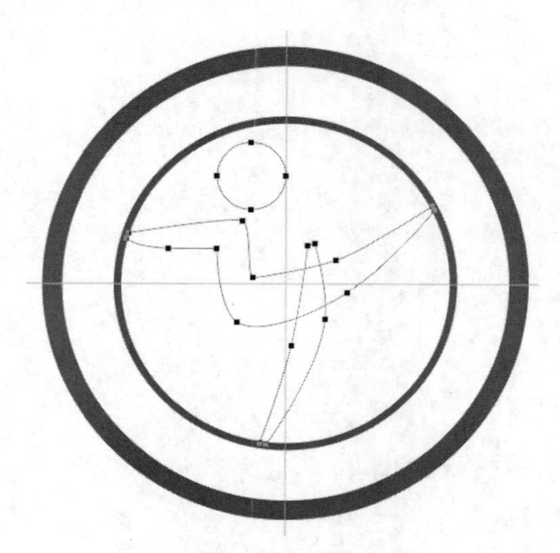

图 4-46　绘制院徽标志路径

图 4-47　填充院徽标志路径的选区

6. 书写文字

使用文字工具，书写“计算机学院”及计算机学院的英文字母，如图 4-48 所示。

7. 绘制装饰线条

使用直线工具，绘制装饰线条，如图 4-49 所示。

图 4-48　添加文本

图 4-49　绘制装饰线条

8. 保存图像

保存一个源文件，即 PSD 格式文件，再保存一个 PNG 格式的透明图层文件。注意保存 PNG 格式文件时，要将白色背景图层关闭，如图 4-50 所示。

图 4-50　另存为透明背景的 PNG 文件

4.5　项目小结

本项目主要讲解了钢笔工具组、矩形工具组、“路径”面板以及路径选择工具组的使用。本项目难点在于绘制路径的操作方法。通过本项目的学习，希望学生能够熟练掌握圆环路径及不规则图像钢笔路径的绘制方法。

4.6　项目知识拓展

根据案例效果，设计和制作“图尚文化”LOGO，如图 4-51 所示。

图 4-51　“图尚文化”LOGO

项目 5　画册设计——《重庆印象》宣传画册设计

教学重点难点

- 画册设计相关知识
- 蒙版的使用
- 填充图层的使用
- 调整图层的使用

5.1　项目效果赏析

本项目所使用的案例是《重庆印象》宣传画册，这本画册从具有重庆特色的洪崖洞、磁器口和索道等方面入手，通过水墨的表现手法，展现重庆的特色建筑、特色古镇以及特色交通方式等。

本项目最终效果由图 5-1 所示的前封面、图 5-2 所示的目录、图 5-3 所示的洪崖洞、图 5-4 所示的磁器口、图 5-5 所示的索道、图 5-6 所示的棒棒、图 5-7 所示的小面、图 5-8 所示的封底和图 5-9 所示的立体图 9 个部分组成。

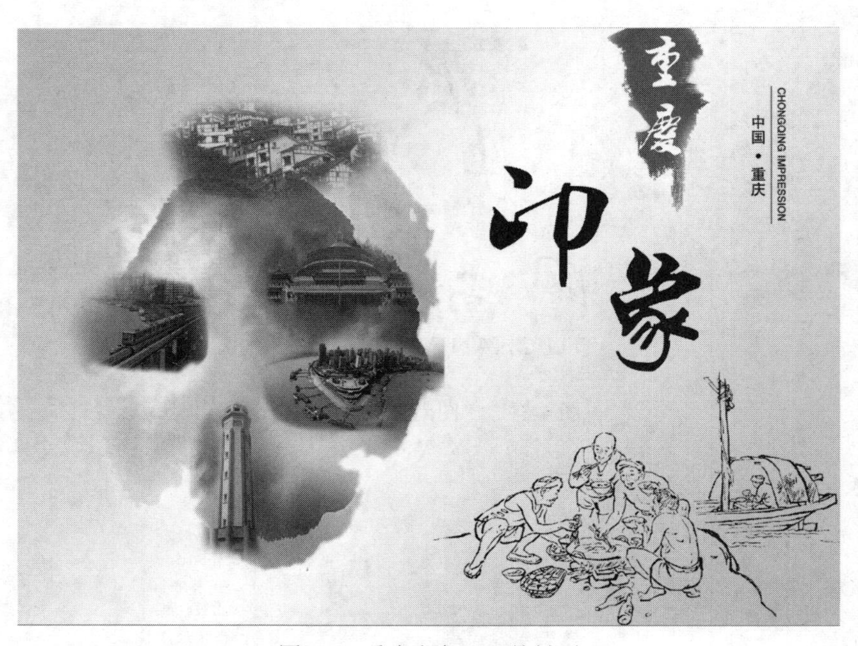

图 5-1　重庆印象——前封面

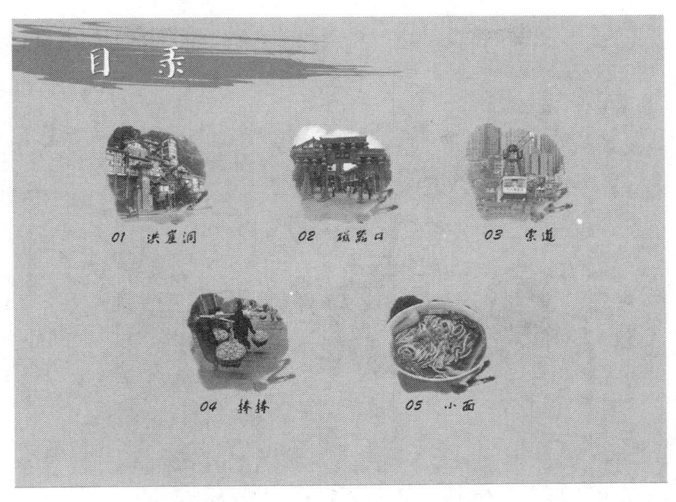

图 5-2　重庆印象——目录

图 5-3　重庆印象——洪崖洞

图 5-4　重庆印象——磁器口

图 5-5　重庆印象——索道

图 5-6　重庆印象——棒棒

图 5-7　重庆印象——小面

图 5-8　重庆印象——封底

图 5-9　重庆印象——立体图

5.2　项目相关知识

5.2.1　画册的分类

在现代商务活动中，画册在企业形象推广和产品营销中的作用越来越重要，在两地的商业运作中，画册起着沟通桥梁的作用，高档画册是企业或品牌的综合实力的一种体现。一本好的画册一定要有准确的市场定位、高水准的创意设计，从各角度展示画册载体的风采，画册可以大气磅礴，可以翔实细腻，可以缤纷多彩，可以朴实无华。

画册设计按照宣传目的不同大致分为三种：形象画册、产品画册、宣传画册。

1. 形象画册

形象画册的设计更注重企业的形象，应用恰当的创意和表现形式来展示企业的形象，这样的画册才能在消费者心里留下深刻印象，加深消费者对企业的了解，如图 5-10 所示。

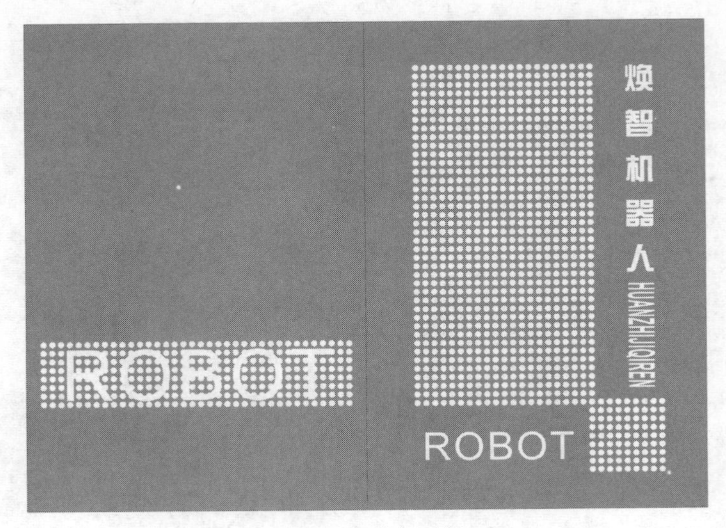

图 5-10　形象画册

2. 产品画册

产品画册的设计着重从产品本身的特点出发，分析出产品要表现的属性，运用恰当的表现形式，体现产品自身的特点，这样才能增加消费者对产品的了解和认识，进而增加产品的销售量，如图 5-11 所示。

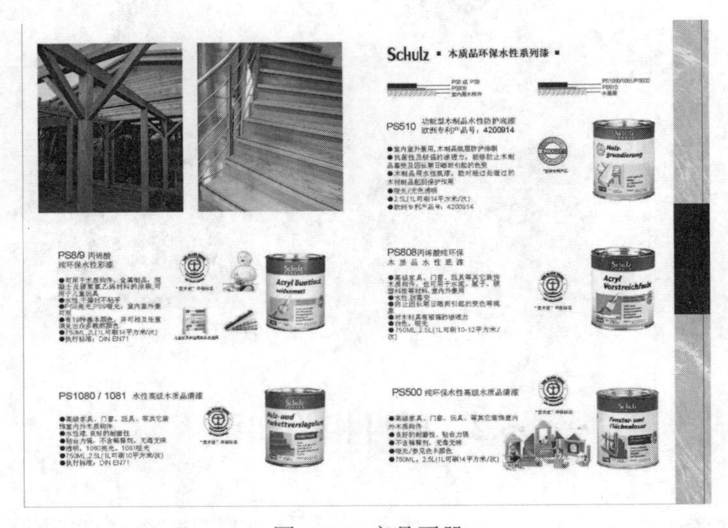

图 5-11　产品画册

3. 宣传画册

这类的画册设计根据用途不同，应采用相应的表现形式来体现此次宣传目的。本项目中所展示的《重庆印象》画册，即属于这一类画册，目的是宣传重庆这个城市，吸引更多的旅行者来重庆参观旅游，提升重庆的形象。

5.2.2　画册设计原则

1. 先求对，再求妙

精彩的创意点子令人眼睛一亮，印象深刻，但正确的诉求才会改变人的态度，影响人的行为。再好的创意如不能有效地传达信息，那都是违背专业精神的。

2. 要紧紧锁定画册的目的和主题

不管什么样的画册创意，一定要以读者为导向。画册是做给读者看的，是为了达成一定的目标，促进市场运作，因此，创意人员需要极为深刻地揣摩目标对象的心态，创意才容易引起共鸣。

3. 要一针见血

宣传画册只有很有限的文字和页面可以讲故事，因此，创意人员要习惯抓重点的思考方式，而且抓住重点做大文章。

4. 要简单明了

客户看宣传画册是一种手段而不是一种目的，是做出合作决策的参考。而且，大多数情况下，读者是被动地接受画册上传递的信息，越容易被知觉器官吸收的信息也就越容易侵入其潜意识。切莫高估读者对信息的理解和分析能力，尤其是高层的决策人员，他们是没有太多时间去思考这些创意的。因此，创意要简单明了，易于联想。

5. 要合乎基本逻辑

除非是刻意的表现手法，运用了违反基本逻辑的想法后一定要细心检查，以免影响画册的说服力。

6. 要能将创意文字化和视觉化

能够非常巧妙地实现文字化和视觉化的创意才是好的创意。

5.2.3 画册设计流程

（1）由客户提供详细的信息资料，以便根据客户设计要求进行分析。

（2）收集客户相关行业的信息资料，为画册设计做准备。

（3）整体画册设计方案策划（方案、基调、风格、印刷工艺等）。

（4）平面方案设计制作。在这个过程中需要向客户进行内容的确认，包括以下四个步骤：

①封面及 4P 内页的画册风格设计。

②客户确认封面及 4P 内页的设计方案。

③设计全面铺开，展开整体画册内页来设计制作。

④完成全部设计制作。

（5）客户确认设计方案。

（6）出黑白稿样，客户一校确认文字无误。

（7）出喷墨彩稿样，客户二校确认大体色彩。

（8）客户通过后，签字出片打样。

（9）出货验收。

5.2.4 画册打印设置

画册制作前需确定以下内容：封面的纸张类型及克重，内页的纸张类型及克重，画册的成品尺寸、展开尺寸，页数，封面和内页是采用单色还是彩色，封面是否覆膜，印刷后的装订方式（骑马订、胶装、环装等），是否有其他后加工工艺，比如烫金、烫银、局部 UV、压纹等。

1. 画册印刷尺寸要求

标准画册制作尺寸：426mm×291mm（四边各含 3mm 出血位），中间加参考线分为 2 个页码。

标准画册成品大小：210mm×285mm。

画册排版时，文字等内容应放置于距裁切线 5mm 内，画册裁切后才更美观。

如果画册是骑马订的话，内页需要向里偏移一些，否则机器在裁切的时候会约每 10 页向里面裁 1mm 左右。

2. 画册样式

常见的画册样式有三类，分别是横式画册、竖式画册和方形画册。横式画册制作尺寸为 576mm×216mm，成品尺寸为 285mm×210mm，竖式画册制作尺寸为 426mm×291mm，成品尺寸为 210mm×285mm，方型画册制作尺寸为 426mm×216mm 或 566mm×286mm，成品为 210mm×210mm 或 280mm×280mm，如下所示。

类型	制作尺寸	成品尺寸
横式画册	576mm×216mm	285mm×210mm
竖式画册	426mm×291mm	210mm×285mm
方形画册（小）	426mm×216mm	210mm×210mm
方形画册（大）	566mm×286mm	280mm×280mm

3. 画册印刷颜色注意事项

（1）不能以屏幕或打印稿的颜色来要求印刷色，填色时不能使用专色，在制作时务必参照 CMYK 色值来制作填色，否则会造成色差。

（2）相同文件在不同次印刷时，色彩都会有轻微差异，咖啡色、墨绿色、深紫色等，更易出现偏色问题，属正常现象。

（3）黑色字勿使用 100%（C 值）、100%（M 值）、100%（Y 值）、100%（K 值）这四色填色，四色填色总值超过 250%以上的大色块，印刷时容易造成背印（粘花）。

不管是骑马订，还是线胶装，画册都是两页打开为面，也就是说打开一本画册的时候，除了封面看到的是单页，里面的扉页及内容都是双页，所以设计的时候要注意照顾到两页直接的视觉效果。

5.3 项目相关操作

5.3.1 蒙版

蒙版，其实还有另外一个名字——遮片，在 Adobe 的视频编辑软件 Premiere 及后期特效制作软件 AE 中就把蒙版叫做遮片。二者的叫法虽然不同，但本质上是相同的。顾名思义，蒙版或遮片，其基本作用在于遮挡，即通过蒙版的遮挡，其目标对象的某一部分被隐藏，另一部分被显示，以此实现不同图层之间的混合，达到图像合成的目的。

在 Photoshop 中，分为四种类型的蒙版，分别是图层蒙版、剪贴蒙版、快速蒙版和矢量蒙版。

1. 图层蒙版

（1）什么是图层蒙版

图层蒙版实质上就是一个图层，作为蒙版的图层根据本身的不透明度控制其他图层的显隐。

图层蒙版可以理解为在当前图层上面覆盖一层玻璃片，这种玻璃片有透明的、半透明的、完全不透明的，然后用各种绘图工具在蒙版上（即玻璃片上）涂色（只能涂黑、白、灰色），涂黑色的地方蒙版变为不透明的，看不见当前图层的图像。涂白色则使涂色部分变为透明的，可看到当前图层上的图像，涂灰色使蒙版变为半透明的，透明的程度由涂色的灰度深浅决定。

Photoshop 的图层蒙版中只能用黑白色及其中间的过渡色（灰色）。在蒙版中的黑色就是蒙住当前图层的内容，显示当前图层下面的层的内容；蒙版中的白色则指显示当前层的内容，蒙版中的灰色则是半透明状，当前图层下面的层的内容则若隐若现。

注意： 图层蒙版的使用前提是必须要有两个以上的图层。

（2）图层蒙版的应用

图层蒙版一般用于图像的融合，或是抠图，下面以图像融合为例，对图层蒙版的操作做讲解。

①打开“荷塘.jpg”图片，将“荷花.jpg”图片置入，并调整图像大小和位置，如图 5-12 所示。

图 5-12　置入图片

②选择“荷花”图层，单击“添加图层蒙版”按钮，添加图层蒙版，如图 5-13 所示。

③选择画笔工具，调整画笔为柔角画笔，如图 5-14 所示，设置前景色为黑色，在蒙版图层上进行绘制。

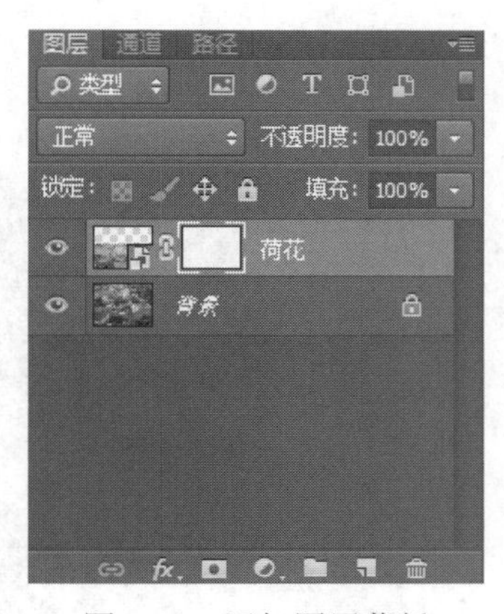

图 5-13　添加图层蒙版

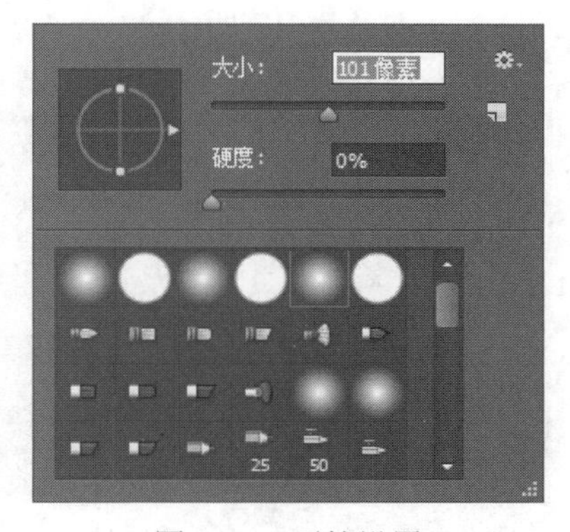

图 5-14　画笔设置

④反复调节画笔大小，直到将荷花之外的部分完全抹除，如果不小心擦出了荷花部分，可以将画笔颜色切换为白色，重新在荷花部分涂抹即可，最终效果如图 5-15 所示。

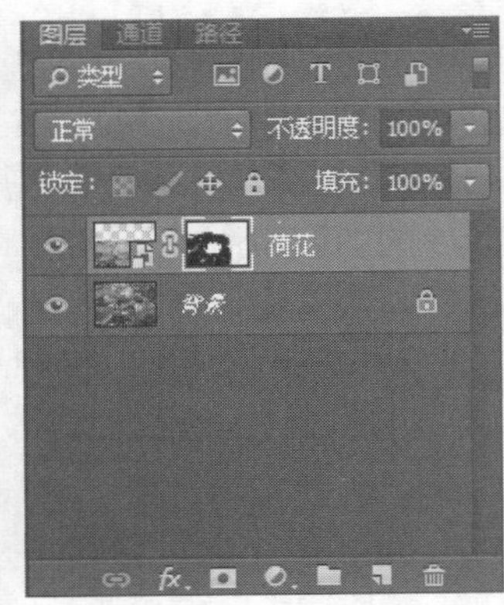

图 5-15 图层蒙版效果

注意：在“荷花”图层和蒙版之间有一个链接符号将图层和蒙版链接在一起，调节荷花对象时，蒙版会同时被调节。在该符号上单击即可取消“荷花”图层和蒙版之间的链接，此时再调节“荷花”图层，蒙版不会再随之变化。

2. 剪贴蒙版

（1）什么是剪贴蒙版

剪贴蒙版是将某一图层作为基底图层，并通过该层像素的不透明度控制所有图层的显隐。这类蒙版的一个显著特点是：作为蒙版的图层位于所有被遮挡的图层的最下面，而不是最上面，这和通常习惯理解的图层蒙版多少有点不同。

图层蒙版和剪贴蒙版相比较，图层蒙版是某一图层对其下的图层进行遮挡，剪贴蒙版是某一图层对其上的图层进行遮挡。

（2）剪贴蒙版的应用

剪贴蒙版的应用较多，最常见的是作调整时建立剪贴蒙版后只对上一层起作用，下面举例说明。

①打开“荷塘.jpg”图片，将“荷花.jpg”图片置入，并调整图像大小和位置，如图 5-16 所示。

②在“荷花”图层和荷塘图层之间新建一个图层，使用椭圆选框工具绘制一个椭圆选框，并填充为红色，如图 5-17 所示。

图 5-16 置入图片

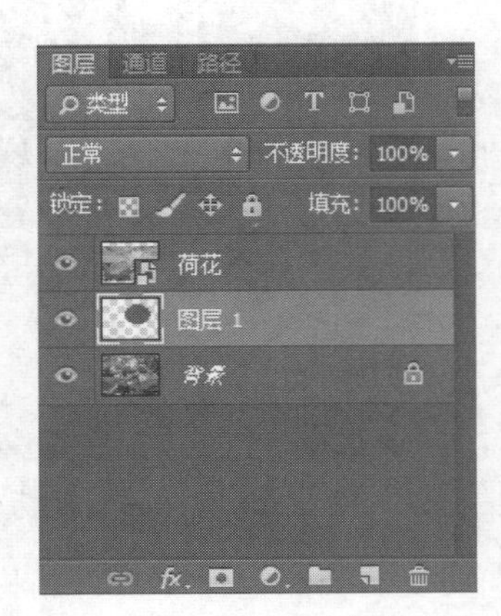

图 5-17 绘制椭圆选框并填充

③按下 Alt 键，在“图层”面板上“图层 1”和“荷花”图层之间的位置单击，效果如图 5-18 所示。

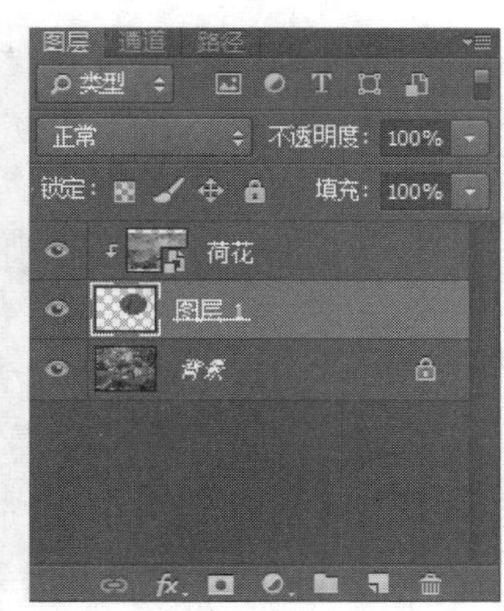

图 5-18　剪贴蒙版效果

注意：相邻的两个图层创建剪贴蒙版后，上面图层所显示的形状或虚实就要受下面图层的控制。下面图层的形状是什么样的，上面图层就显示什么形状，或者只有下面图层的形状部分能够显示出来，但画面内容还是上面图层的，只是形状受下面图层控制。

3. 快速蒙版

（1）什么是快速蒙版

快速蒙版模式可以将任何选区作为蒙版进行编辑，无需使用“通道”面板，当在快速蒙版模式中工作时，“通道”面板中出现一个临时快速蒙版通道，但是，所有的蒙版编辑是在图像窗口中完成的。将选区作为蒙版来编辑的优点是：几乎可以使用任何 Photoshop 工具或滤镜修改蒙版。

快速蒙版主要是快速处理当前选区，不会生成相应附加图层，只是用黑白灰三类颜色加以区分，简单快捷。其中白色画笔画出被选择区域，黑色画笔画出不被选择区域，灰色画笔画出半透明选择区域。当离开快速蒙版模式时，未受保护区域成为选区。

快速蒙版是属于 Alpha 通道中的一类蒙版，是与选区有关的一类蒙版，之所以称其为“快速蒙版”，基于以下三方面原因：

①蒙版是由 Photoshop 基于图像中的选区自动创建的。

②Photoshop 不仅直接创建了基于图像中选区的蒙版，而且以后还可自动切换到图像通道双重环境下，以对蒙版进行编辑。

③当由快速蒙版模式返回标准编辑模式时，该蒙版将被 Photoshop 自动删除。为了与一般的 Alpha 通道相区别，这类通道被 Photoshop 自动命名为“快速蒙版”通道。

快速蒙版的本质在于由 Photoshop 自动在选区－蒙版－双通道编辑环境中开辟了一条“高速直航线”，使选区可以直接在双通道环境中进行编辑。

（2）快速蒙版的应用

①打开荷花图像文件，单击工具箱中的“以快速蒙版模式编辑”按钮或是按下 Q 键，即可进入快速蒙版模式。

②使用画笔工具，设置合适的大小，在荷花图案上进行涂抹，直到选择出整个荷花部分为止，在此过程中，如有超出荷花区域，可使用白色画笔工具将多余的部分涂抹掉，如图 5-19 所示。

③按下 Q 键退出快速蒙版模式，即会出现选区，此时可以看到被选择的区域是之前使用画笔是未涂抹的区域，及除荷花之外的区域，如图 5-20 所示。

图 5-19 快速蒙版涂抹荷花

图 5-20 退出快速蒙版模式

④使用反选，即可选中荷花部分，效果如图 5-21 所示。

4. 矢量蒙版

（1）什么是矢量蒙版

矢量蒙版是用路径来控制目标图层的显隐的，它仅能作用于当前图层。封闭区域内对应的目标图层将被显示，封闭区域外对应的目标图层将被隐藏。

矢量蒙版是可以任意放大或缩小的蒙版，矢量蒙版中创建的形状是矢量图，可以用钢笔工具和形状工具进行编辑和修改，从而改变蒙版的遮罩区域，也可以对它任意缩放而不必担心产生锯齿。

当为某一图层增加矢量蒙版后，在相应图层的后面也会增加一个矢量蒙版标识符，但这并不是矢量蒙版本身，要想查看真正的矢量蒙版，需在“路径”面板中查看。

（2）矢量蒙版的应用

①打开“荷塘.jpg”图片，将“荷花.jpg”图片置入，并调整图像大小和位置，如图 5-22 所示。

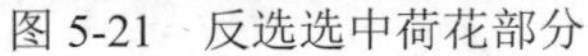

图 5-21 反选选中荷花部分

图 5-22 置入图像

②使用钢笔工具，将荷花部分用钢笔工具勾出，如图 5-23 所示。

③选择“图层”|“矢量蒙版”|“当前路径”，对荷花区域建立蒙版，效果如图 5-24 所示。

图 5-23　使用钢笔勾出荷花部分

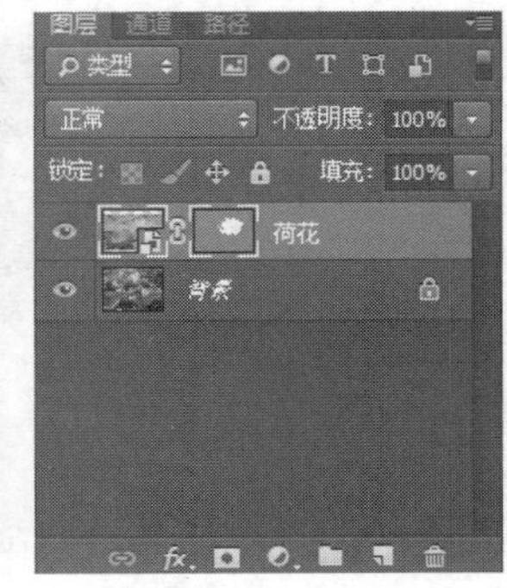

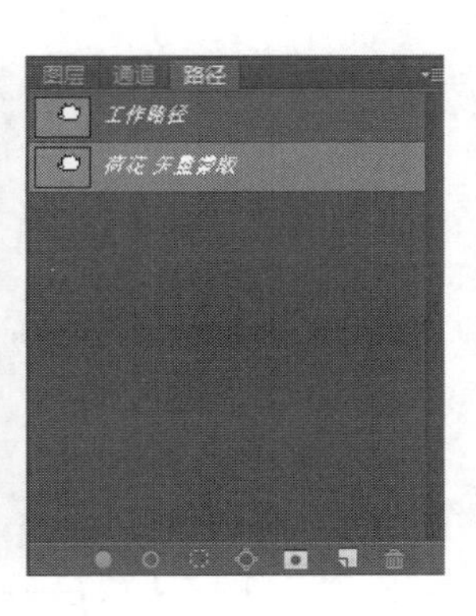

图 5-24　建立矢量蒙版效果

④进入“路径”面板，在“路径”面板中，可以使用路径调节工具对路径进行调节，直至调节出满意的效果，如图 5-25 所示。

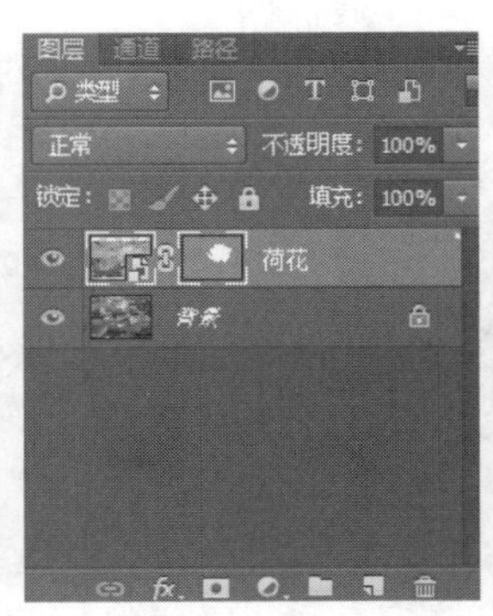

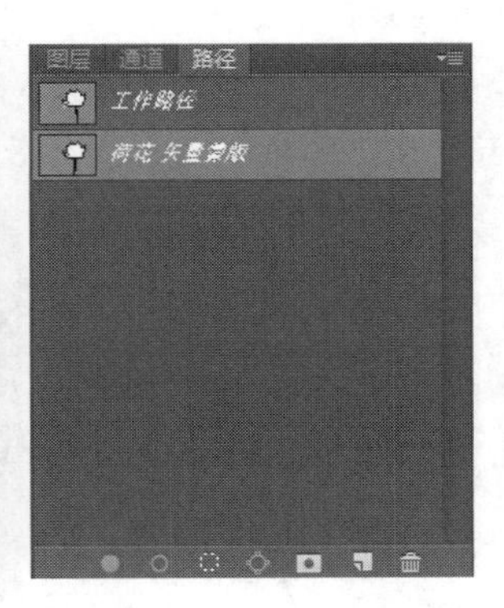

图 5-25　调节矢量蒙版效果

5.3.2　填充/调整图层

使用填充图层和调整图层，将使创作工作更加灵活机动。而填充图层可向图像快速添加颜色、照片和渐变图素；调整图层可对图像试用颜色和应用色调调整。如果对图像效果不满意，还可将其再次编辑或删除，而不会影响到原始图像信息。

默认情况下，填充图层和调整图层带有图层蒙版，由图层缩览图左边的蒙版缩览图表示。如果在创建填充图层或调整图层时路径处于显示状态，则创建的是矢量蒙版而不是图层蒙版。

填充图层在第 2 章已做讲解，这里不再赘述，本节主要讲解调整图层。

调整图层将色调和色彩的设置在一个图层中完成并将其单独放在文件中（只对它下面的图层起作用，可同时作用于多个图层），通过创建的调整图层，包括亮度/对比度、色阶、曲线、曝光度、自然饱和度、色相/饱和度、色彩平衡、黑白、照片滤镜、通道混合器、颜色查找、反相、色调分离、阈值、渐变映射和可选颜色共计 16 种，如图 5-26 所示。原图效果如图 5-27 所示，分别使用这 16 种调整图层进行调整。

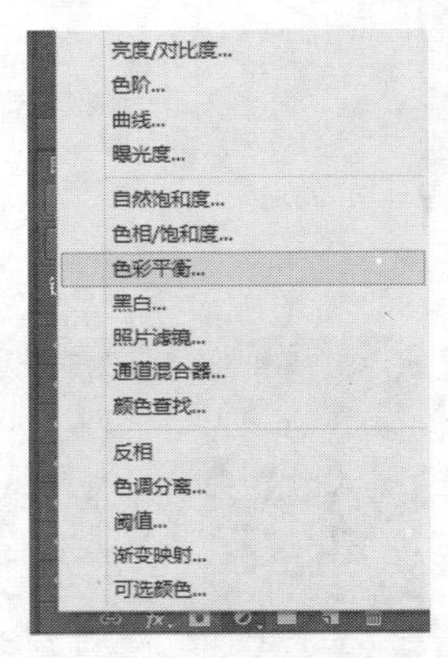

图 5-26 调整图层

图 5-27 原始图像效果

1. 亮度/对比度

亮度/对比度是款常用的调节明暗、对比度的工具，可以简单地调节图像的明亮度和对比度。选择“亮度/对比度”后，会弹出设置面板。

亮度：用于调节亮度，增加亮度就是加亮图片，反之减少就是加深图片。

对比度：增加对比度就是增加图片高光亮度，同时加深暗部，这样明暗对比就更强烈，可增加对比效果；减少对比度就会把高光部分加深，暗部增亮，减少图片的明暗对比度。

对荷花图片进行亮度/对比度调整设置，与之对应的“图层”面板和图像效果如图 5-28（b）（c）所示。

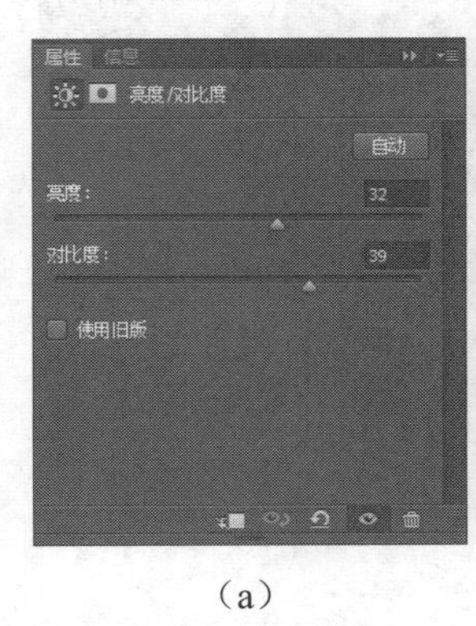

（a）

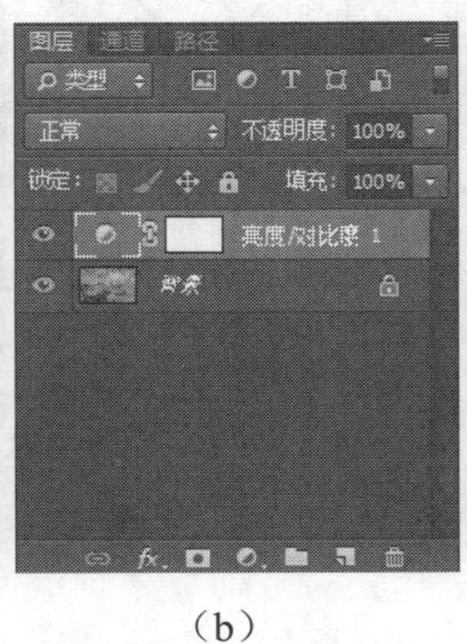

（b）

（c）

图 5-28 调整亮度/对比度

2. 色阶

色阶是用来调整图片的明暗程度的工具。选择“色阶”会弹出色阶调整面板。

色阶调整面板设置并不复杂。最上面有通道可以选择，在不同的颜色模式下通道是不同的。一般 RGB 模式下就有“RGB”“红”“绿”“蓝”可以选择。

通道下面就可输入色阶，三个滑块分别是：黑色滑块、灰色滑块、白色滑块。黑色代表暗部，灰色代表中间调，白色代表高光，拖动这些滑块就可以调整图片的明暗，使用时可以按照图片的实际明暗选择相应的滑块快速修复图片的明暗。输出色阶由黑色至白色渐变构成，拖动两边的按钮可以快速调整明暗。同时也可以选择面板中的“自动”来自动修复图片的明暗。

对荷花图片调整色阶，对应的“图层”面板和图像效果如图 5-29（b）（c）所示。

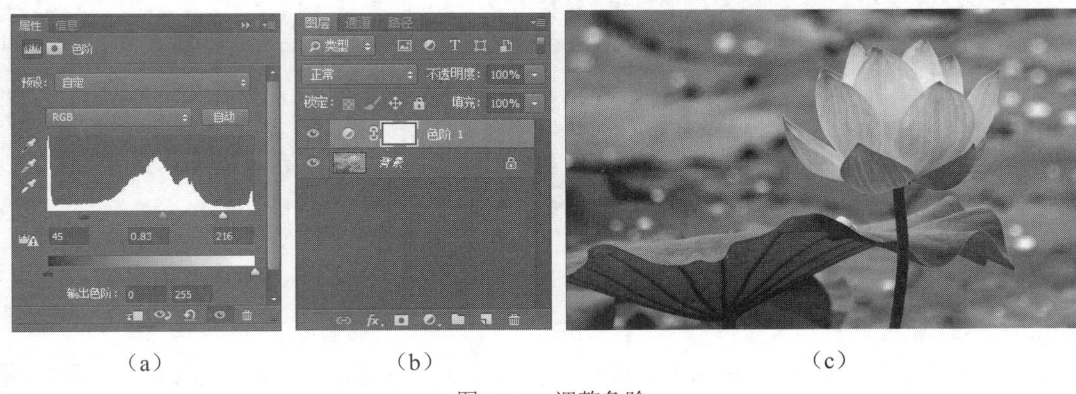

（a）（b）（c）

图 5-29　调整色阶

3. 曲线

曲线是调色中运用非常广泛的工具，不仅可以调节图片的明暗，还可以用来调色、校正颜色、增加对比度以及用来制作一些特殊的塑胶或水晶效果等，这些都得益于曲线的灵活性。

曲线调整面板并不复杂，不过这条对角的曲线是千变万化的。可以由上至下分别控制图片的高光、中间调和暗部，用鼠标在相应的位置向上或向下单击就可以改变某个区域颜色的明暗。同时这条曲线可以创建多个节点进行调整。

对荷花图片调整曲线，对应的“图层”面板和图像效果如图 5-30（b）（c）所示。

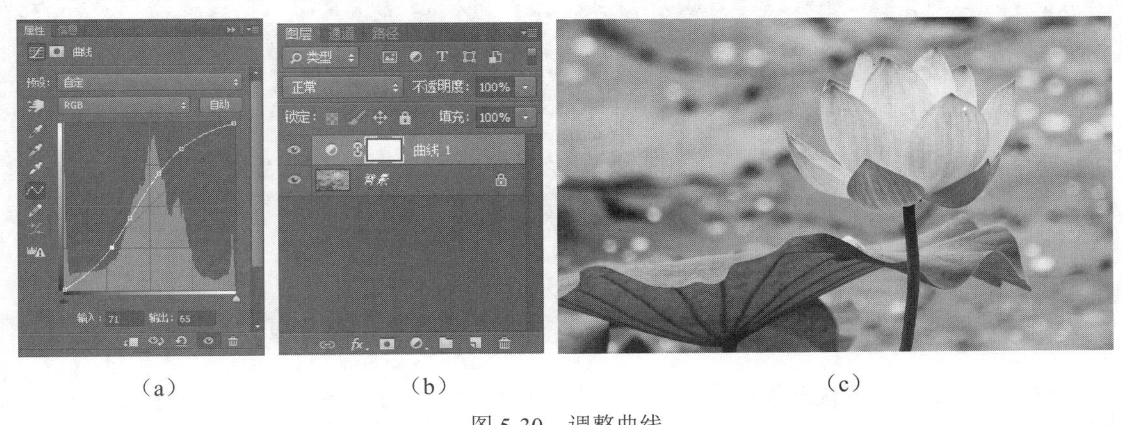

（a）（b）（c）

图 5-30　调整曲线

4. 曝光度

曝光度是用来控制图片的色调强弱的工具。跟摄影中的曝光度有点类似，曝光时间越长，照片就会越亮。曝光度设置面板有三个选项可以调节：曝光度、位移、灰度系数校正。

曝光度：用来调节图片的光感强弱，数值越大图片会越亮。

位移：用来调节图片中灰度数值，也就是中间调的明暗。

灰度系数校正：用来减淡或加深图片灰色部分，可以消除图片的灰暗区域，增强画面的清晰度。

对荷花图片调整曝光度，对应的“图层”面板和图像效果如图 5-31（b）（c）所示。

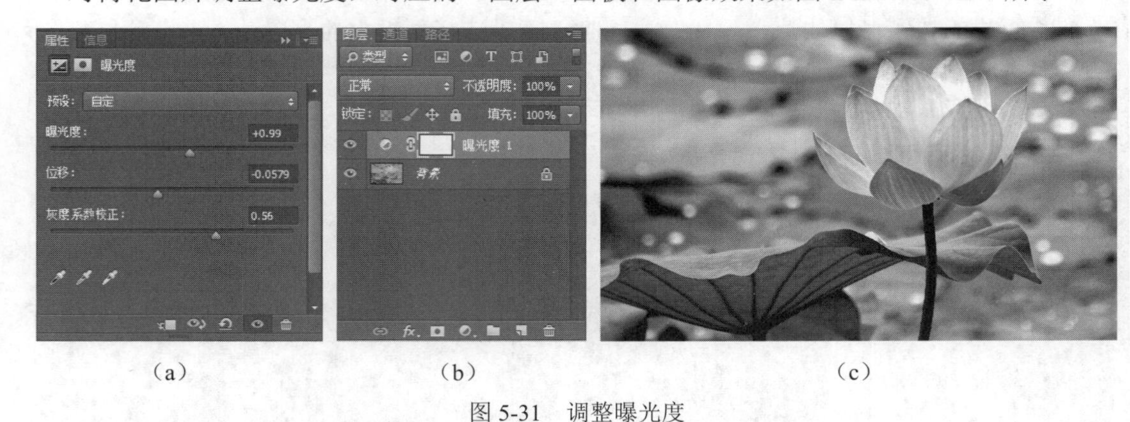

（a）（b）（c）

图 5-31 调整曝光度

5. 自然饱和度

自然饱和度在调节图像饱和度的时候会保护已经饱和的像素，即在调整时会大幅增加不饱和像素的饱和度，而对已经饱和的像素只做很少、很细微的调整，特别是对皮肤的肤色有很好的保护作用，这样不但能够增加图像某一部分的色彩，而且还能使整幅图像饱和度正常。

自然饱和度：指图像整体的明亮程度。

饱和度：指图像颜色的鲜艳程度。“饱和度”与“色相/饱和度”命令中的“饱和度”项效果相同，可以增加整个画面的饱和度，但如调节到较高数值，图像会产生色彩过饱和从而引起图像失真。

对荷花图片调整自然饱和度，对应的“图层”面板和图像效果如图 5-32（b）（c）所示。

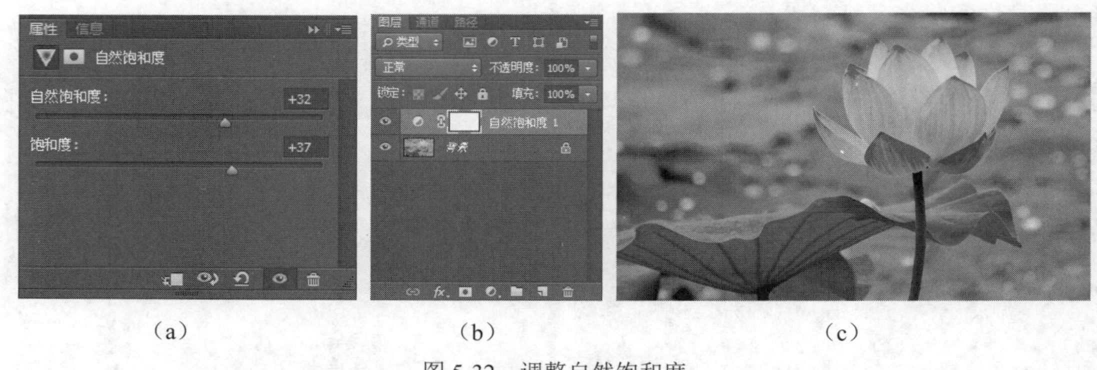

（a）（b）（c）

图 5-32 调整自然饱和度

6. 色相/饱和度

色相/饱和度是一款快速调色及调整图片色彩浓淡及明暗的工具，功能非常强大。在色相/饱和度调整面板的上部有颜色可供选择。面板上主要包括三个参数：色相、饱和度、明度。

色相：用来改变图片的颜色，拖动滑块的时候颜色会按红－黄－绿－青－蓝－洋红的顺序改变，如选择“绿色”，增加数值就会向青－蓝－洋红依次调整，减少数值就会向黄－红－洋红依次调整，对于多种颜色，调整规律一样。

饱和度：用来控制图片色彩浓淡的强弱，饱和度越大，色彩就会越浓。饱和度只能对有色彩的图片进行调整，灰色、黑白图片是不能调整的。

明度：相对来说比较好理解，就是图片的明暗程度，数值大就越亮，相反就越暗。

着色：勾选这个选项后，图片就会变成单色图片，我们也可以调整色相、饱和度、明度等做出自己喜好的单色图片。调色的时候，我们还可以用吸管吸取图片中任意的颜色进行调色。

对荷花图片调整色相/饱和度，对应的“图层”面板和图像效果如图 5-33（b）（c）所示。

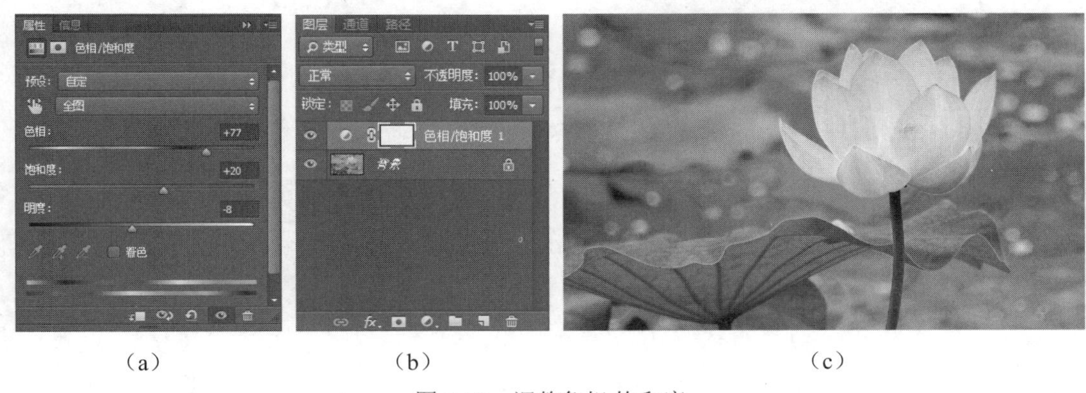

（a） （b） （c）

图 5-33 调整色相/饱和度

7. 色彩平衡

通过对图像的色彩平衡处理，可以校正图像色偏、过饱和或饱和度不足的情况，也可以根据自己的喜好和制作需要，调制需要的色彩，更好地完成画面效果，色彩平衡调整面板如图 5-34（a）所示。

在色彩平衡调整面板中，“色彩平衡”命令可以用来控制图像的颜色分布，使图像整体达到色彩平衡。该命令在调整图像的颜色时，根据颜色的补色原理，要减少某个颜色，就增加这种颜色的补色。“色彩平衡”命令计算速度快，适合调整较大的图像文件。

对荷花图片调整色彩平衡，对应的“图层”面板和图像效果如图 5-34（b）（c）所示。

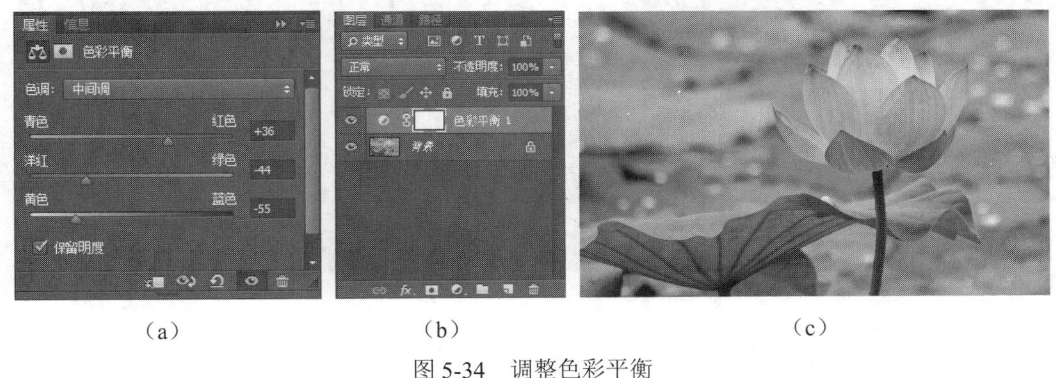

（a） （b） （c）

图 5-34 调整色彩平衡

8. 黑白

黑白调整图层是专门用来制作黑白或单色图片的工具，黑白调整面板如图 5-35（a）所示。当然，也可以把图片去色直接变成黑白效果，但这种黑白效果不够专业。黑白调整图层功能就强大很多，创建黑白调整图层后，图片会变成黑白效果，不过在黑白调整面板中仍然能对图片原有颜色进行识别，可以调节不同颜色的数值来加深或减淡某种颜色区域的明暗，不会影响其他颜色部分。这样调出的黑白图片层次感非常强。

黑白调整面板的上面有个“色调”选项，有点类似色相/饱和度调整面板中的“着色”选项，勾选后图片就会变成相应的单色图片，不过黑白调整图层的着色更为复杂，同样也可以识别原图片颜色，可以微调局部明暗。

对荷花图片调整黑白，对应的“图层”面板和图像效果如图 5-35（b）（c）所示。

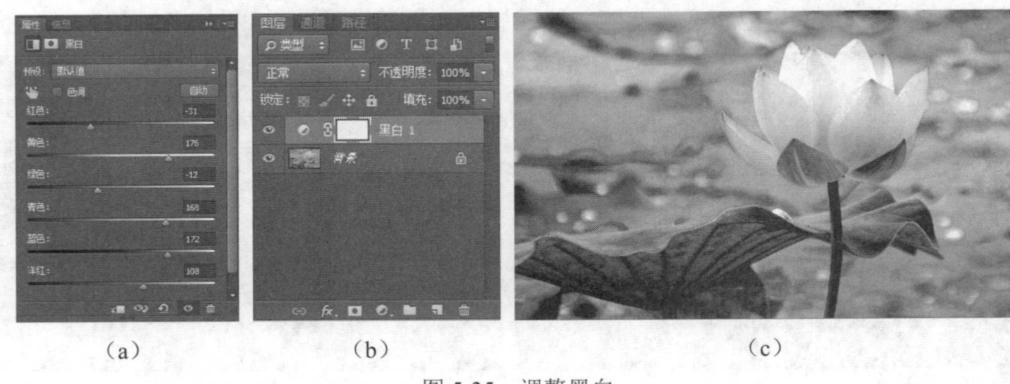

（a）（b）（c）

图 5-35 调整黑白

9. 照片滤镜

照片滤镜是一款调整图片色温的工具。其工作原理就是模拟在照相机的镜头前增加彩色滤镜，镜头会自动过滤掉某些暖色光或冷色光，从而起到控制图片色温的效果，照片滤镜调整面板如图 5-36 所示。

滤镜：里面自带有各种颜色滤镜。

颜色：可以自行设置想要的颜色。

浓度：可以控制需要增加的颜色的浓淡。

保留明度：就是是否保留高光部分，勾选后有利于保持图片的层次感。

对荷花图片调整照片滤镜，对应的“图层”面板和图像效果如图 5-36 所示。

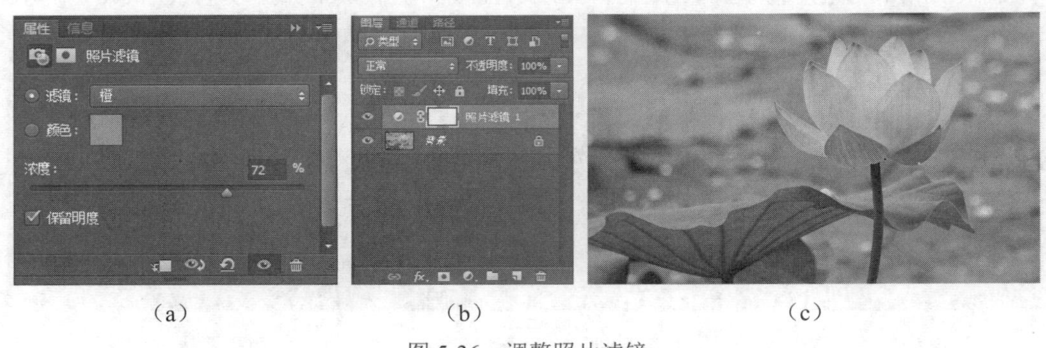

（a）（b）（c）

图 5-36 调整照片滤镜

10. 通道混合器

通道混合器可以编辑图像的通道，从而改变图像的颜色并转换图像的色彩范围，可以转换高质量的灰度图像和色彩图像，通道混合器调整面板如图 5-37（a）所示。

输出通道：可以选取要在其中混合一个或多个源通道的通道。

源通道：拖动滑块可以减少或增加源通道在输出通道中所占的百分比，或在文本框中直接输入-200～+200 之间的数值。

常数：该项可以将一个不透明的通道添加到输出通道，若为负值，视为黑通道，正值视为白通道。

单色：勾选此选项对所有输出通道应用相同的设置，创建该色彩模式下的灰度图。

对荷花图片调整通道混合器，对应的“图层”面板和图像效果如图 5-37（b）（c）所示。

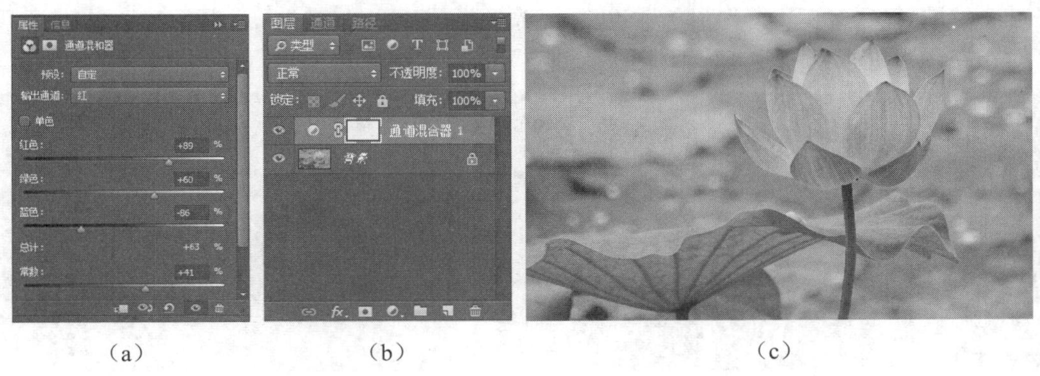

（a）（b）（c）

图 5-37 调整通道混合器

11. 颜色查找

颜色查找调整层可以实现高级色彩变化，颜色查找调整面板如图 5-38（a）所示，其中可选择的 3DLUT 文件如图 5-38（b）所示。

对荷花图片进行颜色查找，对应的图像效果如图 5-38（c）所示。

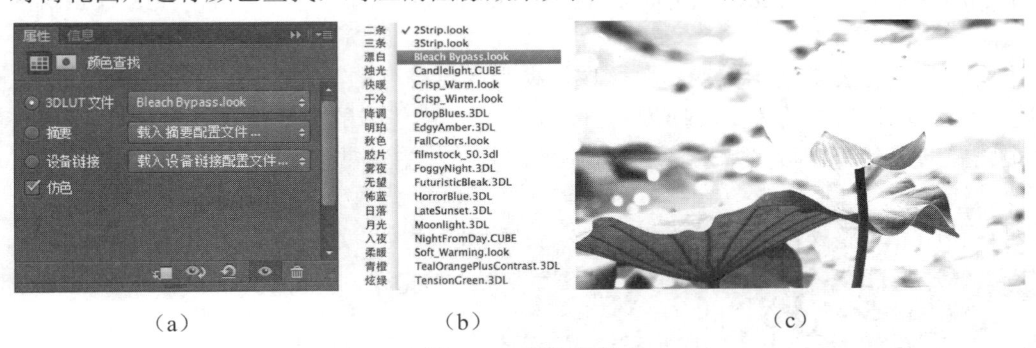

（a）（b）（c）

图 5-38 颜色查找

12. 反相

反相调整图层可反转图像中的颜色，可使图片变成负片，即好像相片底片一样。可以在创建边缘蒙版的过程中使用反相，以便向图像的选定区域应用锐化或进行其他调整。

对荷花图片进行反相调整，对应的“图层”面板和图像效果如图 5-39 所示。

（a）（b）

图 5-39 反相调整

13. 色调分离

色调分离是指一幅图像原本由紧紧相邻的渐变色阶构成，被数种突然的颜色转变所代替。这一种突然的转变，亦称作“跳阶”，色调分离调整面板如图 5-40（a）所示。

对荷花图片进行色调分离，对应的“图层”面板和图像效果如图 5-40（b）（c）所示。

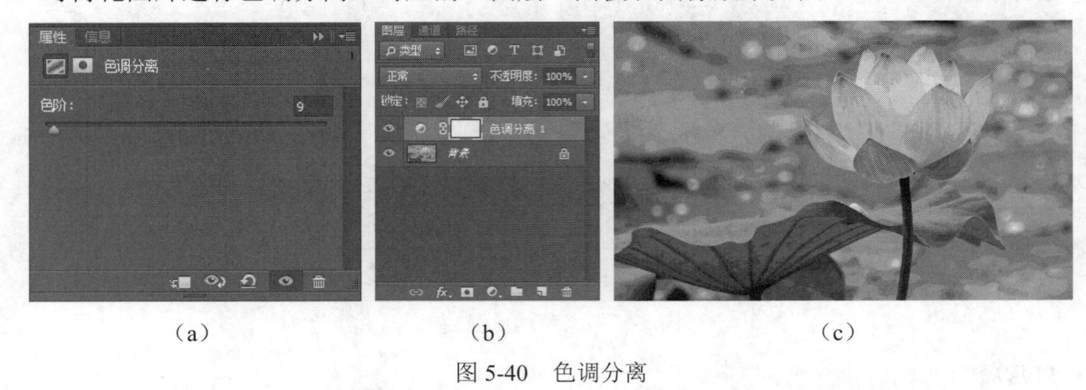

（a）（b）（c）

图 5-40　色调分离

14. 阈值

阈值就是临界值，在 Photoshop 中的阈值，实际上是基于图片亮度的一个黑白分界值，默认值是 50%中性灰，即 128，亮度高于 128（<50%的灰）的会变白，低于 128（>50%的灰）的会变黑。

“阈值”命令将灰度图像或彩色图像转换为高对比度的黑白图像。可以指定某个色阶作为阈值。所有比阈值亮的像素转换为白色，而所有比阈值暗的像素转换为黑色。“阈值”命令对确定图像的最亮和最暗区域很有用，在图像的二值化中常常使用阈值，二值化的结果严重依赖阈值的选择。

对荷花图片调整阈值，对应的“图层”面板和图像效果如图 5-41（b）（c）所示。

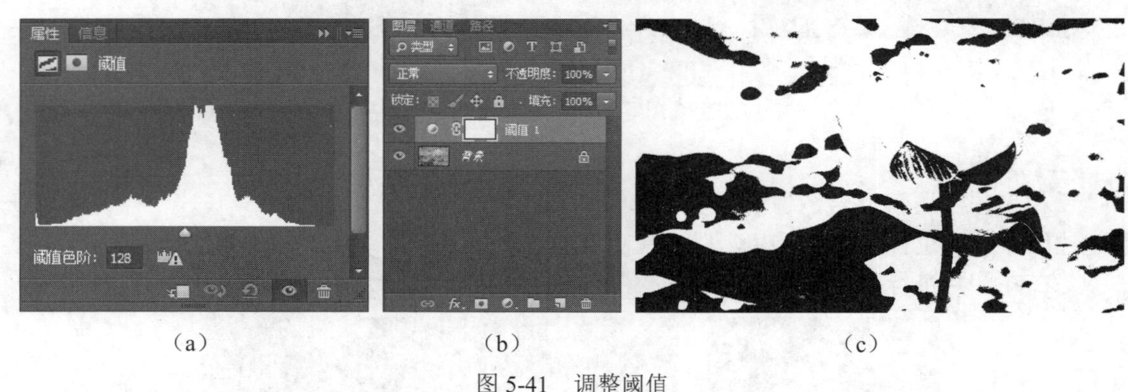

（a）（b）（c）

图 5-41　调整阈值

15. 渐变映射

渐变映射通过图片的明暗分布把指定的渐变映射到图片上产生特殊效果。“仿色”就是让渐变更加柔和，“反向”可以翻转渐变色，一般应用此调整图层都要配合图层混合模式一同使用。对荷花图片调整渐变映射，对应的“图层”面板和图像效果如图 5-42（b）（c）所示。

16. 可选颜色

可选颜色调整图层可分别对各原色调整 CMYK 色的比例，只要是印刷时各色都是 CMYK 四种色彩形成的网点组合而成，可通过调整四色达到调整图像的颜色，可选颜色调整面板如图

5-43（a）所示。“相对”是以目前的颜色作为比例标准，“绝对”是以滑块拖拽的位置作为标准，增加或减少颜色。

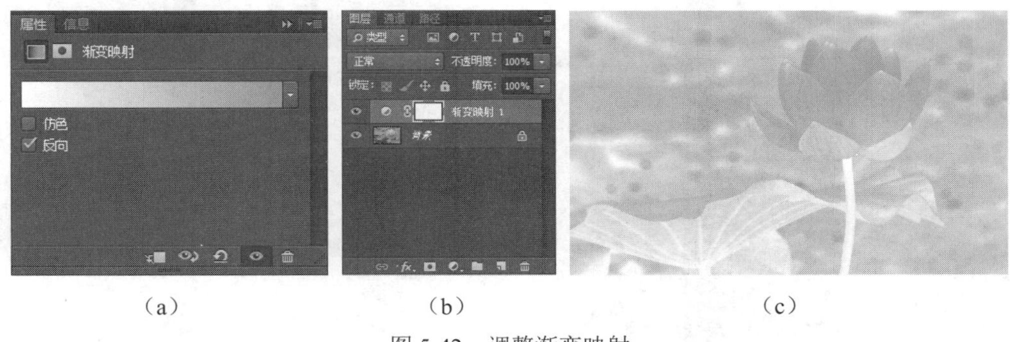

（a）　　（b）　　（c）

图 5-42　调整渐变映射

可选颜色是一款非常细腻的调色工具。在其调整面板中有各种颜色可以选择，如红、黄、绿、青、蓝、洋红，同时还有区块颜色可以选择，如白色、中性色、黑色，其实就是对应高光、中间调和暗部。调色的时候选择某种需要调整的颜色，然后设置参数即可调色。

对荷花图片调整可选颜色，对应的“图层”面板和图像效果如图 5-43（b）（c）所示。

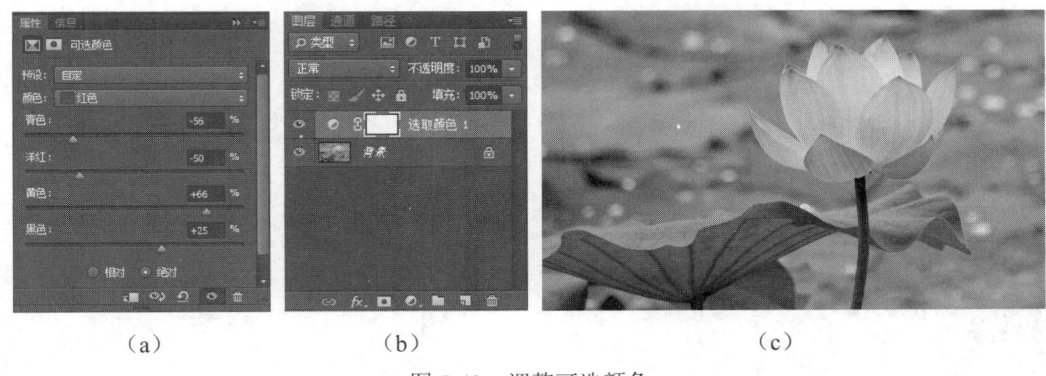

（a）　　（b）　　（c）

图 5-43　调整可选颜色

5.3.3　图像调整命令

除了可以使用调整图层调节图像效果外，还可以使用“图像”|“调整”下的各类调整命令对图像或选区进行调整，如图 5-44 所示。使用调整图层调节图像效果，会将色调和色彩的设置在一个图层中完成，并将其单独放在文件中（只对它下面的图层起作用，可同时作用于多个图层），可以随时再对图像效果进行修改和编辑；而图像调整命令会直接作用于当前图像或选区，不能再次进行修改和编辑。

可以使用的图像调整命令有亮度/对比度、色阶、曲线、曝光度、自然饱和度、色相/饱和度、色彩平衡、黑白、照片滤镜、通道混合器、颜色查找、反相、色调分离、阈值、渐变映射、可选颜色、阴影/高光、HDR 色调、变化、去色、匹配颜色、替换颜色和色调均化共计 23 种，其中前 16 种和前面所讲述的调整图层效果是一样的。下面对调整图层中没有涉及到的 7 种作讲解。

1. 阴影/高光

阴影/高光可以快速调节照片的曝光度，同时保持照片的整体平衡，如图 5-45 所示。

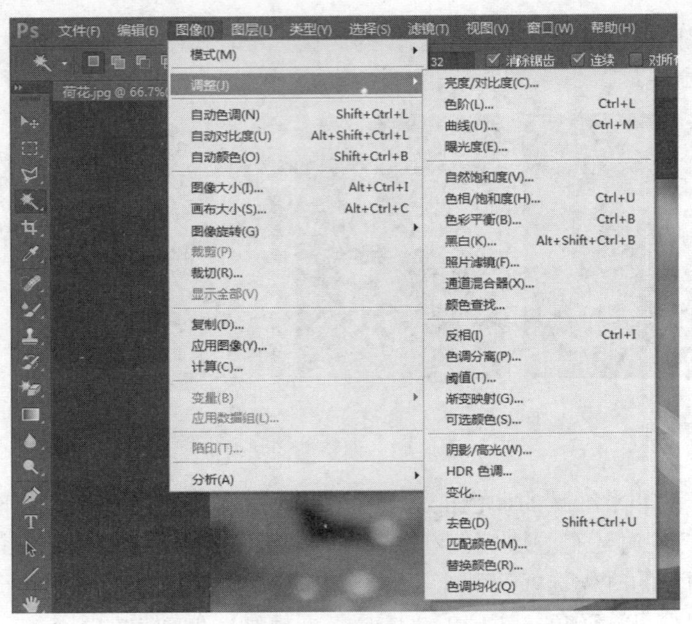

图 5-44 图像调整命令

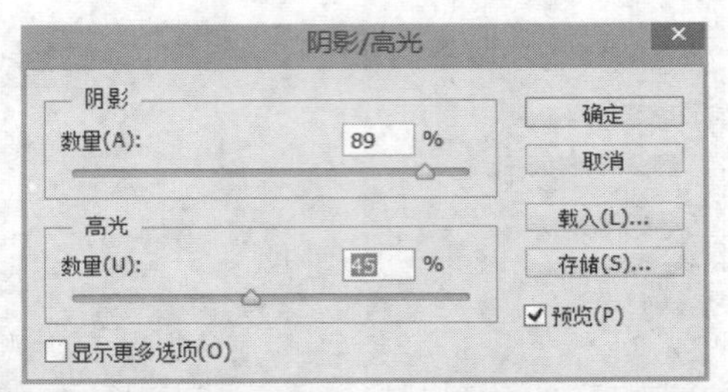

图 5-45 调整阴影/高光

2. HDR 色调

HDR 的全称是 High Dynamic Range，即高动态范围，比如所谓的高动态范围图像（HDRI）或者高动态范围渲染（HDRR）。动态范围是指信号最高值和最低值的相对比值。目前的 16 位整型格式使用从“0”（黑）到“1”（白）的颜色值，但是不允许所谓的“过范围”值，比如说金属表面比白色还要白的高光处的颜色值。在 HDR 的帮助下，可以使用超出普通范围的颜色值，因而能渲染出更加真实的 3D 场景。

HDR 效果主要有三个特点：

（1）亮的地方可以非常亮。
（2）暗的地方可以非常暗。
（3）亮暗部的细节都很明显。

对荷花图片使用 HDR 色调的对话框及效果如图 5-46 所示。

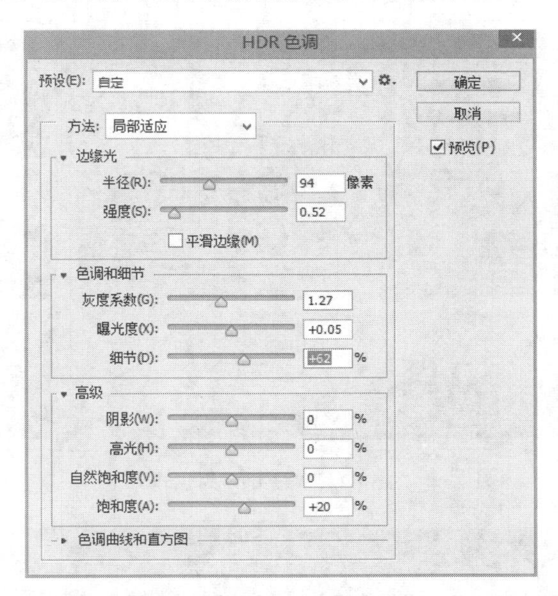

图 5-46　调整 HDR 色调

3. 变化

变化可以调整图像的高亮度中色泽及阴影区等不同亮度的范围。“显示修剪”可以显示因为调整的时候被忽略的部分区域，以霓虹灯效果显示，当调整超过图像的最大饱和度时，则会显示剪贴板，提示超出范围。对荷花图片使用“变化”命令，会弹出如图 5-47 所示对话框，根据自己的需求进行设置和调整即可。

4. 去色

去色会将图像的颜色饱和度设为零，图像变成灰度图像。此命令可在不改变图像的色彩模式的情况下使图像变成单色图像，如图 5-48 所示。

5. 匹配颜色

匹配颜色可以对两张不同色调的图片进行调整，统一到一个色调，做图像合成的时候会较方便，如图 5-49 所示。

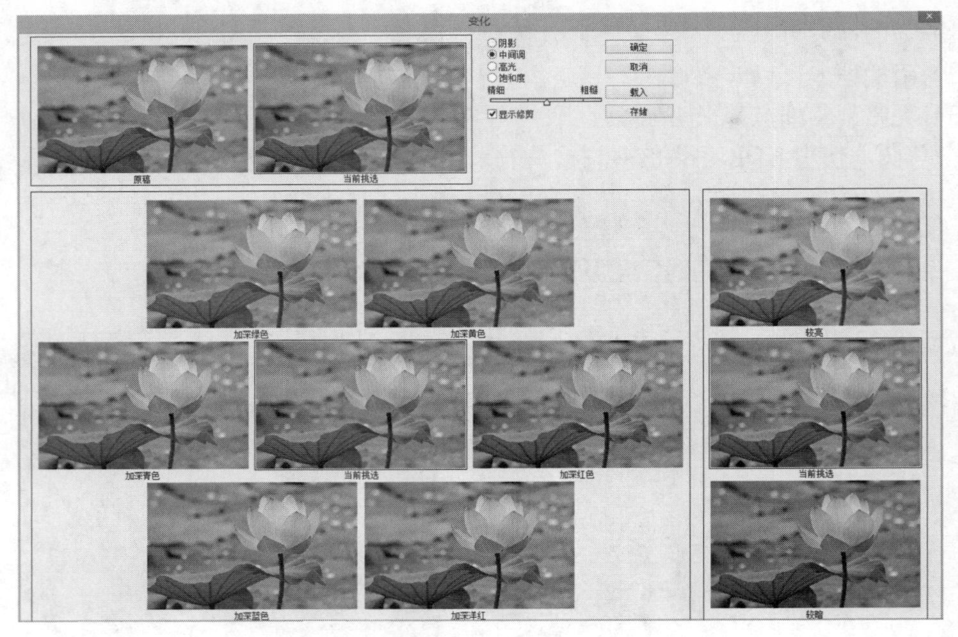

图 5-47 “变化”对话框

图 5-48 去色

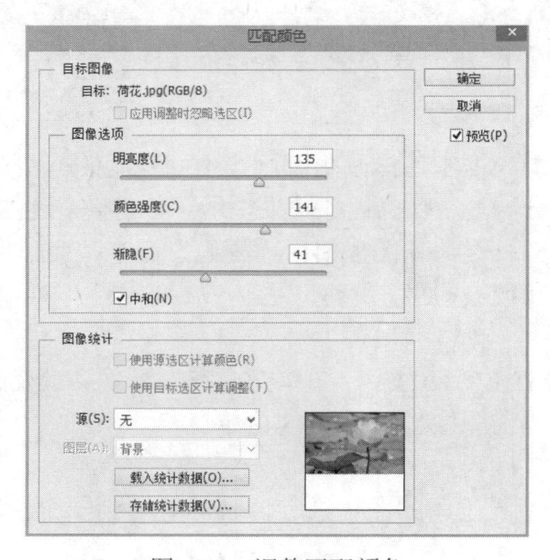

图 5-49 调整匹配颜色

图 5-49　调整匹配颜色（续图）

6. 替换颜色

替换颜色的本质是使用魔术棒选择图像范围，并对选区部分的色调、饱和度进行调整替换。吸管工具可吸取我们要替换的颜色范围，加号吸管可以增加我们的选择范围。对荷花图片调整替换颜色时的对话框和调整效果如图 5-50 所示。

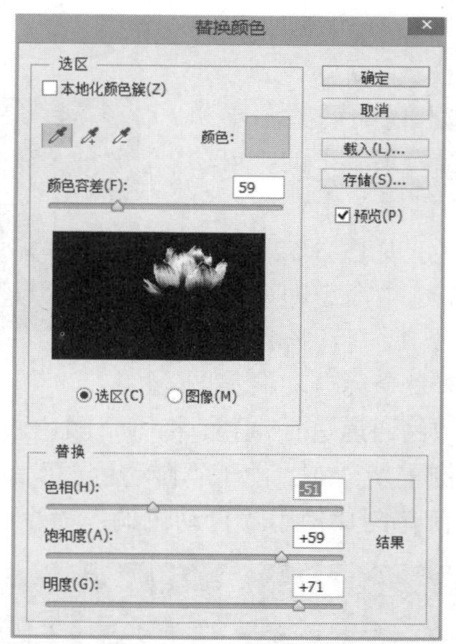

图 5-50　调整替换颜色

7. 色调均化

色调均化是一个很好的调整数码照片的工具，会使图像像素被平均分配到各层次中，使图像较偏向于中间色调。它不是将像素在各层次进行平均化，而是最低层次设置为 0，最高层次设置为 255，并将层次拉开，更匀称地平衡图像的色调。色调均化可按照灰度重新分布亮度，将图像中最亮的部分提升为白色，最暗的部分降低为黑色，但因为是以原来的像素为准，因此它无法纠正色偏。图 5-51 为荷花图片色调均化后的效果。

图 5-51 色调均化

5.3.4 自动调整命令

图像的调整除了可以通过上述的调整图层和调整命令外，还可以通过“图像”菜单下的“自动调整”命令。“自动调整”命令包括 3 个命令：自动色调、自动对比度和自动颜色，如图 5-52 所示。自动调整命令没有对话框，直接选中命令即可调整图像的色调、对比度或颜色。

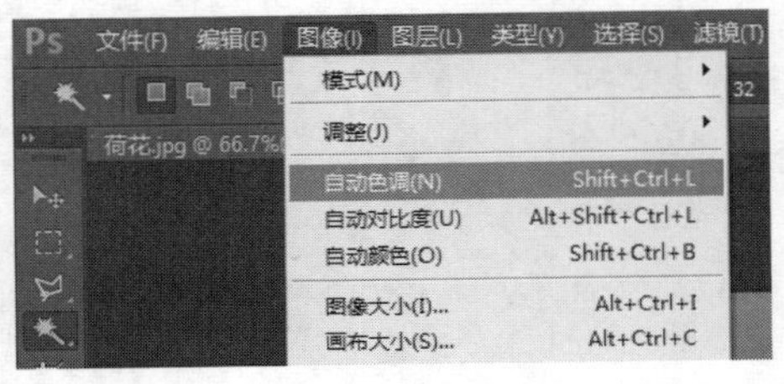

图 5-52 “自动色调”命令

（1）“自动色调”命令：该命令会自动调整图像中的暗部和亮部。它对每个颜色通道进行调整，将每个颜色通道中最亮和最暗的像素调整为纯白和纯黑，中间像素值按比例重新分布。由于“自动色调”命令单独调整每个通道，所以可能会移去颜色或引入色偏。对荷花图片使用“自动色调”命令的效果如图 5-53 所示。

图 5-53 自动调整色调

（2）“自动对比度”命令：该命令是以 RGB 综合通道作为依据来扩展色阶的，因此增加色彩对比度的同时不会产生偏色现象。也正因为如此，在大多数情况下，颜色对比度的增加效果不如自动色阶来得显著。对荷花图片使用“自动对比度”命令的效果如图 5-54 所示。

（3）“自动颜色”命令：该命令除了增加颜色对比度以外，还将对一部分高光和暗调区域进行亮度合并。最重要的是，它把处在 128 级亮度的颜色纠正为 128 级灰色。正因为这个纠正灰色的特点，使得它既可能修正偏色，也可能引起偏色。注意：“自动颜色”命令只有在 RGB 模式图像中有效。对荷花图片使用“自动颜色”命令的效果如图 5-55 所示。

图 5-54　自动调整对比度

图 5-55　自动调整颜色

5.4　项目操作步骤

5.4.1　画册前封面制作

（1）首先新建文件，由于成品尺寸为单页的 285 毫米×210 毫米，故设置文件大小为 291 毫米×216 毫米，分辨率为 300 像素/英寸，颜色模式为 CMYK，背景颜色为白色，如图 5-56 所示。

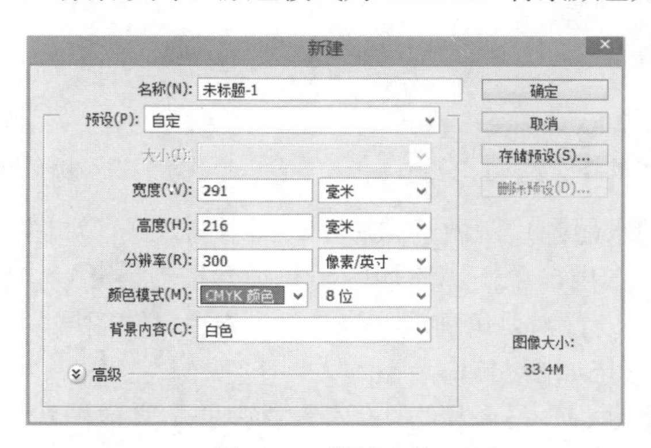

图 5-56　新建文件

（2）按下 Ctrl+S 保存文件，将文件命名为“重庆印象－前封面.psd”。

（3）按下 Ctrl+R 打开标尺，从标尺中拖出 4 条参考线，作为出血线设置，使其分别位于页面上下左右四边各 3 毫米的位置，如图 5-57 所示。

图 5-57 设置参考线

（4）新建图层，命名为“背景”，选择渐变工具，打开渐变编辑器，设置渐变颜色为 20%、13%、15%、0%（CMYK），0%、0%、0%、0%（CMYK），20%、13%、15%、0%（CMYK），如图 5-58 所示；渐变模式为线性渐变，在“背景”图层上从左上角斜拉至右下角，填充效果如图 5-59 所示。

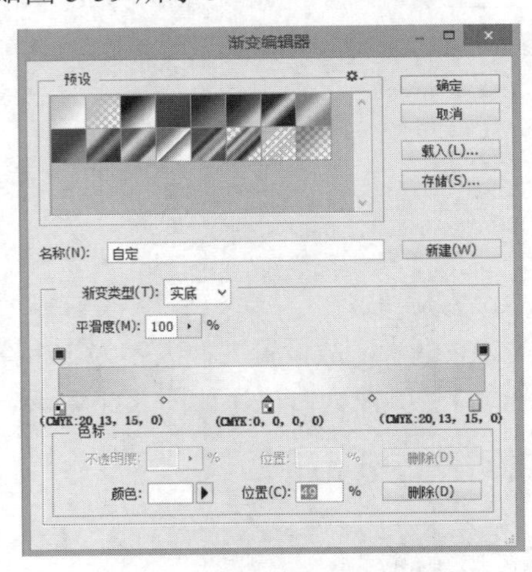

图 5-58 渐变编辑器

图 5-59 渐变填充效果

（5）置入素材中的水墨图片，调整图片在页面中的效果，如图 5-60 所示。

（6）选择“水墨”图层，单击“添加图层蒙版”按钮，为“水墨”图层添加一个图层蒙版，选择画笔工具，设置为柔角画笔，前景色为黑色，在图层蒙版上进行涂抹，直到水墨图层和背景完全融合，效果如图 5-61 所示。

（7）新建图层，命名为“吊脚楼”，置入素材中的吊脚楼图片，调整图片在页面中的效果，如图 5-62 所示。

图 5-60　置入图片

图 5-61　添加图层蒙版

（8）选择“吊脚楼”图层，单击“添加图层蒙版”按钮，为“吊脚楼”图层添加一个图层蒙版，选择画笔工具，设置前景色为黑色，在图层蒙版上进行涂抹，直到“吊脚楼”图层和“水墨”图层完全融合，效果如图 5-63 所示。

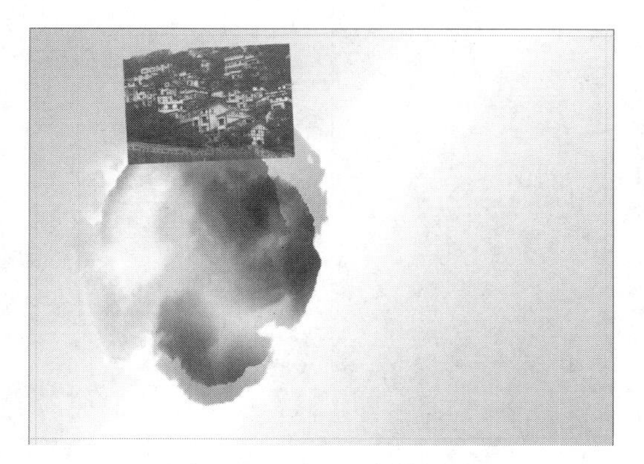

图 5-62　置入吊脚楼图片

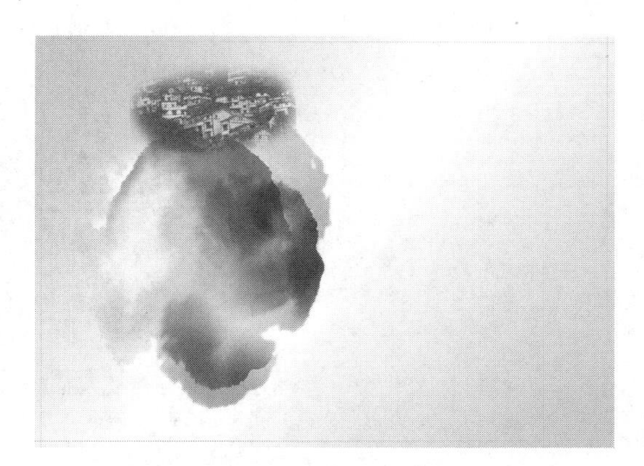

图 5-63　添加图层蒙版

（9）按下 Alt 键，在“图层”面板上“水墨”图层和“吊脚楼”图层之间的部分单击鼠标，为“吊脚楼”图层设置“水墨”图层的剪贴蒙版，效果如图 5-64 所示。

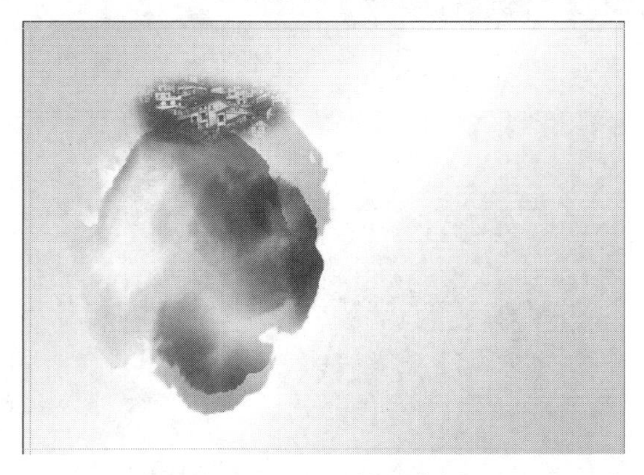

图 5-64　设置剪贴蒙版

（10）重复（7）、（8）、（9）三个步骤，分别将轻轨、解放碑、大礼堂和朝天门图片置入页面，放置到合适的位置并使用图层蒙版和剪贴蒙版进行调整，效果如图 5-65 所示。

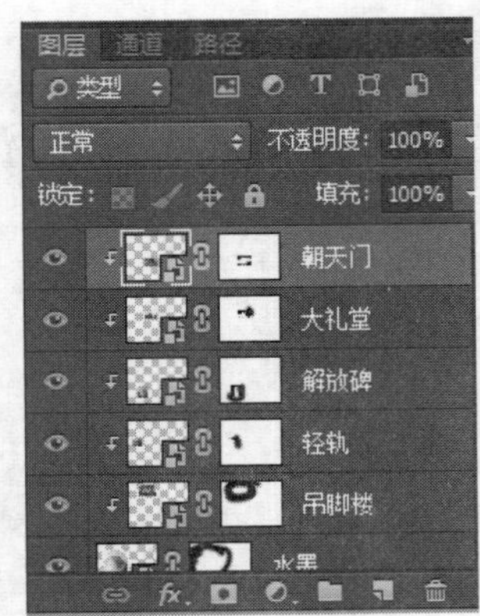

图 5-65　添加其他素材

（11）置入素材中的红底图片，添加图层蒙版后对红底部分进行调整，效果如图 5-66 所示。

图 5-66　置入红底素材

（12）选择竖向文本工具，字体为“叶根友行书繁”，文字颜色为白色，设置如图 5-67 所示，在红底部分输入文字“重庆”，如图 5-68 所示。

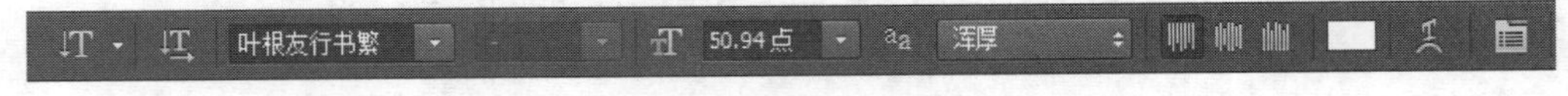

图 5-67　文本工具设置

图 5-68　输入文字

（13）选择横排文本工具，字体仍为“叶根友行书繁”，文字颜色为黑色，设置如图 5-69 所示，在重庆下方输入文字“印象”，效果如图 5-70 所示。

图 5-69　文本工具设置

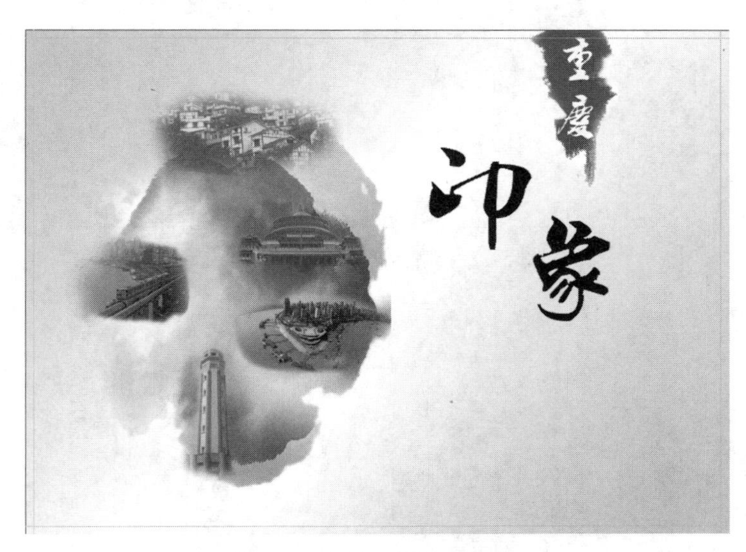

图 5-70　添加“印象”二字

（14）置入江岸图片，调整大小和位置如图 5-71 所示。

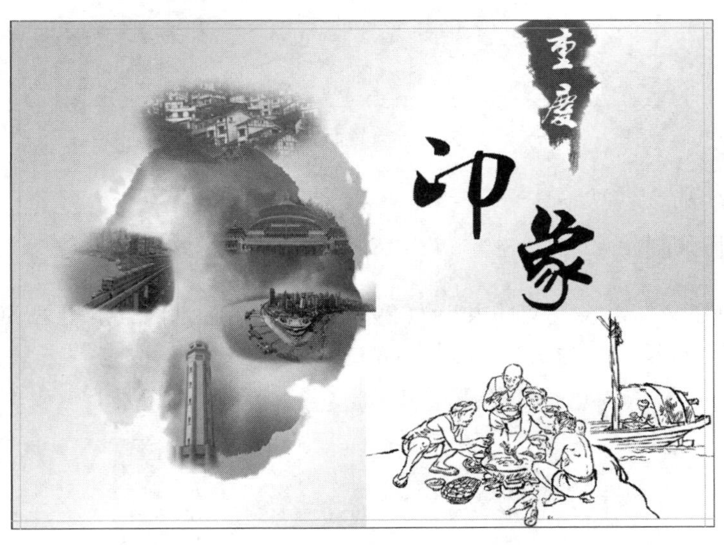

图 5-71　置入江岸图片

（15）将江岸图片栅格化变为普通图层，使用魔棒工具，设置容差值为 32，不连续，在江岸图片白色的部分单击，选中图片中所有白色的部分，按下 Delete 键删除，效果如图 5-72 所示。

（16）选择直线工具，在右上角的部分绘制一条竖线，并添加“中国 · 重庆”“CHONGQING IMPRESSION”文字，效果如图 5-73 所示。

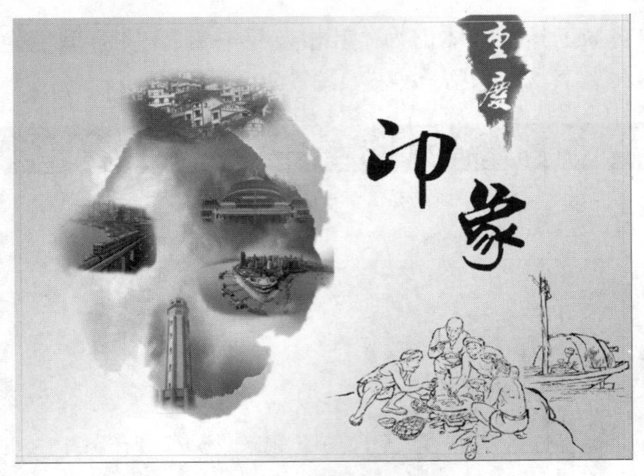

图 5-72　删除江岸图片白色区域

图 5-73　前封面完成效果

（17）按下 Ctrl+S 保存文件。

5.4.2　画册目录制作

（1）首先新建文件，设置文件大小为 291 毫米×216 毫米，分辨率为 300 像素/英寸，颜色模式为 CMYK，背景颜色为白色，如图 5-74 所示。

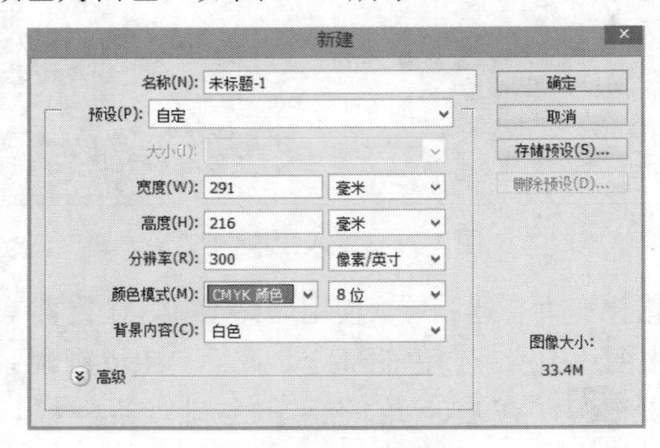

图 5-74　新建文件

（2）按下 Ctrl+S 保存文件，将文件命名为“重庆印象一目录.psd”。

（3）按下 Ctrl+R 打开标尺，从标尺中拖出 4 条参考线，作为出血线设置，将其分别位于页面上下左右四边各 3 毫米的位置，如图 5-75 所示。

图 5-75　参考线设置

（4）新建图层，命名为“背景”，设置前景色为 20%、13%、15%、0%（CMYK），按下 Alt+Delete 填充前景色，填充效果如图 5-76 所示。

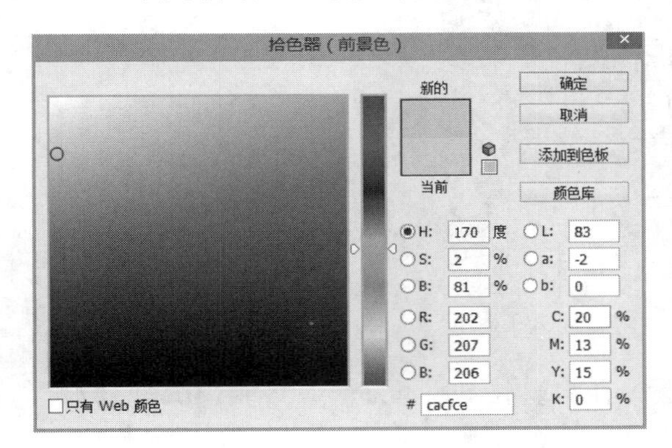

图 5-76　填充背景色

（5）新建图层，命名为“画笔轮廓”，选择画笔工具，设置如图 5-77 所示，在页面上绘制一个画笔效果，如图 5-78 所示。

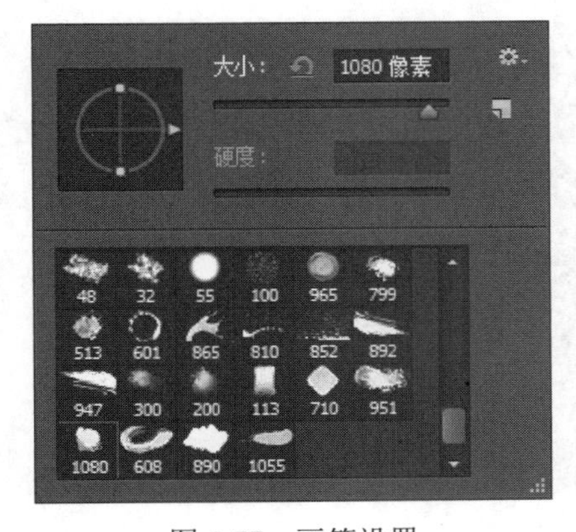

图 5-77　画笔设置

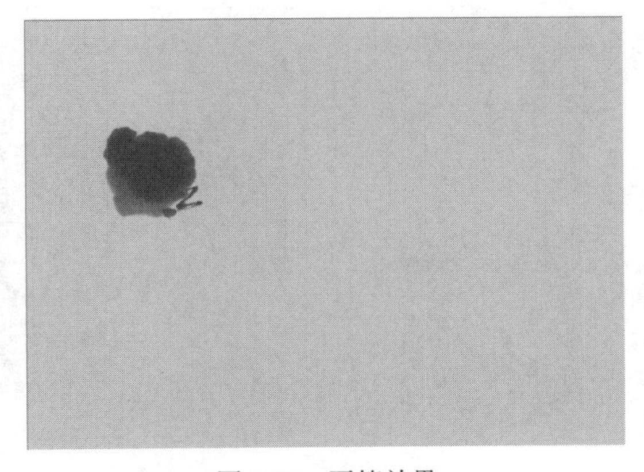

图 5-78　画笔效果

（6）置入素材中的洪崖洞图片，调整图片在页面中的效果，如图 5-79 所示。

图 5-79　置入洪崖洞图片

（7）按下 Alt 键，在“图层”面板上“洪崖洞”图层和“画笔轮廓”图层之间的部分单击鼠标，为“洪崖洞”图层设置“画笔轮廓”图层的剪贴蒙版，效果如图 5-80 所示。

图 5-80　设置剪贴蒙版

（8）选择文本工具，设置如图 5-81 所示，在洪崖洞图片下方输入文字“01 洪崖洞”，效果如图 5-82 所示。

图 5-81　文本工具设置

图 5-82　添加文本效果

（9）复制“画笔轮廓”图层 4 份，分别将其放置到页面上，如图 5-83 所示。

（10）分别在 4 个画笔轮廓的部分添加磁器口、索道、棒棒和小面图片，如图 5-84 所示。

图 5-83　复制画笔轮廓

图 5-84　置入图片

（11）分别对相应的图片和画笔轮廓设置剪贴蒙版，效果如图 5-85 所示。

（12）加入对应的文字，效果如图 5-86 所示。

图 5-85　设置剪贴蒙版

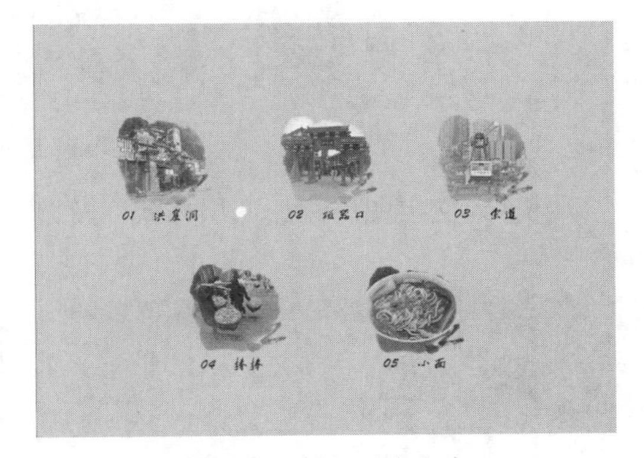

图 5-86　添加对应文本

（13）新建图层，命名为“画笔轮廓 2”，选择画笔工具，设置如图 5-87 所示，在页面上绘制一个画笔效果，调整之后效果如图 5-88 所示。

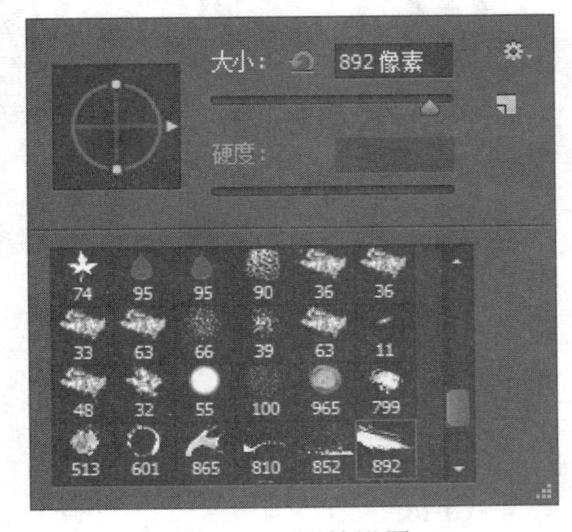

图 5-87　画笔设置

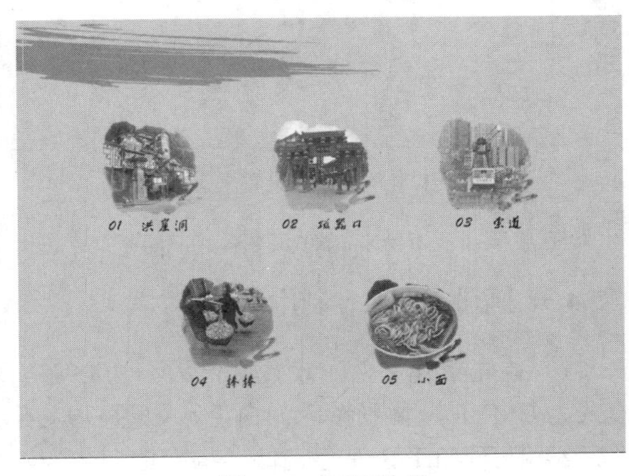

图 5-88　画笔效果

（14）选择文本工具，设置如图 5-89 所示，在“画笔轮廓 2”图层上方输入文字“目录”，效果如图 5-90 所示。

图 5-89　设置文本工具

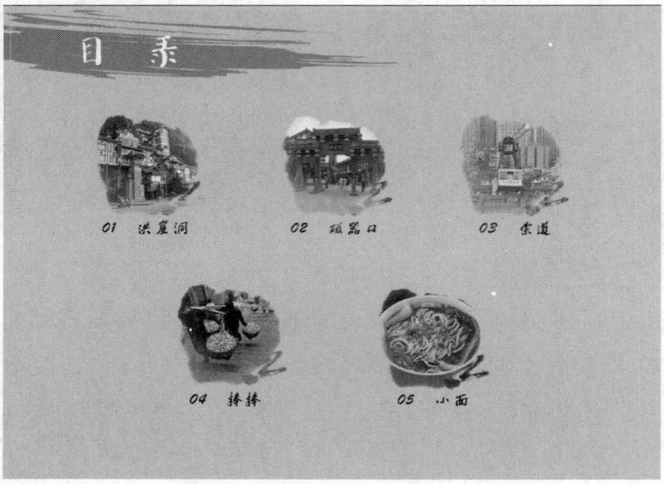

图 5-90　添加“目录”二字

（15）为文字图层添加图层样式“投影”，设置如图 5-91 所示，最终完成的效果如图 5-92 所示。

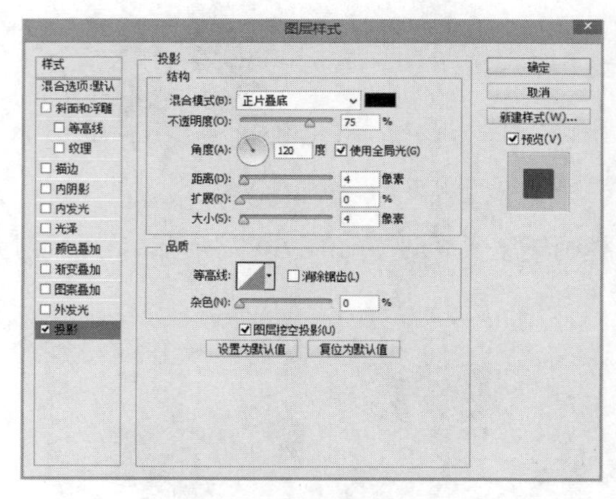

图 5-91　“投影”设置

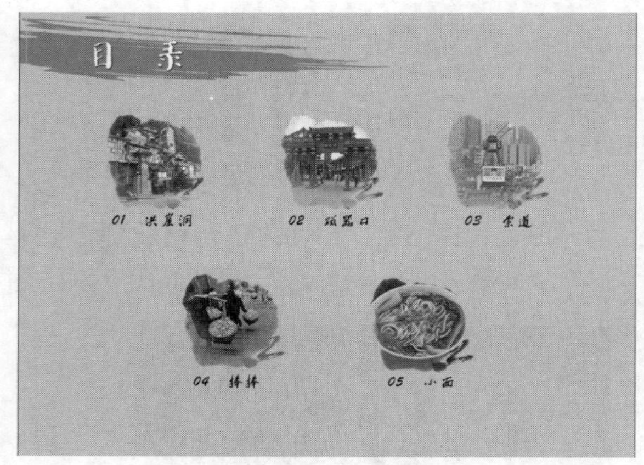

图 5-92　最终效果

（16）按下 Ctrl+S 保存文件。

5.4.3　画册正文内容制作

（1）首先新建文件，设置文件大小为 291 毫米×216 毫米，分辨率为 300 像素/英寸，颜色模式为 CMYK，背景颜色为白色，如图 5-93 所示。

（2）按下 Ctrl+S 保存文件，将文件命名为“重庆印象-1.psd”。

（3）按下 Ctrl+R 打开标尺，从标尺中拖出 4 条参考线，作为出血线设置，使其分别位于页面上下左右四边各 3 毫米的位置，如图 5-94 所示。

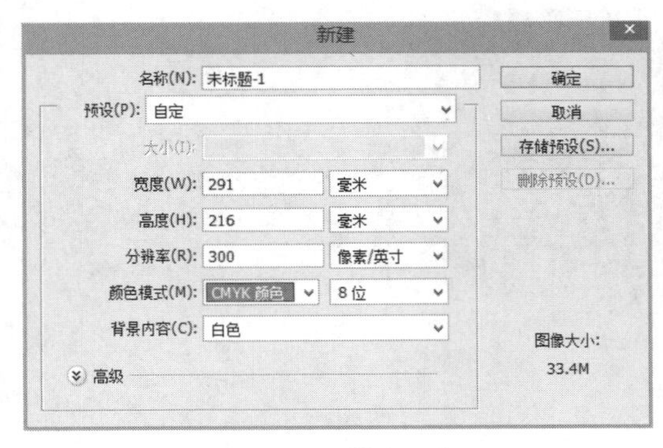

图 5-93 新建文件

图 5-94 参考线设置

（4）新建图层，命名为“背景”，设置前景色为 20%、13%、15%、0%（CMYK），按下 Alt+Delete 填充前景色，填充效果如图 5-95 所示。

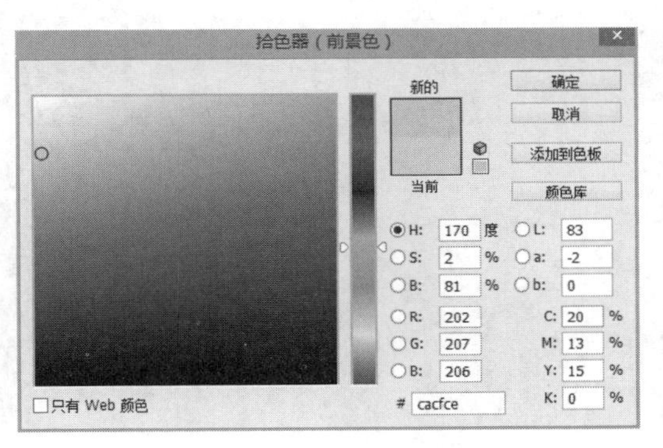

图 5-95 背景色填充设置

（5）置入素材中的洪崖洞图片，效果如图 5-96 所示；调整图片的不透明度为 20%，填充为 45%，在页面中的效果如图 5-97 所示。

图 5-96 置入图片

图 5-97 调整图片

（6）选择“洪崖洞”图层，单击“添加图层蒙版”按钮，为“洪崖洞”图层添加一个图层蒙版，选择画笔工具，设置为柔角画笔，前景色为黑色，在图层蒙版右上角上进行涂抹，效果如图 5-98 所示。

图 5-98　蒙版效果

（7）新建图层，命名为“画笔”，设置前景色为黑色，选择画笔工具，设置如图 5-99 所示，在页面中绘制水墨画笔形状，调整大小和位置后的效果如图 5-100 所示。

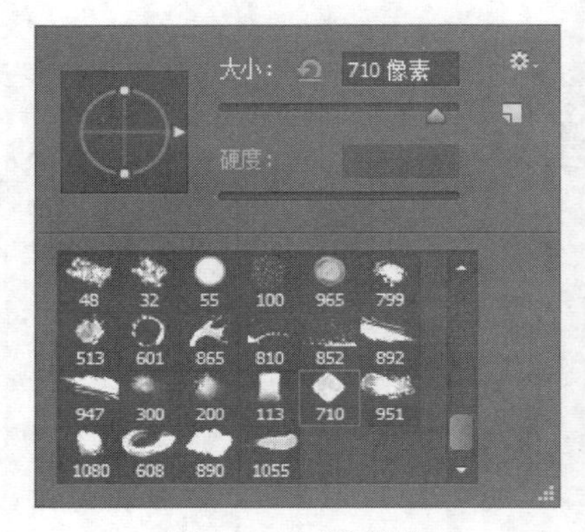

图 5-99　画笔设置

图 5-100　画笔效果

（8）选择“画笔”图层，单击“添加图层蒙版”按钮，为“画笔”图层添加一个图层蒙版，选择画笔工具，设置前景色为黑色，在图层蒙版上进行涂抹，效果如图 5-101 所示。

（9）置入另一张洪崖洞图片素材，调整大小和位置如图 5-102 所示。

图 5-101　图层蒙版效果

图 5-102　置入图片

（10）按下 Alt 键，在“图层”面板上“画笔”和“洪崖洞 2”图层之间的部分单击鼠标，为“洪崖洞 2”图层设置“画笔”图层的剪贴蒙版，效果如图 5-103 所示。

（11）使用钢笔工具，围绕设置好的图片效果，建立一条路径，效果如图 5-104 所示。

图 5-103　设置剪贴蒙版

图 5-104　钢笔工具绘制路径

（12）选择文字工具，在路径上输入文字“颠覆重庆人传统生活习惯的纯生活休闲娱乐新空间。”，效果如图 5-105 所示。

图 5-105　添加路径文本

（13）选择竖向文字工具，设置文字颜色为 35%、22%、35%、0%（CMYK），如图 5-106 所示，输入洪崖洞介绍文字，如图 5-107 所示。

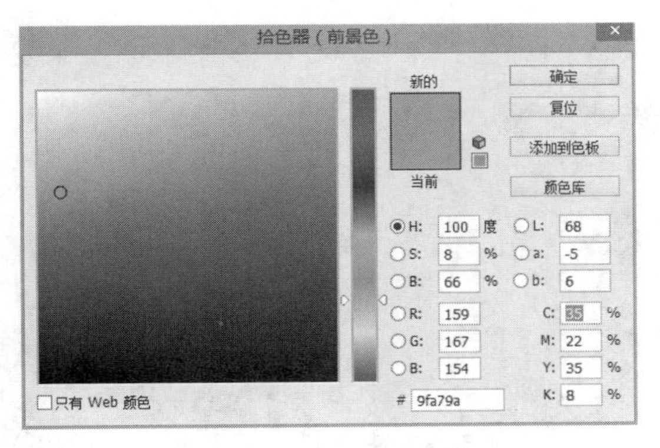

图 5-106　设置文字颜色

图 5-107　输入文本

（14）置入重庆标志图片，调整大小和位置如图 5-108 所示。

图 5-108　置入重庆标志

（15）将重庆标志图片栅格化变为普通图层，使用魔棒工具，设置容差值为 32，不连续，在重庆标志图片白色的部分单击，选中图片中所有白色的部分，按下 Delete 键删除，调整图层的不透明度为 40%，效果如图 5-109 所示。

图 5-109　删除白色区域

（16）新建“云彩”图层，设置画笔工具如图 5-110 所示，设置前景色为灰色和白色，在右上角的部分绘制出云彩效果，如图 5-111 所示。

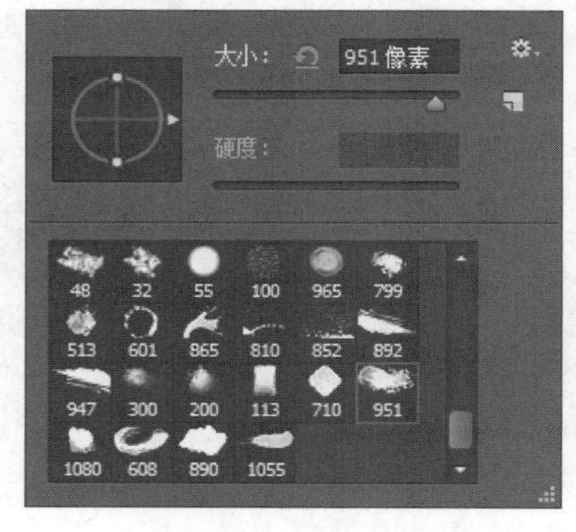

图 5-110　画笔设置

图 5-111　画笔效果

（17）置入“LOGO.psd”文件，放置在页面右上角云彩部分，调整大小和位置，效果如图 5-112 所示。

图 5-112　置入 LOGO

（18）在“洪崖洞 2”图层上新建一个色阶调整图层，调整其色阶，如图 5-113 所示，调整效果如图 5-114 所示。

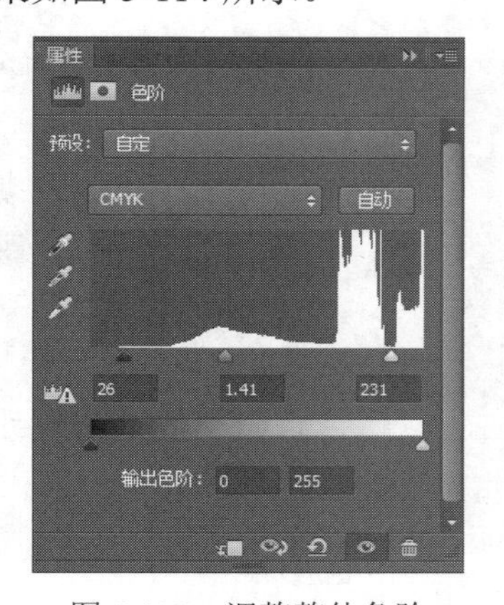

图 5-113　调整整体色阶

图 5-114　调整效果

（19）与调整之前的效果相比，整体都变得较亮，为了只提亮中心区域的部分，使用画笔工具，在调整图层的蒙版上进行涂抹，“图层”面板如图 5-115 所示，效果如图 5-116 所示。

图 5-115　“图层”面板

图 5-116　最终效果

（20）按下 Ctrl+S，保存文件。

（21）按照上述操作，根据给定的素材，把磁器口、索道、棒棒和小面的页面分别制作出来，主要涉及的仍是画笔工具、图层蒙版和剪贴蒙版的处理，效果如图 5-117 所示。

图 5-117　磁器口、索道、棒棒和小面页面效果

5.4.4　画册封底制作

（1）首先新建文件，设置文件大小为 291 毫米×216 毫米，分辨率为 300 像素/英寸，颜色模式为 CMYK，背景颜色为白色，如图 5-118 所示。

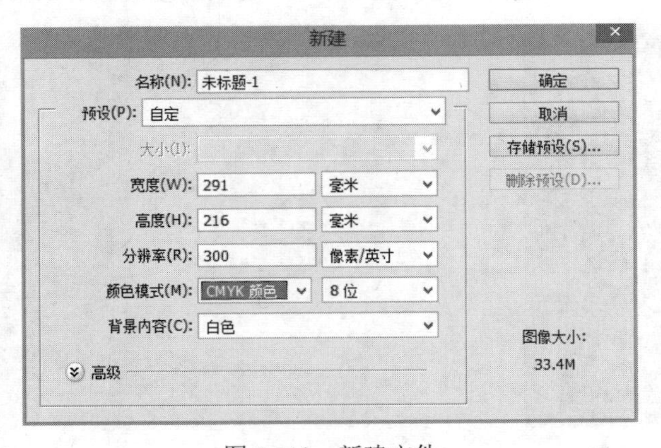

图 5-118　新建文件

（2）按下 Ctrl+S 保存文件，将文件命名为“重庆印象—封底.psd”。

（3）按下 Ctrl+R 打开标尺，从标尺中拖出 4 条参考线，作为出血线设置，使其分别位于页面上下左右四边各 3 毫米的位置，如图 5-119 所示。

图 5-119　参考线设置

（4）新建图层，命名为“背景”，设置前景色为 20%、13%、15%、0%（CMYK），按下 Alt+Delete 填充前景色，填充效果如图 5-120 所示。

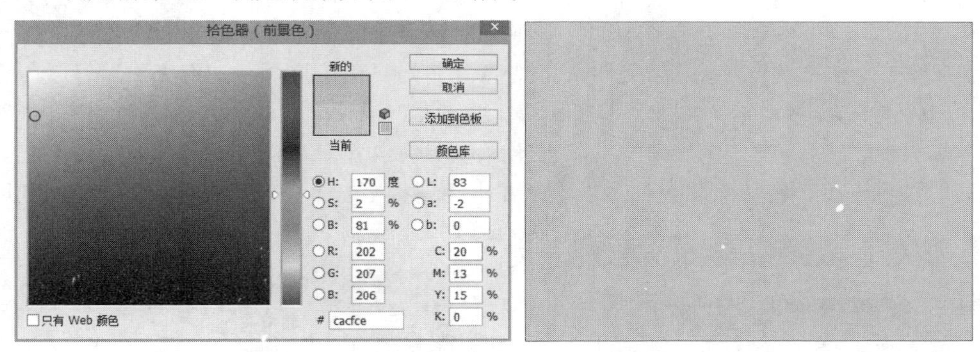

图 5-120　背景色填充设置

（5）新建图层，命名为“重庆速写”，置入素材中的重庆速写图片素材，添加图层蒙版后调整图片在页面中的效果，如图 5-121 所示。

（6）置入“LOGO.psd”文件，放置在页面左边部分，调整大小和位置，效果如图 5-122 所示。

图 5-121　重庆速写图片效果

图 5-122　添加 LOGO 效果

（7）按下 Ctrl+S 组合键，保存文件。

5.4.5 画册立体效果制作

（1）首先新建文件，设置文件大小为 35 厘米×30 厘米，分辨率为 300 像素/英寸，颜色模式为 CMYK，背景颜色为白色，如图 5-123 所示。

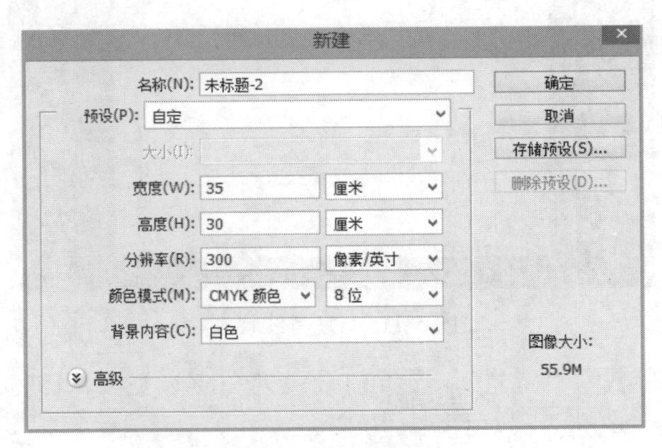

图 5-123 新建文件

（2）按下 Ctrl+S 组合键保存文件，将文件命名为“重庆印象－立体.psd”。

（3）新建图层，命名为“背景”，打开渐变编辑器，设置渐变颜色为 58%、49%、46%、0%（CMYK），0%、0%、0%、0%（CMYK），58%、49%、46%、0%（CMYK），如图 5-124 所示。渐变模式为线性渐变，在“背景色”图层上从左上角斜拉至右下角，填充效果如图 5-125 所示。

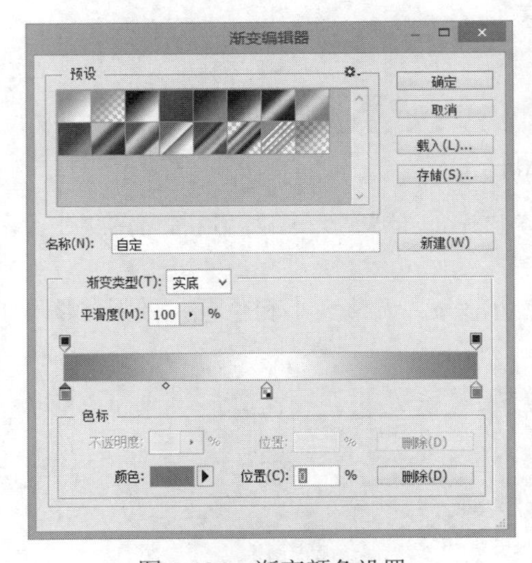

图 5-124 渐变颜色设置

图 5-125 渐变效果

（4）打开“重庆印象－前封面.psd”文件，在图层最上方新建图层，按下 Ctrl+Alt+ Shift+E 组合键盖印图层，将重庆印象－前封面的效果组合到一个图层，如图 5-126 所示。

（5）使用矩形选框工具，将整个图层选中，按下 Ctrl+C 组合键复制，然后返回“重庆印象－立体.psd”文件，按下 Ctrl+V 组合键粘贴，再按下 Ctrl+T 组合键，在边框范围内单击鼠标右键，从弹出的快捷菜单中选择“扭曲”，调整之后效果如图 5-127 所示。

图 5-126 盖印图层

图 5-127 前封面效果

（6）重复上述（4）、（5）步骤，将封底部分也放到这个页面中，效果如图 5-128 所示。

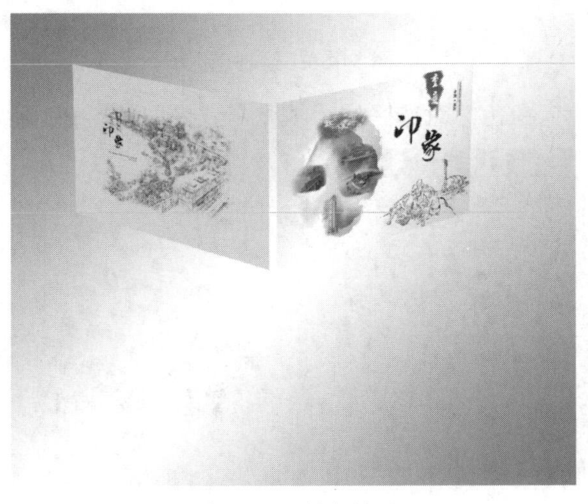

图 5-128 封底效果

（7）新建图层，命名为“书脊”，使用矩形选框工具，在前封面和封底之间的部分绘制一个矩形，设置渐变颜色为 58%、49%、46%、0（CMYK），0%、0%、0%、0（CMYK），58%、49%、46%、0%（CMYK）；渐变模式为线性渐变，在矩形选框部分横向拉动，填充效果如图 5-129 所示。

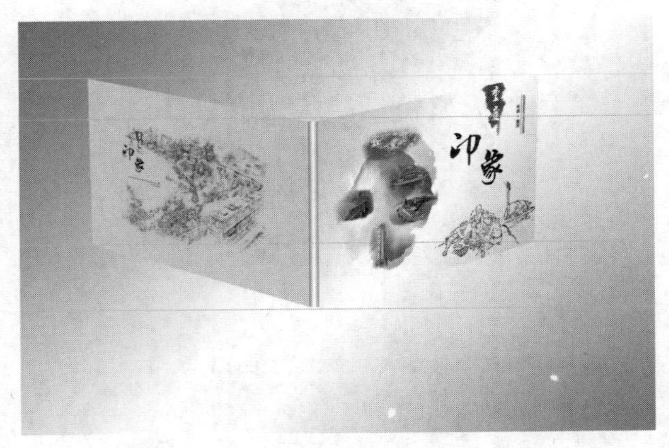

图 5-129　添加书脊

（8）新建图层，命名为“书页”，使用多边形套索工具，在正封面和封底之间绘制选区，如图 5-130 所示。

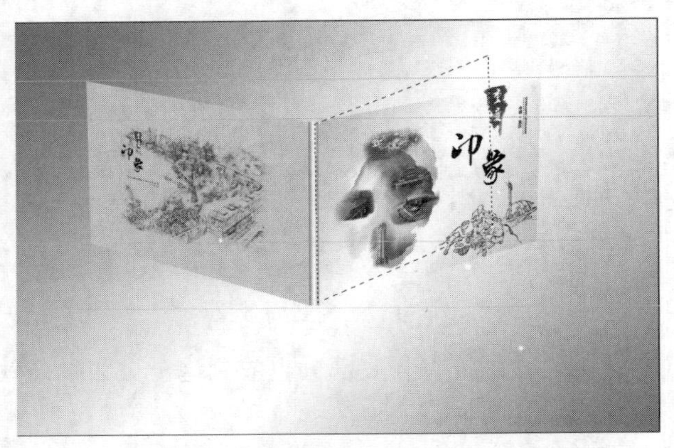

图 5-130　绘制选区

（9）设置填充颜色为白色，对选区进行填充，效果如图 5-131 所示。

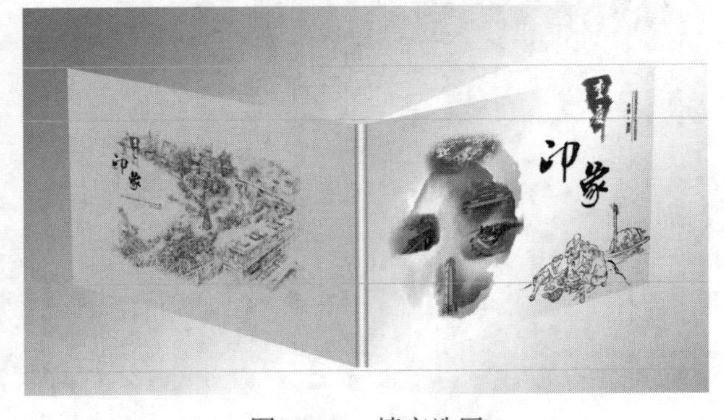

图 5-131　填充选区

（10）在“书页”图层上双击鼠标，弹出“图层样式”对话框，对书页设置“描边”效果和“内阴影”效果，如图 5-132 所示。

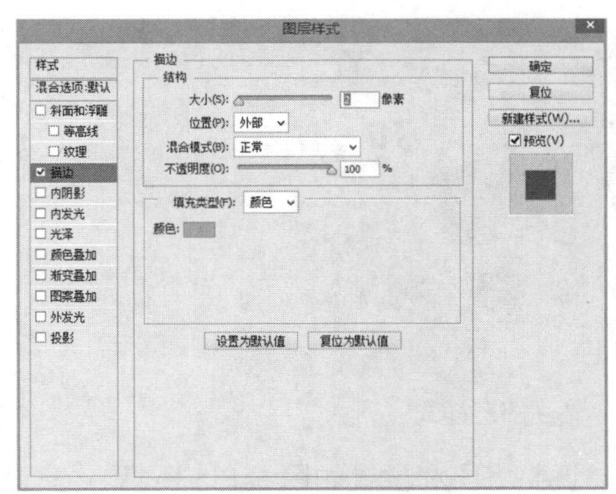

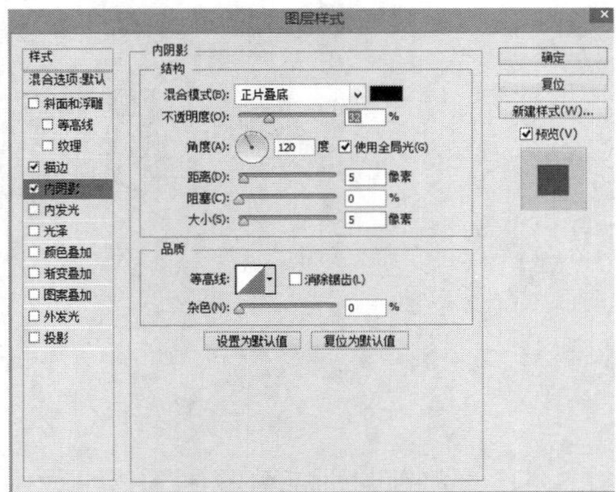

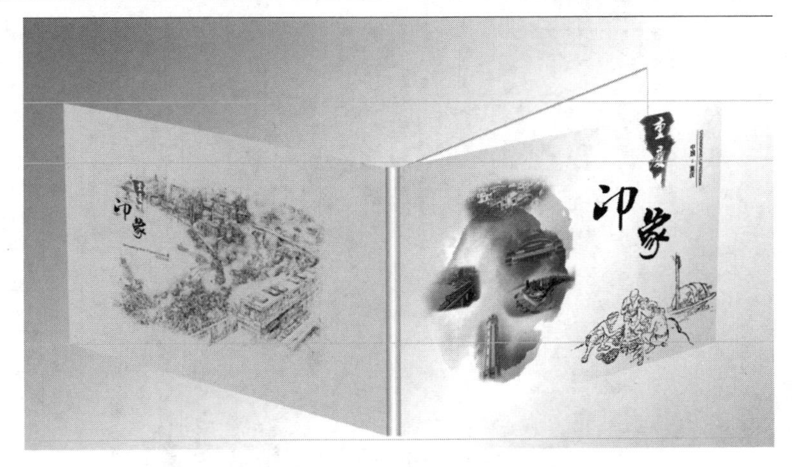

图 5-132　设置图层样式

（11）拷贝“书页”图层，调整大小和位置，最终效果如图 5-133 所示。

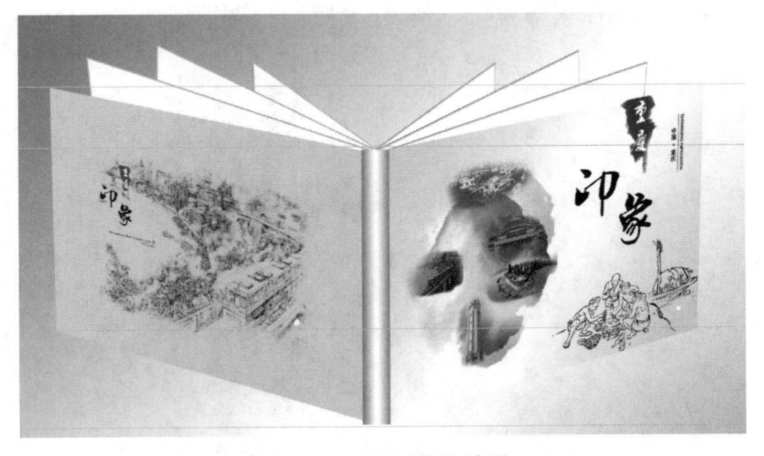

图 5-133　书页整体效果

（12）在“书页”图层上单击鼠标右键，选择“拷贝图层样式”，然后将图层样式拷贝到前封面和封底部分，调整之后的效果如图 5-134 所示。

图 5-134　拷贝、粘贴图层样式

（13）再次将前封面部分复制到该页面中，调整大小和位置如图 5-135 所示。

图 5-135　再次置入前封面部分

（14）再次将前封面的图层样式拷贝到“前封面 1”图层，如图 5-136 所示。

图 5-136　拷贝、粘贴图层样式

（15）新建图层，命名为“书页 1”，使用多边形套索工具，在前封面和封底之间绘制选区，并设置填充，如图 5-137 所示。

（16）将前封面的画册效果复制一份，调整到右下角，整体的效果如图 5-138 所示。

图 5-137　制作立体效果

图 5-138　最终效果

（17）按下 Ctrl+S，保存文件。

5.5　项目小结

本项目通过《重庆印象》画册设计，主要讲解了画册设计的基本知识、Photoshop 中蒙版、调整图层、图像调整命令的使用，特别注意在出版类的设计作品中色彩模式为 CMYK，分辨率在 300 像素/英寸以上，以及要设置出血线。

5.6　项目知识拓展

根据提供的素材，设计和制作《芸芸》产品画册，案例效果如图 5-139～图 5-145 所示。

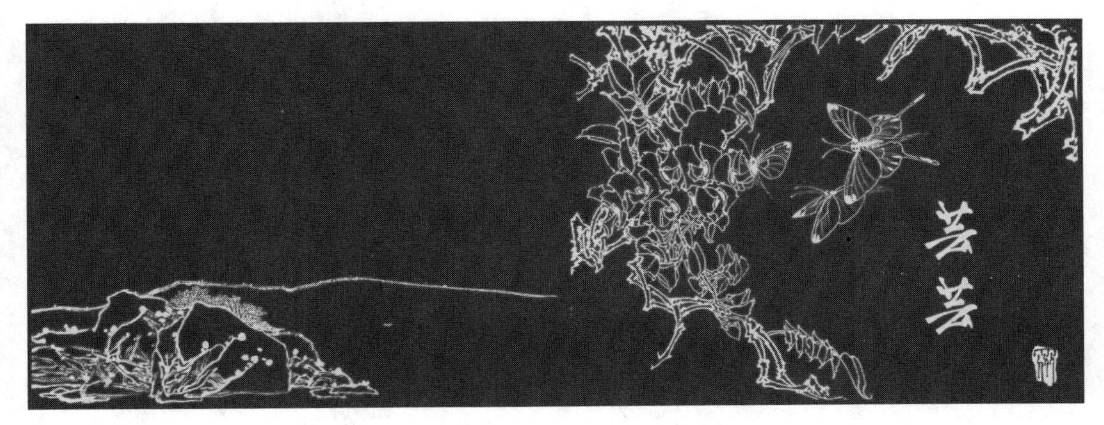

图 5-139　《芸芸》封面

图 5-140　页面 3、4 效果

图 5-141　页面 5、6 效果

图 5-142　页面 7、8 效果

图 5-143　页面 9、10 效果

图 5-144　页面 11、12 效果

图 5-145　页面 13、14 效果

项目 6　海报设计——音乐会海报设计

- 海报设计相关知识
- 减淡工具组的使用
- 滤镜的使用

6.1　项目效果赏析

本项目所使用的案例是“音乐会”海报，用于宣传重庆电子工程职业学院（重电）师生音乐会。在设计中运用了图层蒙版、钢笔工具、画笔工具、减淡工具等，制作出了梦幻的音乐会效果，有利于激起人们观赏的兴趣。

本项目最终效果如图 6-1 所示。

图 6-1　项目效果图

6.2　项目相关知识

6.2.1　海报设计的概念

海报是一种信息传递的艺术，是一种大众化的宣传工具。海报又称招贴画，是一种张贴在公共场合，传递信息，以达到宣传目的的印刷广告形式，其特点是信息传递快、传播途径广、时效长，可连续张贴和大量复制。

海报设计总的要求是使人一目了然。一般的海报通常含有通知性，所以主题应该明确显眼、一目了然（如××比赛、打折优惠等），接着以最简洁的语句概括出如时间、地点、附注等主要内容。海报的插图、布局的美观通常是吸引眼球的很好方法。

海报设计是基于计算机平面设计技术应用，随着广告行业发展所形成的一种新职业。该职业的主要特征是对图像、文字、色彩、版面、图形等广告元素，结合广告媒体的使用特征，在计算机上通过相关设计软件为实现广告目的和意图，所进行的平面艺术创意性的一种设计活动或过程。

6.2.2 海报的种类

海报按其应用不同大致可以分为商业海报、文化海报、电影海报和公益海报。

1. 商业海报

商业海报是指宣传商品或商业服务的商业广告性海报。商业海报的设计，要恰当地配合产品的格调和受众对象，如图 6-2 所示。

图 6-2 商业海报

2. 文化海报

文化海报是指各种社会文娱活动及各类展览的宣传海报。展览的种类很多，不同的展览都有它各自的特点，设计师需要了解展览和活动的内容才能运用恰当的方法表现其内容和风格，如图 6-3 所示。

3. 电影海报

电影海报是海报的分支，电影海报主要是起到吸引观众注意、刺激电影票房收入的作用，与文化海报有几分类似，如图 6-4 所示。

图 6-3　文化海报

图 6-4　电影海报

4. 公益海报

公益海报是带有一定思想性的，这类海报具有特定的对公众的教育意义，其海报主题包括各种社会公益、道德的宣传，或政治思想的宣传，弘扬爱心奉献、共同进步的精神等，如图 6-5 所示。

图 6-5　公益海报

6.2.3 海报的表现形式

1. 店内海报

店内海报通常应用于营业店面内，做店内装饰和宣传用。店内海报的设计需要考虑到店内的整体风格、色调及营业的内容，力求与环境相融。

2. 招商海报

招商海报通常以商业宣传为目的，采用引人注目的视觉效果达到宣传某种商品或服务的目的。招商海报的设计应明确其商业主题，同时在文案的应用上要注意突出重点，不宜太花哨。

3. 展览海报

展览海报主要用于展览会的宣传，常分布于街道、影剧院、展览会、商业闹区、车站、码头、公园等公共场所。它具有传播信息的作用，涉及内容广泛，艺术表现力丰富，远视效果强。

4. 平面海报

平面海报设计不同于其他海报设计，它是一种单体的、独立的海报广告文案。平面海报设计没有太多的拘束，只要能表达出宣传的主题就可以，所以平面海报设计是比较符合现代广告界青睐的一种低成本、观赏力强的海报。

6.2.4 海报的特点

1. 尺寸大

海报张贴于公共场所，会受到周围环境和各种因素的干扰，所以必须以大画面及突出的形象和色彩展现在人们面前。其画面尺寸有全开、对开、长三开及特大画面（八张全开纸大小）等。

2. 远视强

为了给来去匆忙的人们留下视觉印象，除了尺寸大之外，海报设计还要充分体现定位设计的原理，以突出的商标、标志、标题、图形，或对比强烈的色彩，或大面积的空白，或简练的视觉流程使海报成为视觉焦点。

3. 艺术性高

就海报的整体而言，商业海报的表现形式以具体艺术表现力的摄影、造型写实的绘画或漫画为主，给消费者留下真实感人的画面和富有幽默情趣的感受。

而非商业海报，内容广泛、形式多样，艺术表现力丰富。特别是文化艺术类的海报，根据广告主题可以充分发挥想象力，尽情施展艺术手段。

6.2.5 海报的设计原则

1. 一目了然，简洁明确

为了使人在一瞬间、一定距离外能看清楚所要宣传的事物，在设计中往往采取一系列假定手法，突出重点，删去次要的细节，甚至背景，并可以把不同时间、不同空间发生的活动组合在一起，也经常运用象征手法，启发人们的联想。

2. 以少胜多，以一当十

海报属于“瞬间艺术”，要做到在有限的时空下让人过目难忘、回味无穷，就需要做到“以少胜多，以一当十”。

海报艺术通常从生活的某一侧面而不是从一切侧面来再现现实。在选择设计题材的时候，选择最富有代表性的现象或元素，就可以产生“言简意赅”的好作品。有时尽管构图简单，却能够表现出吸引人的意境，达到情景交融的效果。

3. 表现主题，传达内容

设计意念必须成功地表现主题，清楚地传达海报的内容信息，才能使观众产生共鸣。因此设计者在构思时，一定要了解海报的内容，才能准确地表达主题的中心思想，在此基础之上，才能有的放矢地进行创意表现。

6.3 项目相关操作

6.3.1 减淡工具组

减淡工具组包含了减淡工具、加深工具及海绵工具三种工具，如图 6-6 所示，快捷键为 O。

图 6-6 减淡工具组

1. 减淡工具

减淡工具是一款提亮工具，可以使涂抹过的区域颜色减淡、变亮。使用这款工具可以把图片中需要变亮或增强质感的部分颜色加亮。减淡工具的选项栏如图 6-7 所示，通常情况下，选择“中间调”范围，以较低数值的曝光度进行操作，这样涂亮的部分过渡会较为自然。

图 6-7 减淡工具选项栏

范围：选择着重减淡的范围，其中包括了阴影、中间调（默认）、高光范围。也就是说，假如选中的是高光范围，那么就是对高光进行一个颜色减淡的调整，对阴影部位的调整是没有效果的。

曝光度：指减淡的强度，可以理解成画笔工具上面的流量。

启用喷枪样式：经过设置可以启用喷枪样式，可将绘制模式转换为喷枪绘制模式，在此绘制的颜色可向边缘扩散。

图 6-8 为使用减淡工具的效果，其中左图为处理前的效果，右图为处理后的效果（只对荷花右半部进行了减淡处理）。

2. 加深工具

加深工具与减淡工具作用刚好相反，通过降低图像的曝光度来降低图像的亮度，可以使涂抹过的区域颜色变深。这款工具主要用来增加图片的暗部，加深图片的颜色，可以用来修复一些过曝的图片，制作图片的暗角，加深局部颜色等。加深工具的选项栏如图 6-9 所示。

范围：选择着重加深的范围，其中包括了阴影、中间调（默认）、高光范围，使用方法与减淡工具相同。

图 6-8　减淡工具效果

范围：中间调　曝光度：50%　保护色调

图 6-9　加深工具选项栏

曝光度：指加深的强度，可以理解成画笔工具上面的流量。

启用喷枪样式：经过设置可以启用喷枪样式，可将绘制模式转换为喷枪绘制模式，在此绘制的颜色可向边缘扩散。

图 6-10 为使用加深工具的效果，其中左图为处理前的效果，右图为处理后的效果（只对荷花右半部进行了加深处理）。

图 6-10　加深工具效果

3. 海绵工具

海绵工具主要用来增加或减少图片的饱和度，在校色的时候经常用到。如图片局部的色彩浓度过大，可以用降低饱和度模式来减少颜色。同时图片局部颜色过淡的时候，可以用增加饱和度模式来加强颜色。这款工具只会改变颜色，不会对图像造成任何损害。海绵工具的选项栏如图 6-11 所示。

模式：去色　流量：50%　自然饱和度

图 6-11　海绵工具的选项栏

模式：有加色和去色两种模式，对应降低和加深图像色彩饱和度。

流量：相当于颜料的流出速度。

启用喷枪样式：经过设置可以启用喷枪样式，可将绘制模式转换为喷枪绘制模式，在此绘制的颜色可向边缘扩散。

自然饱和度：设置图像整体的明亮程度。

图 6-12 为使用海绵工具的效果，其中左图为处理前的效果，右图为处理后的效果（只对荷花右半部使用了海绵工具）。

图 6-12　海绵工具效果

6.3.2　滤镜

滤镜本身是一种摄影器材，安装在相机上，用于改变光源的色温，以满足摄影及制作特殊效果的需要，Photoshop 中的滤镜主要分为内置滤镜和外置滤镜两大类。其中内置滤镜显示在“滤镜”菜单中，其中“滤镜库”“自适应广角”“Camera Raw 滤镜”“镜头校正”“液化”“油画”和“消失点”属于特殊滤镜，“风格化”“模糊”“扭曲”“锐化”“视频”“像素化”“渲染”“杂色”和“其他”属于滤镜组，由第三方厂家开发的滤镜安装后，将作为增效工具显示在滤镜菜单底部。

下面着重讲解在设计中常用的“液化”滤镜、“风格化”滤镜组、“模糊”滤镜组、“扭曲”滤镜组、“锐化”工具组、“像素化”滤镜组、“渲染”滤镜组和“杂色”滤镜组。

1. “液化”滤镜

“液化”滤镜的快捷键是 Shift+Ctrl+X，可用于通过交互方式拼凑、推、拉、旋转、反射、折叠和膨胀图像的任意区域。“液化”滤镜只适用于 RGB 颜色模式、CMYK 颜色模式、Lab 颜色模式和灰度图像模式的 8 位图像。

“液化”对话框如图 6-13 所示，其中包括用于扭曲图像的工具箱区域、预览区域和选项区域。使用 Photoshop“液化”滤镜所提供的工具，可以对图像任意扭曲，还可以定义扭曲的范围和强度。“液化”滤镜还可以将调整好的变形效果存储起来或载入以前存储的变形效果，为 Photoshop 中变形图像和创建特殊效果提供了强大的功能。

（1）工具箱区域

该区域中包含了 11 种应用工具，其中包括向前变形工具、重建工具、平滑工具、顺时针旋转扭曲工具、褶皱工具、膨胀工具、左推工具、冻结蒙版工具、解冻蒙版工具、抓手工具及缩放工具，各个工具的功能如下：

A．向前变形工具：该工具可以移动图像中的像素，得到变形的效果。

图 6-13　“液化”对话框

B．重建工具：使用该工具在变形的区域单击鼠标或拖动鼠标进行涂抹，可以使变形区域的图像恢复到原始状态。

C．平滑工具：为变形和扭曲的图像进行平滑还原操作。

D．顺时针旋转扭曲工具：使用该工具在图像中单击鼠标或移动鼠标时，图像会被顺时针旋转扭曲；当按住 Alt 键单击鼠标时，图像则会被逆时针旋转扭曲。

E．褶皱工具：使用该工具在图像中单击鼠标或移动鼠标时，可以使像素向画笔中间区域的中心移动，使图像产生收缩的效果。

F．膨胀工具：使用该工具在图像中单击鼠标或移动鼠标时，可以使像素向画笔中心区域以外的方向移动，使图像产生膨胀的效果。

G．左推工具：该工具的使用可以使图像产生挤压变形的效果。使用该工具垂直向上拖动鼠标时，像素向左移动；向下拖动鼠标时，像素向右移动。当按住 Alt 键垂直向上拖动鼠标时，像素向右移动；向下拖动鼠标时，像素向左移动。若使用该工具围绕对象顺时针拖动鼠标，可增加其大小；若顺时针拖动鼠标，则减小其大小。

H．冻结蒙版工具：使用该工具可以在预览窗口绘制出冻结区域，在调整时，冻结区域内的图像不会受到变形操作的影响。

I．解冻蒙版工具：使用该工具涂抹冻结区域能够解除该区域的冻结。

J．抓手工具：当图像无法完整显示时，可以使用此工具对其进行移动操作。

K．缩放工具：使用该工具在预览区域中单击可放大图像的显示比例；按下 Alt 键在该区域中单击，则会缩小图像的显示比例。

（2）选项区域

该区域是用来设置当前所选工具的各项属性。

载入网格：单击此按钮，然后可从弹出的窗口中选择要载入的网格。

载入上次网格：单击此按钮，可载入上次保存的网格。

存储网格：单击此按钮，可以存储当前的变形网格。

画笔大小：指定变形工具的影响范围。

画笔密度：用来设置画笔边缘的羽化范围。

画笔压力：指定变形工具的作用强度。

画笔速率：用来设置重建工具、膨胀工具等在画面上单击时的扭曲速度，该值越大，扭曲速度越大。

光笔压力：是否使用从光笔绘图板读出的压力。

重建：单击此按钮，可以依照选定的模式重建图像。

恢复全部：单击此按钮，可以将图像恢复至变形前的状态。

2. “风格化”滤镜组

该滤镜组主要作用于图像的像素，可以强化图像的色彩边界，所以图像的对比度对此类滤镜的影响较大，“风格化”滤镜组最终营造出的是一种印象派的图像效果。图 6-14 为原始图像，后续的滤镜操作均以此图作为原图进行处理。

图 6-14　原始图

（1）“查找边缘”滤镜

该滤镜可以自动查找图像像素对比度变换强烈的边界，将高反差区域变亮，将低反差区域变暗，其他区域介于二者之间，同时硬边会变为线条，柔边会变粗，从而形成一个清晰的轮廓，效果如图 6-15 所示。

图 6-15　查找边缘效果

（2）“等高线”滤镜

该滤镜用于查找主要亮度区域，并为每个颜色通道勾勒主要亮度区域，以获得与等高线图中的线条类似的效果，如图 6-16 所示，其中：

色阶：用于设置区分图像边缘亮度的级别。

边缘：用于设置描边区域，选择“较低”，可以在基准亮度级别以下的轮廓上生成等高线；选择“较高”，可以在基准亮度等级以上的轮廓上生成等高线。

（3）“风”滤镜

该滤镜通过在图像中放置一些细小的水平线条来模拟被风吹过的效果，对话框如图 6-17 所示，其中：

方法：包括“风”“大风”和“飓风”三个等级。

方向：用于设置风源的方向，包含“从右”和“从左”两种。

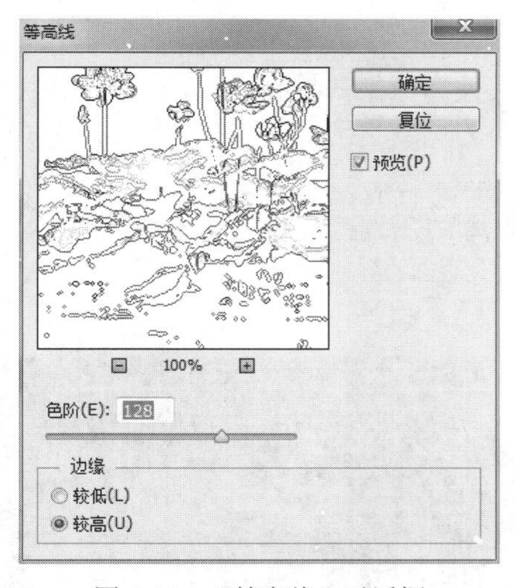

图 6-16 “等高线”对话框

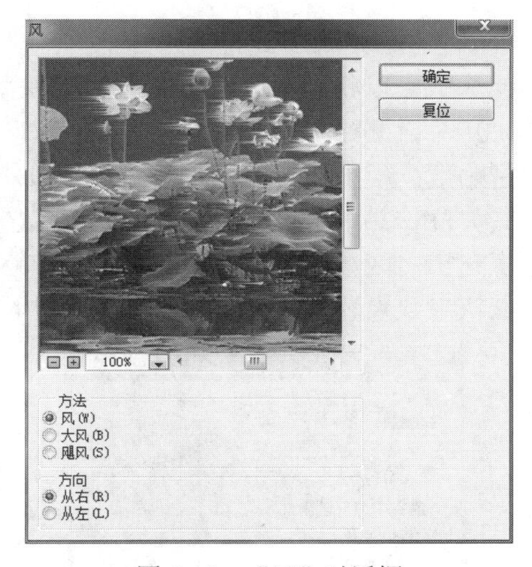

图 6-17 “风”对话框

（4）“浮雕效果”滤镜

该滤镜可以通过勾勒图像或选区的轮廓和降低周围颜色值来生成凹陷或凸起的浮雕效果。弹出的对话框如图 6-18 所示，包含三项设置参数，其中：

角度：用于设置浮雕效果的光线方向，光线方向会影响浮雕效果的凸起位置。

高度：用于设置浮雕效果的凸起高度。

数量：用于设置“浮雕效果”滤镜的作用范围，数值越高，边界越清晰，小于 40% 时，图像会变灰。

（5）“扩散”滤镜

该滤镜可以按指定的方式有机移动相邻的像素，使图像形成一种类似于透过磨砂玻璃观察物体时的分离模糊效果。弹出的对话框如图 6-19 所示，包含四项设置参数，其中：

正常：使图像的所有区域都进行扩散处理，与图像颜色值没有任何关系。

变暗优先：用较暗的像素替换亮部区域的像素，并且只有暗部像素产生扩散。

变亮优先：用较亮的像素替换暗部区域的像素，并且只有亮部像素产生扩散。

各向异性：使用图像中较暗和较亮的像素产生扩散效果，即在颜色变化最小的方向上扰乱像素。

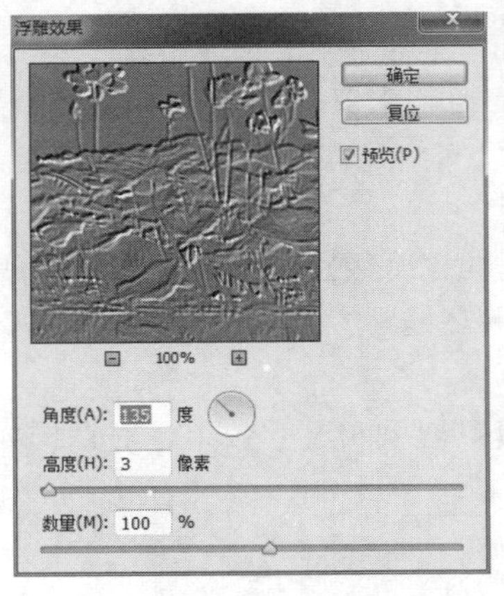

图 6-18 “浮雕效果”对话框

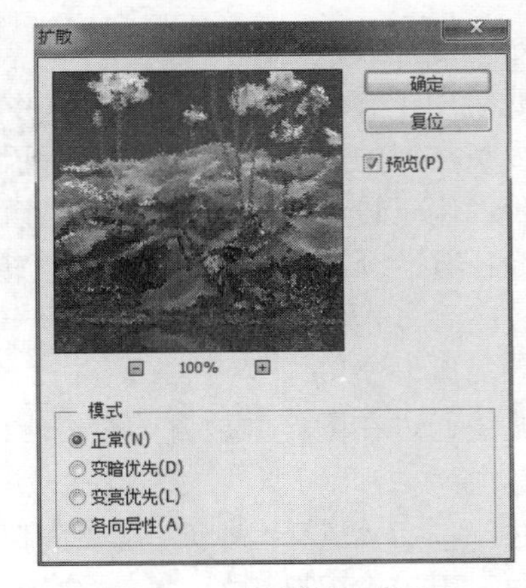

图 6-19 “扩散”对话框

（6）“拼贴”滤镜

该滤镜可以将图像分解为一系列的块状，并使其偏离原来的位置，以产生不规则拼贴的效果，其对话框如图 6-20 所示，其中：

拼贴数：用于设置在图像每行和每列中要显示的贴块数。

最大位移：用于设置贴块偏移原始位置的最大距离。

填充空白区域用：用于设置填充空白区域的方法。

默认参数设置之后的效果如图 6-21 所示。

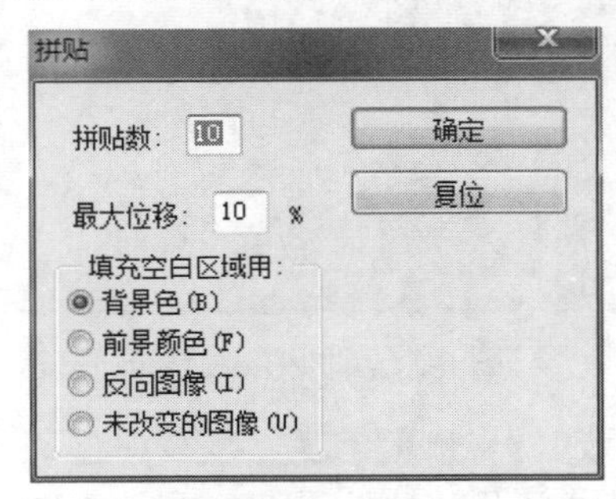

图 6-20 “拼贴”对话框

图 6-21 拼贴效果

（7）“曝光过度”滤镜

“曝光过度”滤镜可以混合负片和正片图像，产生类似于显影过程中将摄影照片短暂曝光的效果，如图 6-22 所示。

图 6-22 曝光过度效果

（8）“凸出”滤镜

“凸出”滤镜可以将图像分解成一系列大小相同且有机重叠放置的立方体或锥体，产生特殊的3D效果，对话框如图6-23所示，其中：

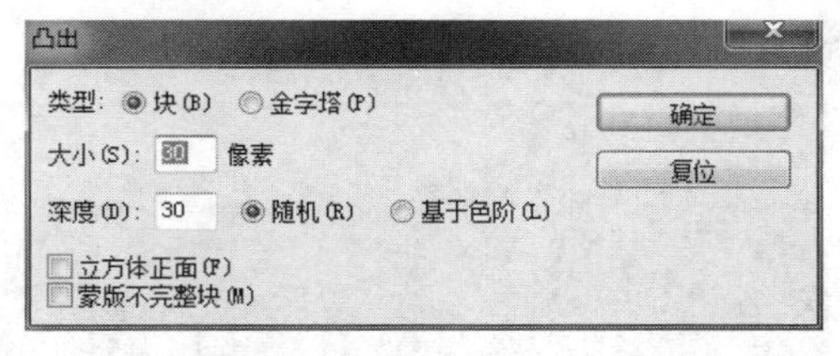

图6-23 “凸出”对话框

类型：用来设置三维方块的形状，包括“块”和“金字塔”两种。

大小：用来设置块或金字塔底面的大小。

深度：用来设置凸出对象的深度，“随机”可以为每个块或金字塔设置一个随机的任意深度；“基于色阶”可以使每个对象的深度与其亮度相对应，亮度越高，图像越凸出。

立方体正面：选中该复选框，将失去图像的整体轮廓，生成的立方体上只显示单一的颜色。

蒙版不完整块：使所有图像都包含在凸出的范围之内。

默认参数设置后的效果如图6-24所示。

图6-24 凸出效果

3. “模糊”滤镜组

“模糊”滤镜组可以使边缘太清晰或对比度太强烈的区域产生晕开模糊的效果，从而可以柔滑边缘，还可以制作柔和影印，其原理是减少像素间的差异，使明显的边缘模糊，或使突出的部分与背景更接近。

（1）“场景模糊”滤镜

使用“场景模糊”滤镜可以使画面呈现出在不同区域不同模糊程度的效果。通过在画面中单击放置多个“图钉”，选中每个“图钉”并通过调整模糊数值即可使画面产生渐变的模糊效果。模糊调整完成后，还可以针对模糊区域的“光源散景”“散景颜色”“光照范围”等进行调整，其中：

模糊：用于设置模糊强度。

光源散景：用于控制光照亮度，数值越大，高光区域的亮度就越高。

散景颜色：通过调整数值控制散景区域的颜色。

光照范围：通过调整滑块用色阶来控制散景的范围。

参数设置及效果如图6-25所示。

（2）“光圈模糊”滤镜

使用“光圈模糊”滤镜可以将一个或多个焦点添加到图像中，根据不同的要求可以对焦点大小与形状、图像其他部分的模糊数量以及清晰区域与模糊区域之间的过渡效果进行相应的设置，参数设置及效果如图 6-26 所示。

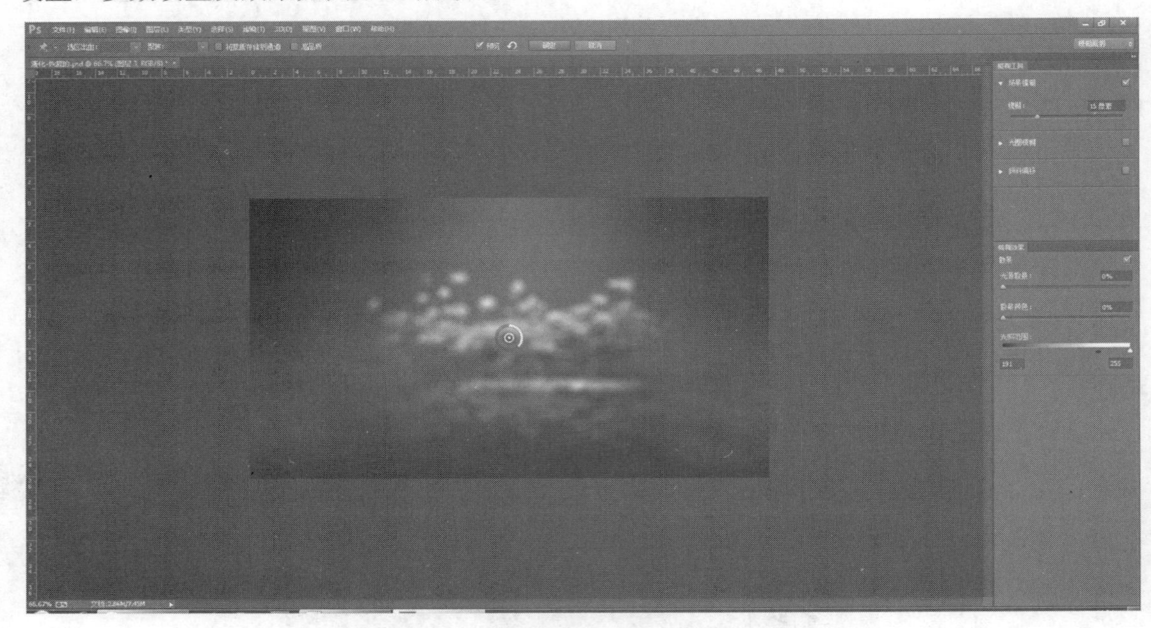

图 6-25　场景模糊参数设置及效果

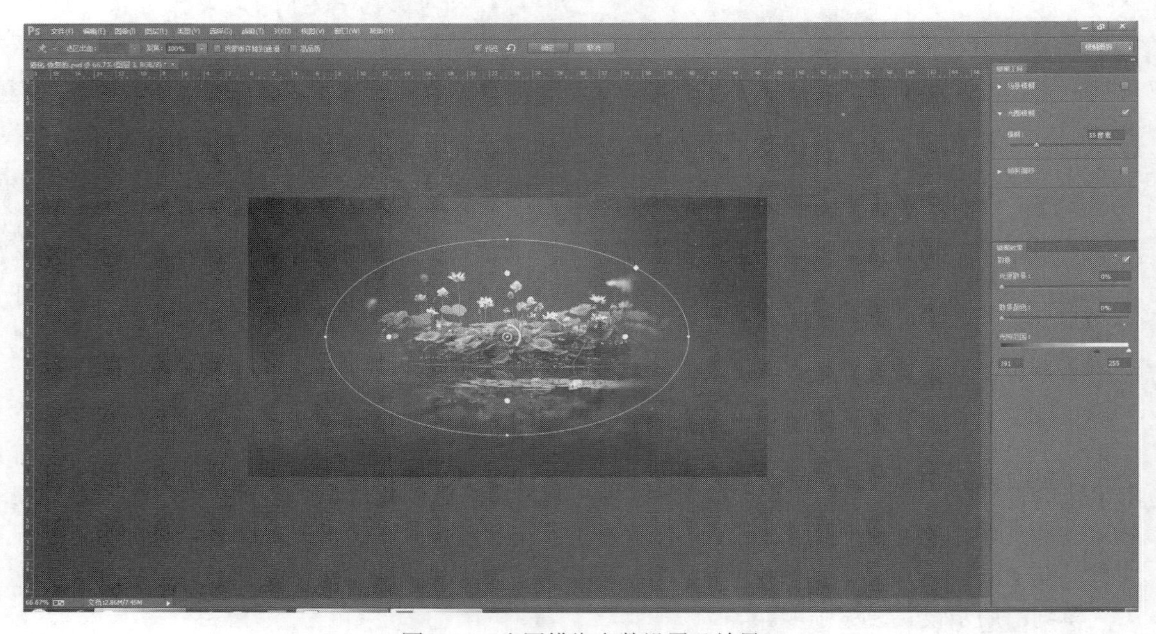

图 6-26　光圈模糊参数设置及效果

（3）“移轴模糊”滤镜

使用“移轴模糊”滤镜可以轻松模拟移轴摄影，通过调整中心点的位置可以调整清晰区域的位置，调整控制框可以调整清晰区域的大小，其中：

模糊：用于设置模糊强度。

扭曲度：用于控制模糊扭曲的形状。

对称扭曲：选中该复选框，可以从两个方向应用扭曲。

参数设置及效果如图 6-27 所示。

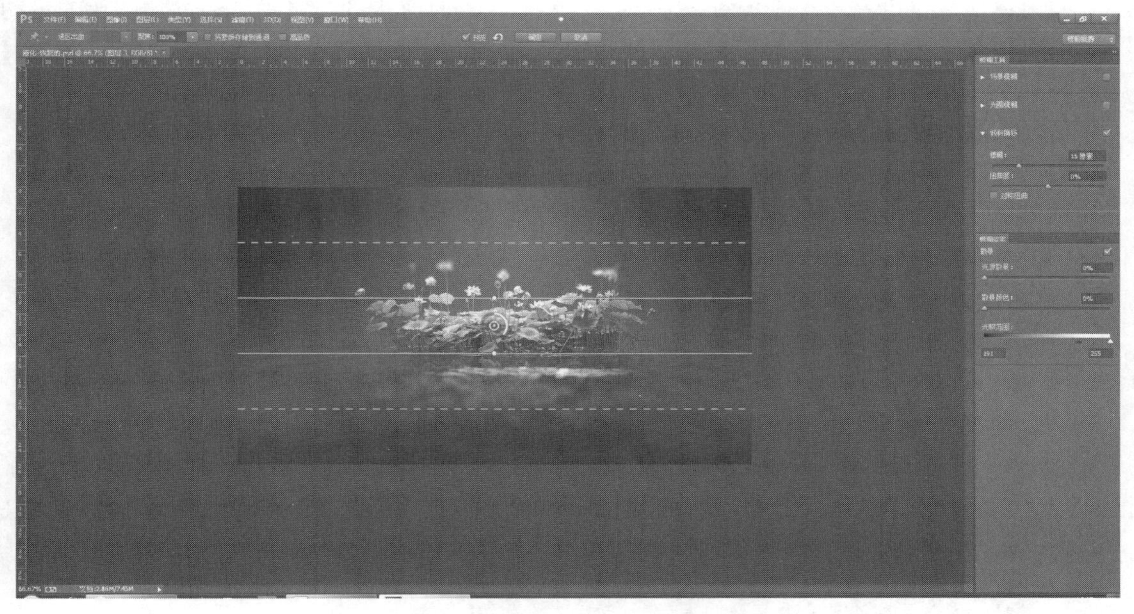

图 6-27　移轴模糊参数设置及效果

（4）“表面模糊”滤镜

“表面模糊”滤镜可以在保留边缘的同时模糊图像，也可以用该滤镜创建特殊效果消除杂色或者粒度，其中：

半径：用于设置模糊取样区域大小。

阈值：控制相邻像素色调值与中心像素色调值相差多大时才能成为模糊的一部分，色调差值小于阈值的像素将被排除在模糊区域之外。

参数设置及效果如图 6-28 所示。

图 6-28　表面模糊参数设置及效果

（5）“动感模糊”滤镜

使用该滤镜可以产生运动模糊，它是模仿物体运动时曝光的摄影手法，增加图像的运动效果。弹出的对话框包含有两项参数，用户可以对模糊的强度和方向进行设置，还可以通过使用选区或图层来控制运动模糊的效果区域，其中：

角度：用于设置模糊的方向。

距离：用于设置像素模糊程度。

参数设置及效果如图 6-29 所示。

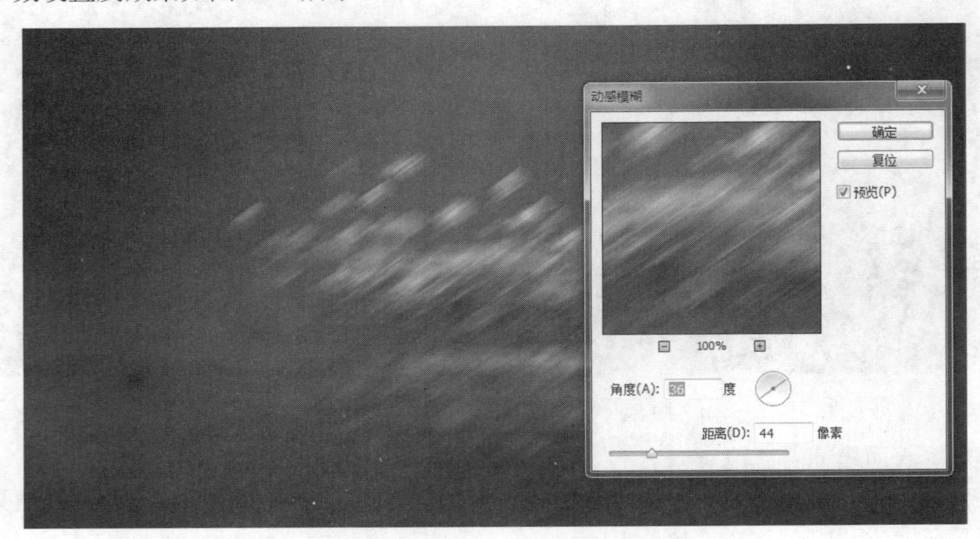

图 6-29　动感模糊参数设置及效果

（6）“方框模糊”滤镜

“方框模糊”滤镜可以给予相邻像素的平均颜色值来模糊图像，其中：

半径：调整用于计算指定像素平均值的区域大小，数值越大，产生的模糊效果越好。

参数设置及效果如图 6-30 所示。

图 6-30　方框模糊参数设置及效果

（7）“高斯模糊”滤镜

该滤镜可以直接根据高斯算法中的曲线调节像素的色值，来控制模糊程度，造成难以辨认的浓厚的图像模糊，其中：

半径：取值范围是 0.1～250，以像素为单位，取值受图像分辨率的影响，大图可以取较大的值，但取值太大时处理速度会较慢。

参数设置及效果如图 6-31 所示。

图 6-31　高斯模糊参数设置及效果

（8）“进一步模糊”滤镜

该滤镜可以平衡已定义的线条和遮蔽区域的清晰边缘旁边的像素，使变化显得柔和。与“模糊”滤镜的效果相似，但它的模糊程度大约是“模糊”滤镜的 3 到 4 倍。

（9）“径向模糊”滤镜

该滤镜属于特殊效果滤镜，使用该滤镜可以将图像旋转成圆形或从中心辐射的图像，用于模拟旋转或者缩放相机时所产生的一种柔化模糊效果。弹出的对话框包括四个控制参数，其中：

数量：控制明暗度效果，并决定模糊的强度，取值范围是 1～100。

模糊方法：提供了两个选项，即“旋转”和“缩放”。

品质：提供了三个选项，包括“草图”“好”“最好”。

中心模糊：使用鼠标拖动辐射模糊中心相对整幅图像的位置，如果放在图像中心则产生旋转效果，放在一边则产生运动效果。

参数设置及效果如图 6-31、图 6-32 所示。

（10）“镜头模糊”滤镜

“镜头模糊”滤镜可以向图像中添加模糊效果，模糊效果取决于模糊的源设置，如果图像中存在 Alpha 通道或者图层蒙版，则可以为图像中特定对象创建景深效果，使这个对象位于焦点内，而使之前的区域变得模糊，其中：

预览：用于设置预览模糊效果的方式。

深度映射：从“源”下拉列表框中可以选择使用 Alpha 通道或者图层蒙版来创建景深效果，其中通道或蒙版中的白色区域将被模糊，而黑色区域则保持原样；“模糊焦距”用来设置位于焦点内的像素深度；“反相”用来反转 Alpha 通道或图层蒙版。

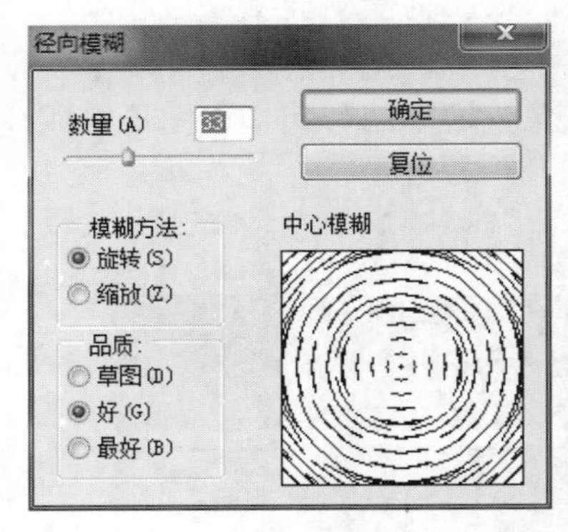

图 6-31 “径向模糊”对话框

图 6-32 径向模糊效果

光圈：用来设置模糊的显示方式。“形状”用来选择光圈的形状；“半径”用来设置模糊的数量；“叶片弯度”用于设置对光圈边缘进行平滑处理的程度；“旋转”用来旋转光圈。

镜面高光：用于设置镜面高光的范围。“亮度”用来设置高光的亮度；“阈值”用于设置亮度的停止点，比停止点值亮的所有像素都视为镜面高光。

杂色：“数量”用来在图像中添加或减少杂色；“分布”用来设置杂色的分布方式，包含“平均”和“高斯分布”。

参数设置及效果如图 6-33 所示。

图 6-33 镜头模糊参数设置及效果

（11）“模糊”滤镜

该滤镜通过减少相邻像素之间的颜色对比度来平滑图像。它的效果轻微，能非常轻柔地柔和明显的边缘或凸起的形状。

（12）“平均模糊”滤镜

“平均模糊”滤镜可以查找图像或选区的平均颜色，再用该颜色填充图像或选区，以创建平滑的外观效果。

（13）“特殊模糊”滤镜

使用该滤镜可以产生一种使边界清晰的模糊方式，它自动找到图像的边缘并只模糊图像的内部区域。它的很有用的一项功能是，可以除去图像人物肤色中的斑点。弹出的对话框中包含四项参数设置，其中：

半径：设置模糊区域的半径，取值范围是 0.1～100。

阈值：设置模糊区域的临界值，取值范围是 0.1～100。

品质：设置模糊的质量，包括“低”“中”“高”三级。

模式：设置模糊的模式，包括“正常”“仅限边缘”“叠加边缘”。

参数设置及效果如图 6-34、图 6-35 所示。

图 6-34　“特殊模糊”对话框

图 6-35　特殊模糊效果

（14）“形状模糊”滤镜

“形状模糊”滤镜可以用设置形状来创建特殊的模糊效果，其中：

半径：用来调整形状的大小，数值越大，模糊效果越好。

形状列表：在形状列表中选择一个形状，可以使用该形状来模糊图像。

参数设置及效果如图 6-36 所示。

图 6-36 形状模糊参数设置及效果

4. "扭曲"滤镜组

"扭曲"滤镜组可以将图像做几何方式的变形处理，生成一种从波纹到扭曲或三维的变形图像特殊效果，可以创作非同一般的艺术作品。

（1）"波浪"滤镜

该滤镜的控制参数是最复杂的，包括波动源的个数、波长、波纹幅度以及波纹类型等，用户可以选择多种随机的波浪类型，使图像产生歪曲摇晃的效果。弹出的对话框中所设置的参数较多，如图 6-37 所示，其中：

生成器数：该参数控制产生波的震源总数，取值范围是 1～999，数值设置越大，图像越混乱。

波长：可调节波峰或波谷之间的距离，取值范围是 1～999，数值由小到大变化，可控制波纹从很弯曲的曲线变成直线。

波幅：是指调节产生波的幅度，取值范围是 1～999，该参数主要反映的是波幅的大小。

比例：确定水平和垂直方向的缩放比例。

类型：是指决定波的形状，有"正弦"波、"三角形"波、"方形"波三种类型可以选择。

（2）"波纹"滤镜

该滤镜模拟一种微风吹拂水面的方式，使图像产生水纹涟漪的效果。弹出的对话框包括两个控制参数，如图 6-38 所示，其中：

数量：调整涟漪的高度和方向，取值范围是-999～+999。

大小：调节涟漪的大小。

（3）"极坐标"滤镜

该滤镜能产生图像坐标向极坐标转化或从极坐标向直角坐标转化的效果，它能将直的物体拉弯，圆形物体拉直。弹出的对话框中包括两个坐标：平面坐标到极坐标和极坐标到平面坐标，如图 6-39 所示。

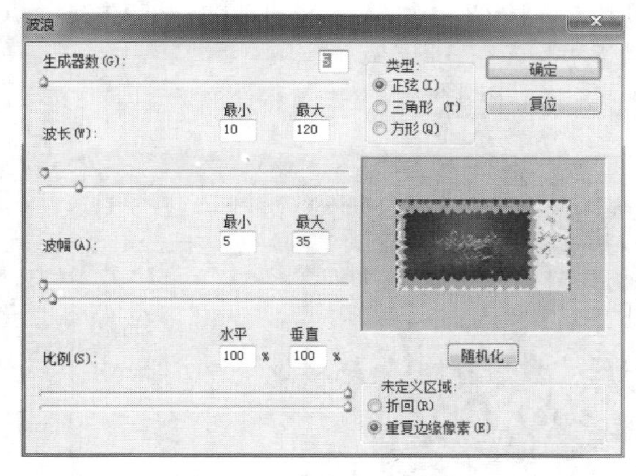

图 6-37　“波浪”对话框

图 6-38　“波纹”对话框

（4）“挤压”滤镜

该滤镜能产生一种图像或选区被挤压或膨胀的效果。实际上是压缩图像或选区中间部位的像素，使图像呈现向内凹或向外凸的形状。弹出的对话框中只有一个控制参数，如图 6-40 所示，其中：

数量：调节向内或向外挤压的程度。

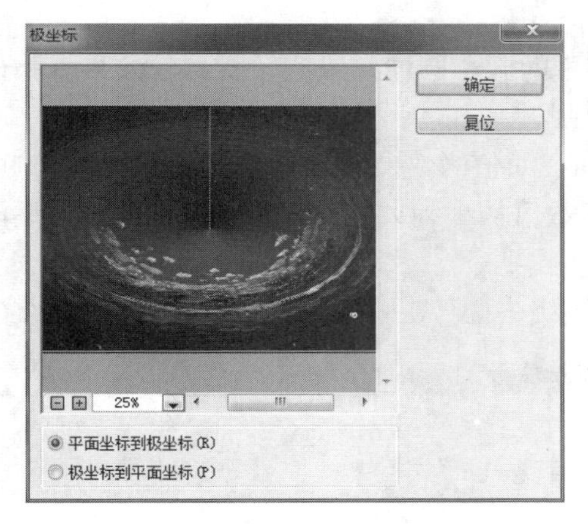

图 6-39　“极坐标”对话框

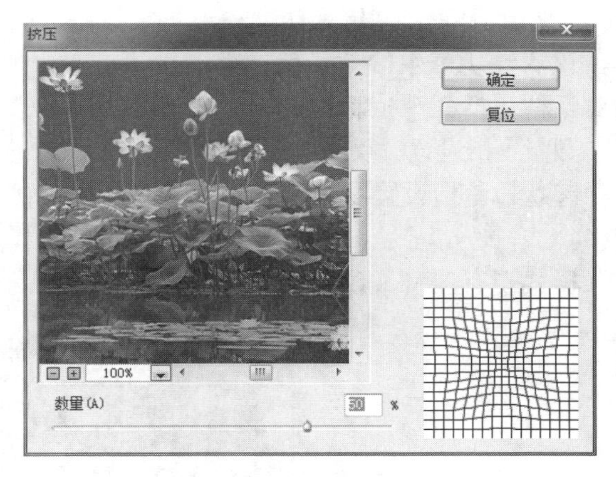

图 6-40　“挤压”对话框

（5）“切变”滤镜

“切变”滤镜沿一条曲线扭曲图像。通过拖移框中的线条来指定曲线，形成一条扭曲曲线。可以调整曲线上的任何一点。弹出的对话框只包含一个控制参数，“未定义区域”是指图像的边缘区域，有两个选项，如图 6-41 所示，其中：

折回：表示图像右边界处不完整的图形可在图像的左边界继续延伸。

重复边缘像素：表示图像边界处不完整的图形可以用重复局部像素的方法来修补。拖动曲线端点的黑点可以改变曲线方向。

（6）“球面化”滤镜

该滤镜产生将图像贴在球面或柱面上的效果。在正常的模式下可以产生类似“极坐标”

滤镜的效果，并且还可以在水平方向或垂直方向球化。弹出的对话框包含有两个控制参数，如图 6-42 所示，其中：

数量：调整缩放球化数值，取值范围是-100%～+100%，负值表示凹球面，正值表示凸球面。

模式：有三种模式可供选择，分别是“正常”“水平优先”和“垂直优先”。

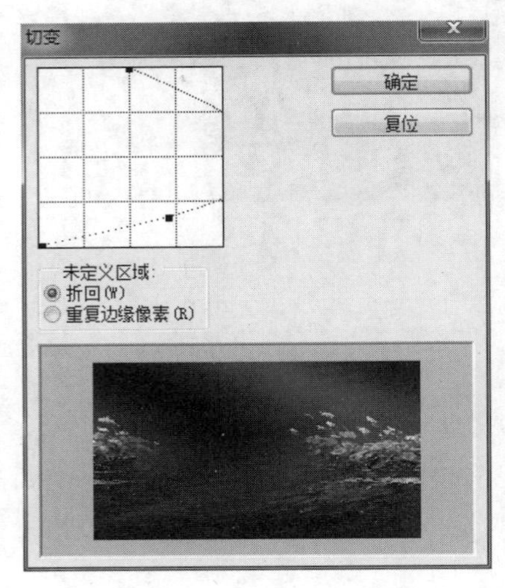

图 6-41　“切变”对话框

图 6-42　“球面化”对话框

（7）“水波”滤镜

该滤镜所产生的效果就像把石子扔进水中所产生的同心圆波纹或旋转变形的效果。弹出的对话框包括三个控制参数，如图 6-43 所示，其中：

数量：指设置波纹的效果，取值范围是-100～+100，负值的效果是凹陷，正值的效果是凸起。

起伏：是指设置纹理，取值范围值是 0～20，该数值从小到大的变化表示波纹的数量逐渐变多。

样式：有三种波纹的类型可以选择，分别是“围绕中心”“由中心向外”和“水池波纹”。

图 6-43　“水波”对话框

（8）“旋转扭曲”滤镜

该滤镜创造出一种螺旋形的效果，在图像中央出现最大的扭曲，逐渐向边界方向递减，就像风轮一般。弹出的对话框只有一个控制参数，如图 6-44 所示，其中：

角度：可以调整风轮旋转的角度，取值范围是-999 度～+999 度。

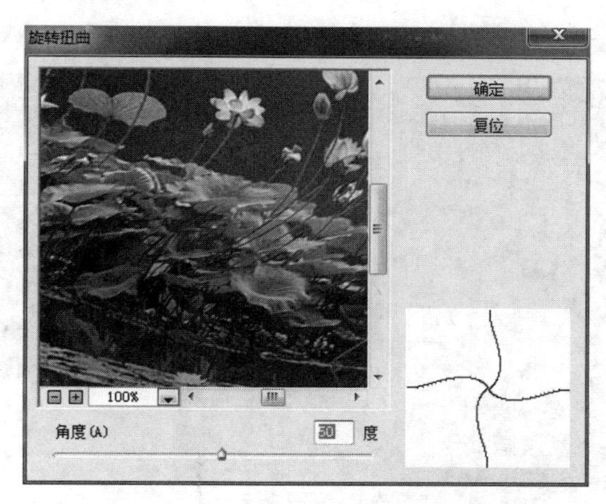

图 6-44 “旋转扭曲”对话框

（9）“置换”滤镜

该滤镜是最为与众不同的一种滤镜，一般很难预测它的效果。弹出的对话框包含四个参数设置选项，如图 6-45 所示，其中：

水平比例：设定水平方向的缩放比例。

垂直比例：设定垂直方向的缩放比例。

置换图：设置置换图的属性方式。

未定义区域：主要是指图像的边缘区域。“折回”表示图像的右边界处不完整的图像可以在图像的左边界外继续延伸；“重复边缘像素”表示图像边界不完整的图像可用重复局部像素的方法来弥补。

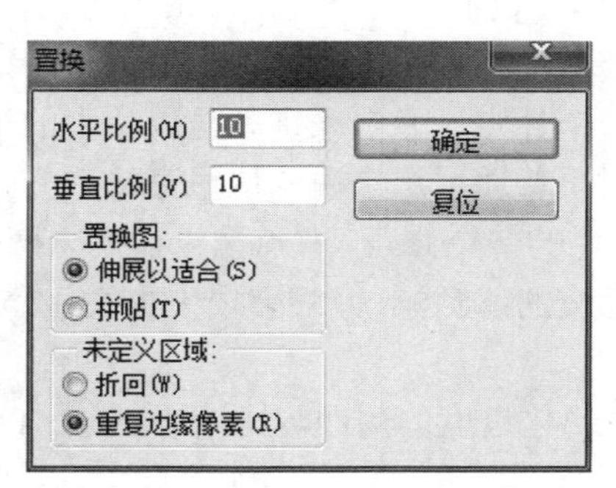

图 6-45 “置换”对话框

5. “锐化”滤镜组

“锐化”滤镜组通常用于提高图像清晰度，通过增强相邻像素之间的对比度来聚焦模糊图像。

（1）“USM 锐化”滤镜

该滤镜可以查找图像颜色发生明显变化的区域，然后将其锐化，其中：

数量：用于设置锐化效果的精细程度。

半径：用于设置图像锐化的半径大小。

阈值：只有相邻像素的直接差值达到所设置的阈值时图像才会被锐化，该值越高，被锐化的像素就越少。

参数设置及效果如图 6-46 所示。

图 6-46　USM 锐化参数设置及效果

（2）“防抖”滤镜

“防抖”滤镜几乎在不增加噪点，不影响画质的前提下，使因轻微抖动而造成的模糊能瞬间重新清晰起来。在如图 6-47 所示的“防抖”对话框可以看到各种设置，其中：

模糊临摹边界：可视为整个处理的最基础锐化，即由它先勾出大体轮廓，再由其他参数辅助修正。取值范围为 10～199，数值越大，锐化效果越明显。当该参数取值较高时，图像边缘的对比度会明显加深，并会产生一定的晕影，这是很明显的锐化效应。

源杂色：对原片质量的一个界定，通俗来讲就是原片中的杂色是多还是少，分为四个值，即自动、低、中、高。一般对于普通用户来说，这里直接选择“自动”，效果比较理想。

平滑：是对临界所导致杂色的一个修正，有点像以前的全图去噪。取值范围为 0%～100%，值越大，去杂色效果越好（磨皮的感觉），但细节损失也大，需要在清晰度与杂点程度上加以均衡。

伪像抑制：专门用来处理锐化过度的问题，同样是 0%～100%的取值范围，也需要在清晰度与画面间加以平衡。

在取值时除了要保证画面足够清晰外，还要尽可能照顾到不产生明显晕影方可。对于剩下的具体微调，大家可以随意拖动滑块，在左侧窗口可以看到最终效果。

参数设置及效果如图 6-47 所示。

（3）“进一步锐化”滤镜

该滤镜可以通过增加相邻像素之间的对比度来使图像变得更清晰，但锐化效果不是很明显。

图 6-47　“防抖”滤镜参数设置及效果

（4）“锐化”滤镜

该滤镜与“进一步锐化”滤镜一样，都可以通过增加像素之间的对比度使图像变得清晰，但是其锐化效果没有“进一步锐化”滤镜效果明显。

（5）“锐化边缘”滤镜

该滤镜只锐化图像的边缘，同时会保留图像整体的平滑度。

（6）“智能锐化”滤镜

该滤镜的功能比较强大，具有独特的锐化选项，可以设置锐化算法，控制阴影和高光区域的锐化量，如图 6-48 所示。

图 6-48　“智能锐化”对话框

6. “像素化”滤镜组

“像素化”滤镜组将图像分成一定的区域，将这些区域转变为相应的色块，再由色块构成图像，制出类似于色彩构成的效果。

（1）“彩块化”滤镜

“彩块化”滤镜通过分组和改变示例像素为相近的有色像素块，使用纯色或相近颜色的像素结块来重新绘制图像，将图像的光滑边缘处理出许多锯齿，制作出类似手绘的效果，如图6-49 所示。

图 6-49 彩块化效果

（2）“彩色半调”滤镜

该滤镜将图像分格，然后向方格中填入像素，以圆点代替方格，圆形的大小与方格的亮度成正比。处理后的图像看上去就像是铜版画，其中：

最大半径：数值在 4～127 之间。

网角：也就是屏蔽度数，可设置四个通道的网线角度。

参数设置及效果如图 6-50 所示。

彩色半调
最大半径(R): 8 (像素) 确定
网角(度): 复位
通道 1(1): 108
通道 2(2): 162
通道 3(3): 90
通道 4(4): 45

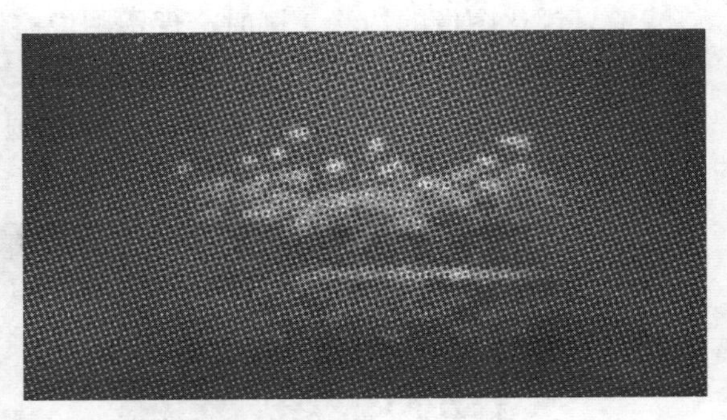

图 6-50 彩色半调参数设置及效果

（3）“点状化”滤镜

该滤镜将图像分解成一些随机的小圆点，间隙用背景色填充，产生点画派作品的效果。弹出的对话框只包括一个控制参数：

单元格大小：其值决定圆点的大小，取值范围是 3～300。

参数设置及效果如图 6-51 所示。

（4）“晶格化”滤镜

该滤镜将相近的有色像素集中到一个像素的多边形网格中，创造出一种独特的风格。弹出的对话框只包括一个控制参数：

单元格大小：取值范围是 3～300，主要是控制多边形网格的大小。

参数设置及效果如图 6-52 所示。

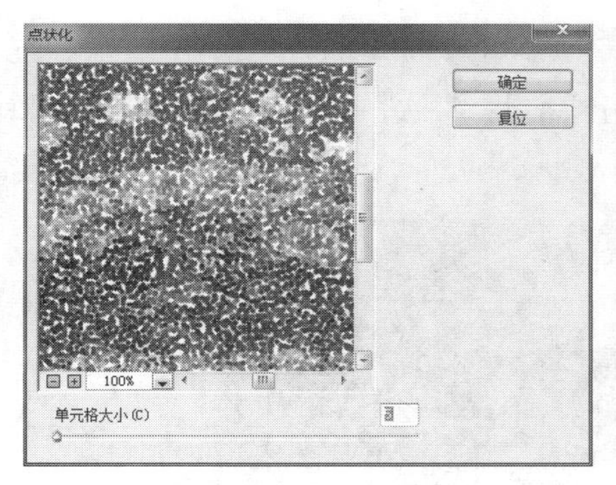

图 6-51　点状化参数设置及效果

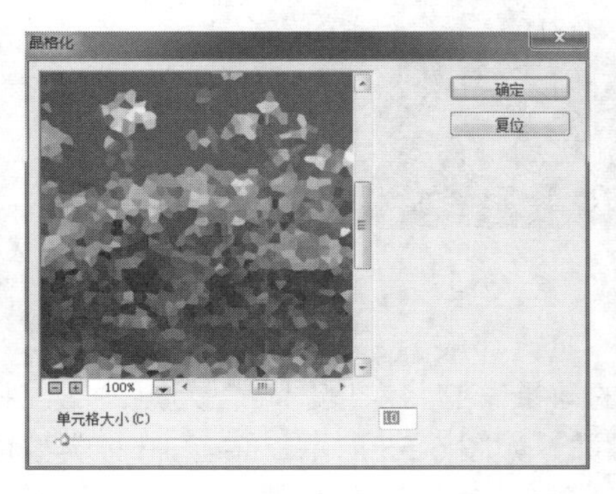

图 6-52　晶格化参数设置及效果

（5）“马赛克”滤镜

该滤镜将图像分解成许多规则排列的小方块，其原理是把一个单元内所有像素的颜色统一产生马赛克效果。弹出的对话框只包含一个控制参数：

单元格大小：它决定单元的大小，取值范围是 2～64。

参数设置及效果如图 6-53 所示。

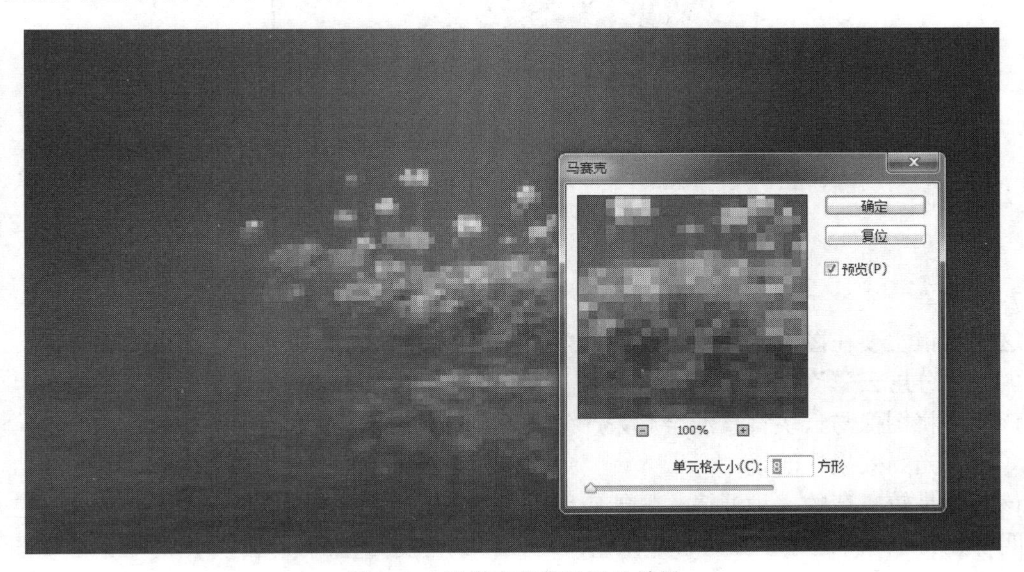

图 6-53　马赛克参数设置及效果

（6）“碎片”滤镜

该滤镜自动拷贝图像，然后以半透明的显示方式错开粘贴 4 次，产生的效果就像图像中的像素在震动，如图 6-54 所示。

图 6-54　碎片效果

（7）“铜版雕刻”滤镜

该滤镜用点、线条重新生成图像，产生金属版画的效果。它将灰度图转化为黑白图，将彩色图饱和。弹出的对话框只包含一个“类型”控制参数，如图 6-55 所示，共有 10 种类型可供选择。

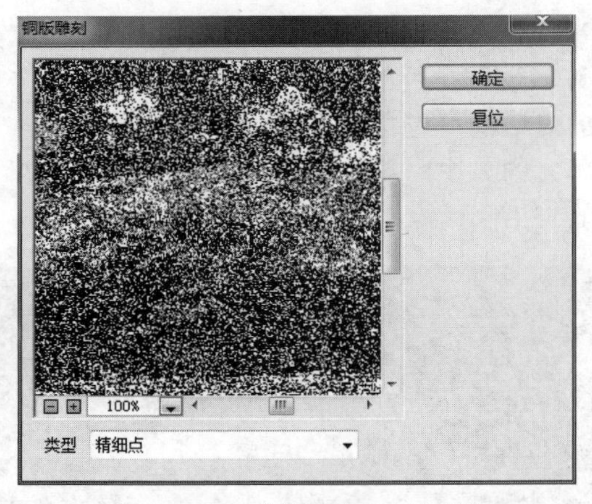

图 6-55　“铜版雕刻”对话框

7. “渲染”滤镜组

这些滤镜主要在图像中产生一种照明效果，或不同光源的效果。

（1）“分层云彩”滤镜

该滤镜将图像与云块背景混合起来产生图像反白的效果，效果如图 6-56 所示。

（2）“光照效果”滤镜

该滤镜是较复杂的一种滤镜，只能应用于 RGB 模式。该滤镜提供了十七种光源、三种灯光和四种光特征，将这些参数组合起来用户可以得到千变万化的效果。弹出的对话框如图 6-57 所示。

图 6-56　分层云彩效果

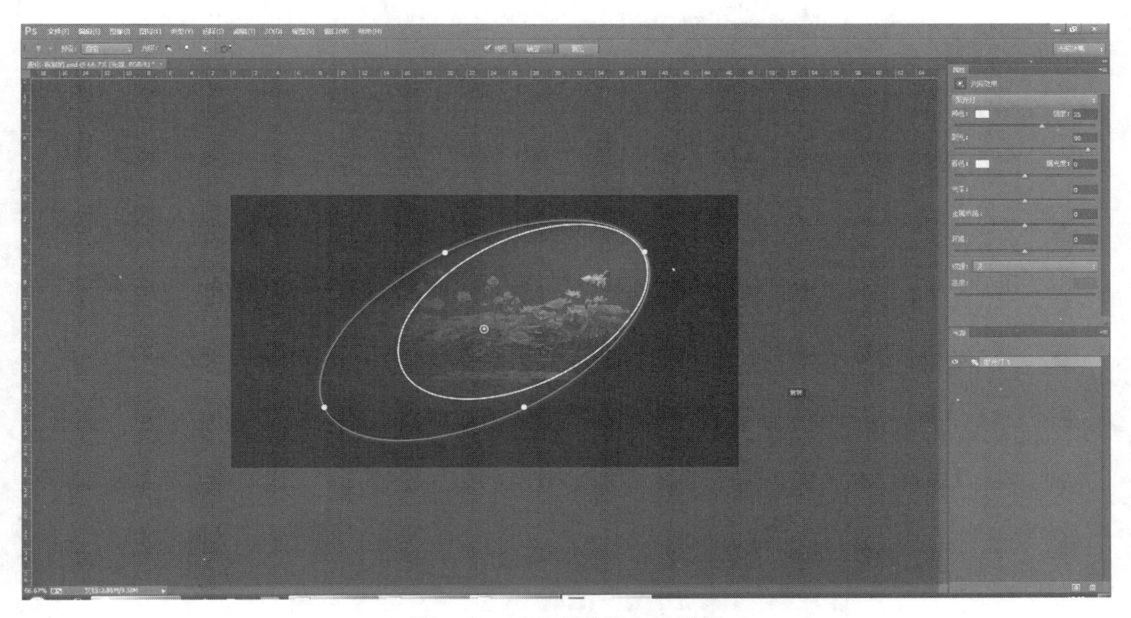

图 6-57　“光照效果”对话框

“光照效果”滤镜可以在 RGB 图像上产生无数种光照效果，还可以使用灰度文件的纹理（称为凹凸图）产生类似 3D 的效果。

注意：“光照效果”滤镜仅适用于 Photoshop CC 中的 8 位 RGB 图像。必须有支持的显卡才能使用光照效果。

在左上角的“预设”菜单中可选取一种样式，在右侧顶部菜单中可选取光照类型（点光、无限光或聚光灯），在“属性”面板中，可以使用以下选项来调整光源属性：颜色、聚光、着色、光泽、金属质感、环境、纹理。

（3）“镜头光晕”滤镜

该滤镜模拟光线照射在镜头上的效果，产生折射纹理，如同摄像机镜头的炫光效果。弹出的对话框包括三个控制参数，如图 6-58 所示，其中：

亮度：调节产生亮斑的大小，取值范围是 10%～300%。

光晕中心：拖动十字光标可改变炫光位置。

镜头类型：它决定炫光点的大小，有四种类型可供选择。

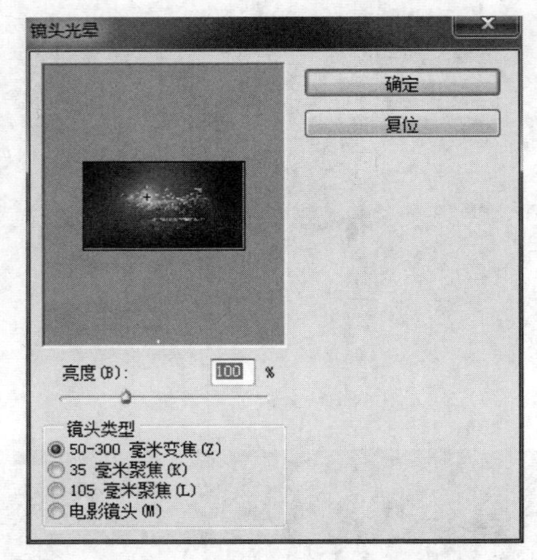

图 6-58 “镜头光晕”对话框

（4）“纤维”滤镜

该滤镜根据前景色随机产生一种任意的纤维外观，弹出的对话框如图 6-59 所示，其中：

差异：用于控制颜色的变化方式，小值产生长条纹，大值产生短且颜色变化的条纹。

强度：用于控制每根纤维的外观，低设置产生展开的纤维，高设置产生短的绳状纤维。

随机化：用于更改图案外观，可以多次单击该按钮，直至得到满意的纤维。

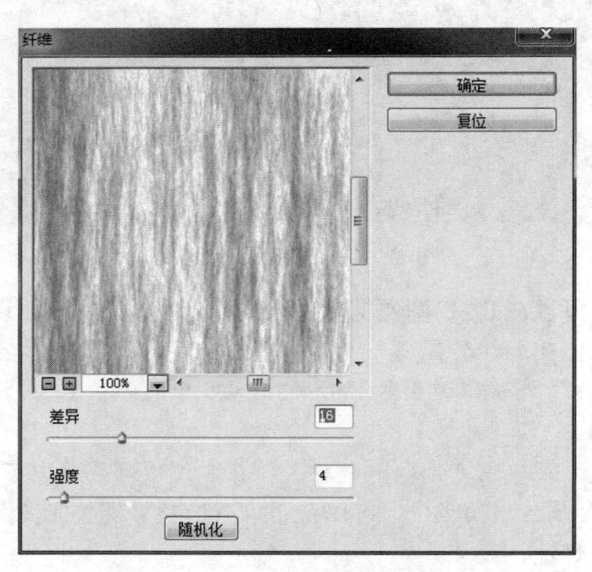

图 6-59 “纤维”对话框

（5）“云彩”滤镜

该滤镜利用选区在前景色和背景色之间的随机像素值，在图像上产生云彩状的效果，即烟雾飘渺的景象，如图 6-60 所示。

图 6-60　云彩效果

8. “杂色”滤镜组

“杂色”滤镜组可以增加或去除图像中的杂点，这些工具在处理扫描图像时非常有用。

（1）“减少杂色”滤镜

该滤镜可以大大地去除图像中的一些杂点、脏点。

（2）“蒙尘与划痕”滤镜

该滤镜可以弥补图像中的缺陷。其原理是搜索图像或选区中的缺陷，然后对局部进行模糊，将其融合到周围的像素中去。弹出的对话框包含两个控制参数，其中：

半径：调节清除缺陷的范围，取值范围是 1～100，数值越大，模糊的范围越大。

阈值：确定参与计算的像素数，取值范围是 0～255，数值为 0 时，区域内的所有像素都将参与计算，值越大，参与计算的像素越少。

（3）“去斑”滤镜

该滤镜能除去与整体图像不太协调的斑点。

（4）“添加杂色”滤镜

该滤镜向图像中添加一些干扰像素，像素混合时产生一种漫射的效果，增加图像的图案感。弹出的对话框包括三个控制参数，其中：

数量：即调节加入的干扰量，取值范围是 1～999，数值范围越大，效果越明显。

分布：有两种分布方式可供选择，一个是平均分布，另一个是高斯分布。

单色：指是否设置为单色干扰像素。

（5）“中间值”滤镜

该滤镜能减少选区像素亮度混合时产生的干扰。它搜索亮度相似的像素，去掉与周围像素反差极大的像素，以所捕捉的像素的平均亮度来代替选区中心的亮度，弹出的对话框只包括一个控制参数：

半径：取值范围是 1～100，数值决定了参与分析的像素数，数值越大，模糊的范围就越大。

6.4　项目操作步骤

1. 处理背景素材

（1）新建 397mm×543mm 文件，颜色模式为 CMYK，导入背景素材，然后新建空白图层并填充黑色，选中刚刚填充的黑色图层，单击下方添加蒙版，选择一个黑色到白色的中心渐变，如图 6-61 所示；单击刚添加的蒙版从中心向外拉出一个渐变，如图 6-62 所示。

图 6-61　渐变设置

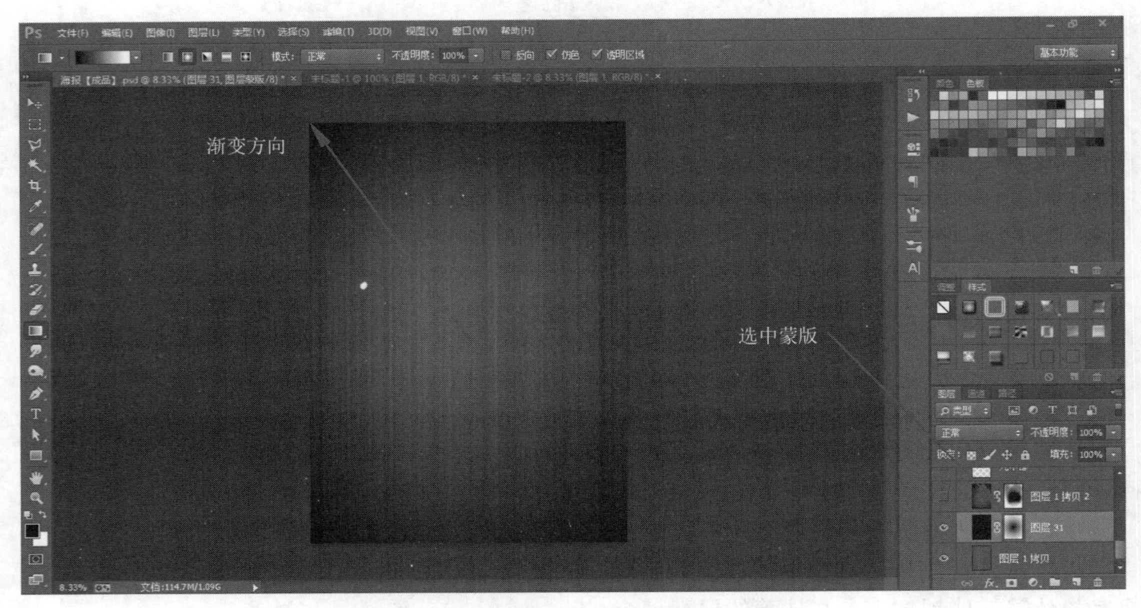

图 6-62　添加蒙版之后的效果

（2）单击刚刚建立的蒙版，选择减淡工具，画笔大小为 1500 像素，在图中下方两个角落涂抹（从左向右涂抹一次），使下方的两个角落黑色减淡，如图 6-63 所示。选择加深工具，设置画笔大小为 4800 像素，选中蒙版，然后在图中心单击一下，提亮画面中心，如图 6-64 所示。

图 6-63　使用减淡工具效果

图 6-64　使用加深工具效果

（3）选中所有图层，按 Ctrl+G 将所有图层分组，并命名为“背景”，如图 6-65 所示。

图 6-65　“背景”图层组

2. 添加舞台

（1）导入舞台素材，按下 Ctrl+T 组合键进入自由变换，然后按住 Shift 键等比例变换舞台大小，调整其位置，如图 6-66 所示。

（2）沿着舞台边缘用钢笔工具绘制路径，如图 6-67 所示，然后按下 Ctrl+Enter 组合键将路径转换为选区，新建空白图层，将图层命名为“光泽”，填充为白色（R，255；G，255；B，255），调整图层的不透明度，放大后效果如图 6-68 所示。

图 6-66　导入舞台素材

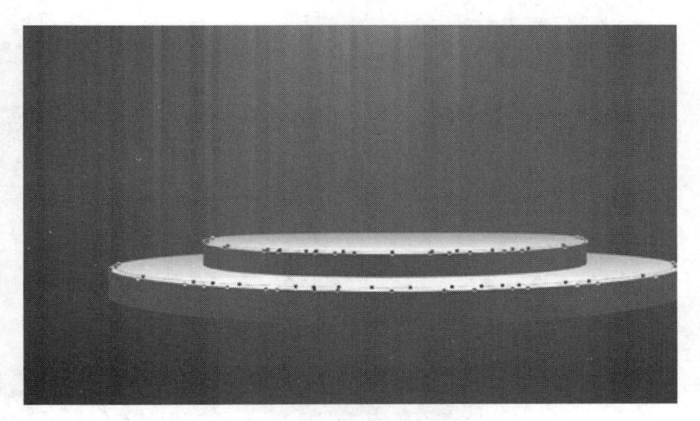

图 6-67　绘制路径

图 6-68　“光泽”图层效果

（3）新建空白图层，绘制如图 6-69 所示的选区，然后使用“黑色柔边”画笔，降低不透明度为 75%，画笔大小为 4800 像素，沿着选区下方绘制如图 6-70 所示的黑色阴影。

图 6-69　绘制矩形选区

图 6-70　绘制黑色阴影效果

（4）新建图层，然后将图层不透明度设置为50%，画笔大小为600像素，绘制如图6-71所示的黑色阴影。

（5）新建图层，选择椭圆选框工具，绘制如图6-72所示的选区，按Shift+F6设置羽化值为55像素，然后填充黑色，效果如图6-73所示。

图6-71　继续绘制黑色阴影

图6-72　绘制椭圆选区

图6-73　填充效果

（6）新建图层，用钢笔工具绘制如图6-74所示的路径，然后按下Ctrl+Enter，将路径转换为选区，填充黑色，如图6-75所示，然后按下Ctrl+D取消选区，降低图层不透明度为45%，效果如图6-76所示。

图6-74　绘制路径

图6-75　填充选区

图6-76　降低图层不透明度

（7）将所有图层选中，然后按下Ctrl+G将所有图层组合成组并命名为“舞台”。

3. 制作灯光效果

（1）新建图层，绘制如图 6-77 所示的选区并填充白色，按下 Ctrl+D 取消选区。

（2）单击 添加图层蒙版，选择“黑色柔边”画笔，设置画笔大小为 1800 像素，用画笔沿着白色区域边缘绘制，将边缘不透明度降低，使其与背景过渡更自然，如图 6-78 所示。

图 6-77 绘制选区并填充为白色

图 6-78 添加蒙版效果

（3）降低画笔不透明度为 13%，选中刚刚建立的蒙版，在灯光下边较亮的白色部分涂抹，使之变淡，效果如图 6-79 所示。

（4）新建图层，用钢笔工具绘制如图 6-80 所示的路径，然后按下 Ctrl+Enter，将路径转换为选区。

图 6-79 调整蒙版效果

图 6-80 绘制路径

（5）按下 Shift+F6 羽化，羽化值设为 60 像素，填充白色按下 Ctrl+D 取消选区后效果如图 6-81 所示。

（6）降低图层不透明度为 60%，如图 6-82 所示。

（7）按下 Ctrl+J 将刚刚的图层复制一份，图层不透明度设置为 100%，如图 6-83 所示。

（8）按下 Ctrl+T 进入自由变换，调整复制出来的椭圆大小，并适当旋转，将它放置于图 6-84 所示的位置。

（9）再新建图层，绘制如图 6-85 所示的路径，将路径转为选区，然后填充白色，按下 Ctrl+D 取消选区。

图 6-81　羽化效果

图 6-82　降低图层不透明度

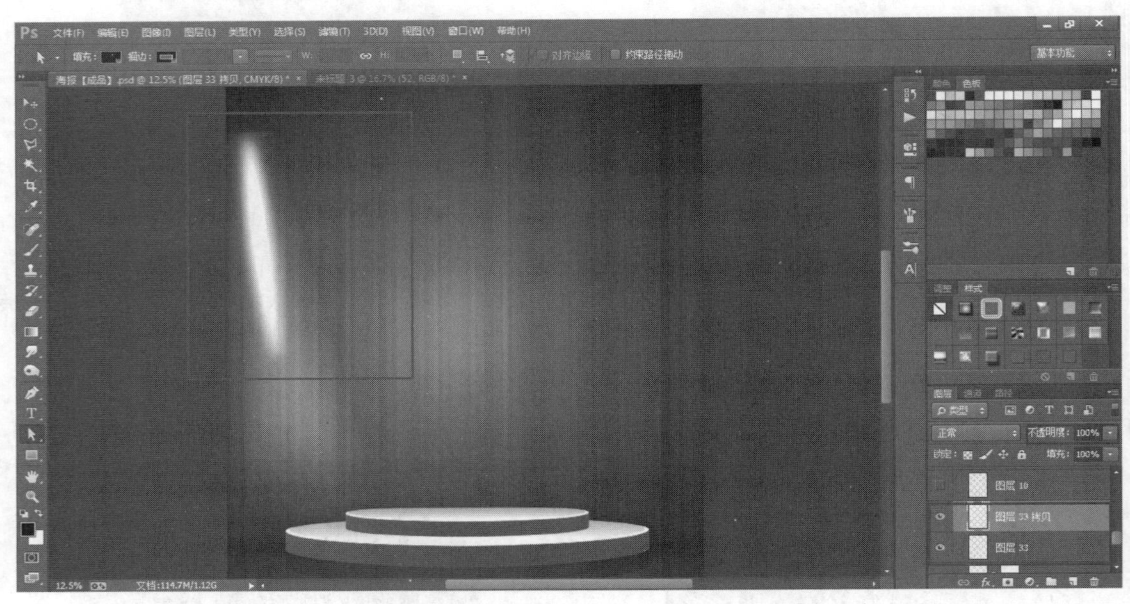

图 6-83　复制图层

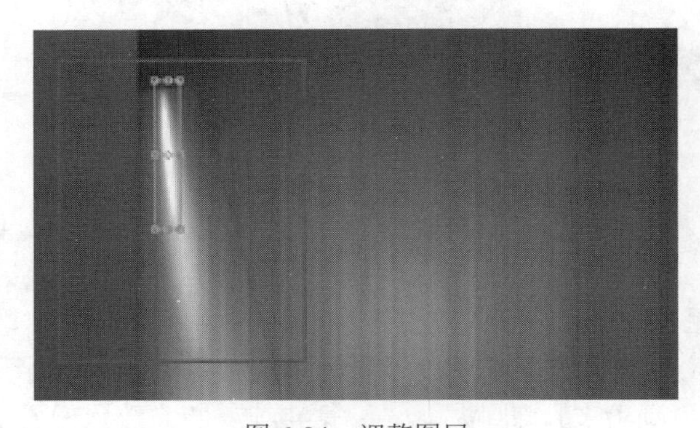

图 6-84　调整图层

图 6-85　绘制路径并填充

（10）单击　添加蒙版，选中蒙版，使用“黑色柔边”画笔，设置画笔大小为 1800 像素，不透明度为 76%，在白色区域周围涂抹，效果如图 6-86 所示。

图 6-86　添加蒙版效果

（11）新建图层，选择椭圆选框工具，绘制如图 6-87 所示的椭圆选区，按 Shift+F6 设置羽化值为 30 像素，然后填充白色，按 Ctrl+D 取消选区，效果如图 6-88 所示。

图 6-87　绘制椭圆

图 6-88　羽化效果

（12）然后按 Ctrl+T 调整椭圆，将椭圆稍微旋转，并用不透明度为 8%的橡皮擦工具在椭圆周围涂抹，效果如图 6-89 所示。

图 6-89　使用橡皮擦工具效果

（13）新建图层，选择椭圆选框工具，绘制一个较刚才小些的椭圆选区，按 Shift+F6 设置羽化值为 20 像素，填充白色，然后按 Ctrl+T 调整其位置，调整后效果如图 6-90 所示。

（14）选择所有图层，按 Ctrl+G，将所有图层组合成组，并将分组名称改为“灯光 1”；

重复以上步骤，分别制作“灯光 2”“灯光 3”，做好后效果如图 6-91 所示。

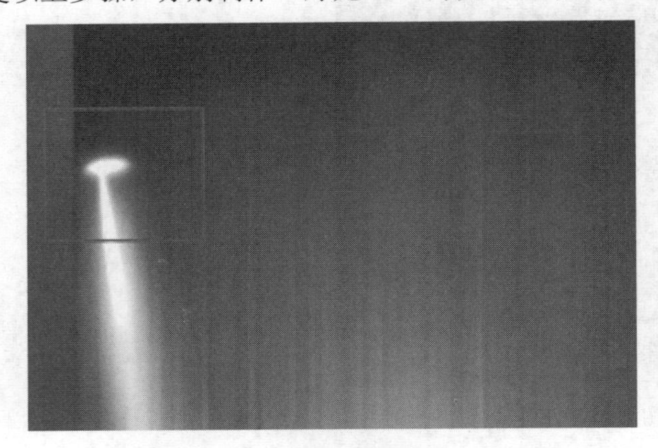

图 6-90　再次绘制椭圆效果

图 6-91　灯光效果

（15）新建图层，选择椭圆选框工具，绘制如图 6-92 所示的椭圆，按 Shift+F6 羽化，羽化值为 20 像素，然后填充白色，效果如图 6-93 所示；直接选择“移动工具”，按住 Alt 键并拖动鼠标沿着不同方向对椭圆进行复制，结合 Ctrl+T 变换大小，然后将所有的图层选中，按下 Ctrl+E 拼合图层，效果如图 6-94 所示。

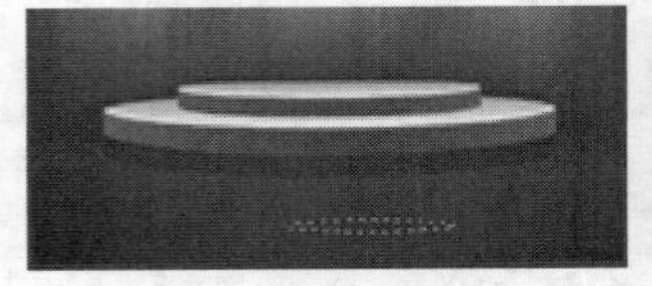

图 6-92　绘制椭圆

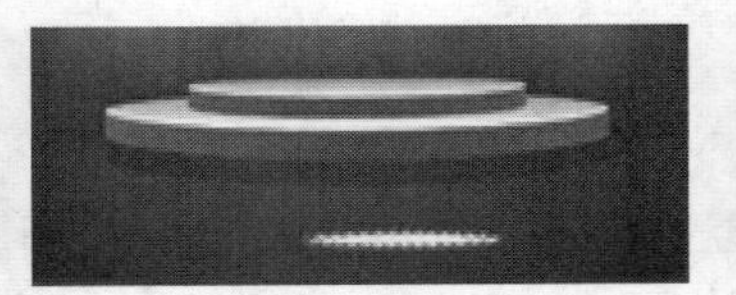

图 6-93　填充椭圆

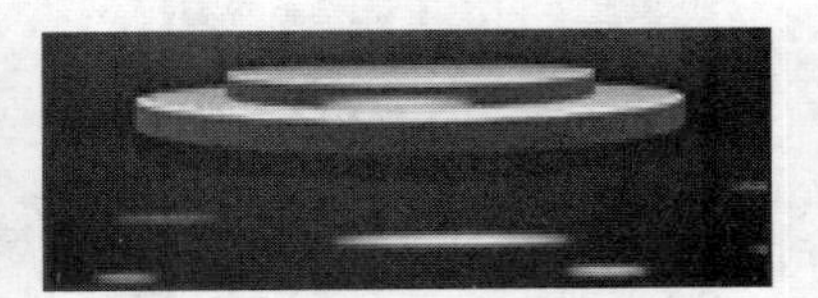

图 6-94　复制及调整后的效果

（16）按下 Ctrl+J 对当前图层复制，选择下面的图层（复制之前的图层），执行“滤镜”|“模糊”|“高斯模糊”命令，设置半径值为 50 像素，然后按 Ctrl+J 对当前图层再次复制，执行“滤镜”|“模糊”|“高斯模糊”命令，设置半径值为 74 像素，做好后对当前图层再次进行复制，执行“滤镜”|“模糊”|“高斯模糊”命令，设置半径值为 140 像素，最后选中所有图层，按下 Ctrl+G 将所有图层组合成组，并将分组名改为“地上灯光”，效果如图 6-95 所示。

图 6-95　最终灯光效果

4. 处理钢琴素材

（1）导入钢琴素材，调整钢琴位置，按下 Ctrl+J 组合键复制钢琴图层，单击给钢琴设置内发光（混合模式为“柔光”，不透明度为 100%，杂色为 0%，颜色为白色（R，255；G，255；B，255），方法为“柔和”，阻塞值为 0%，大小为 5 像素，范围为 50%，抖动值为 0%），如图 6-96 所示，然后设置外发光（混合模式为“滤色”，不透明度为 75%，杂色为 0%，颜色为白色（R，255；G，255；B，255），方法为“柔和”，阻塞值为 0%，大小为 250 像素，范围为 50%，抖动值为 0%），如图 6-97 所示。

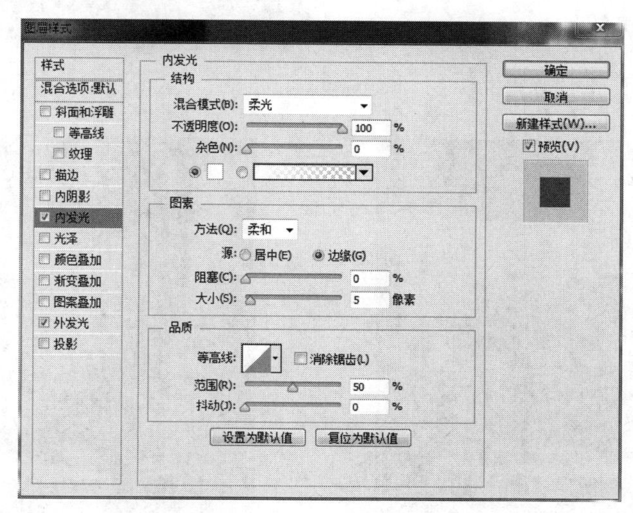

图 6-96　内发光设置

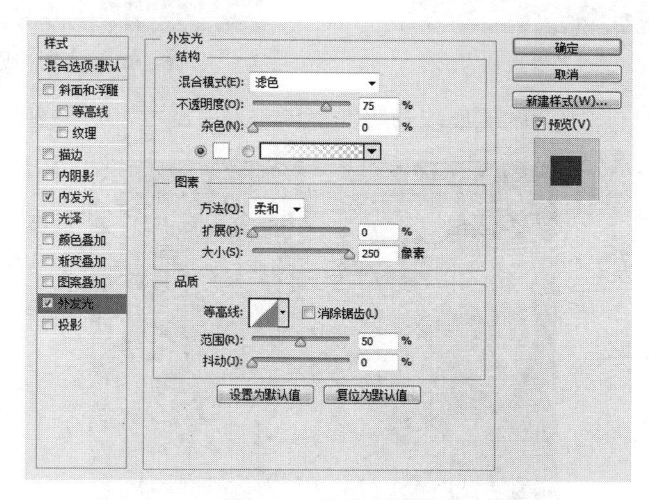

图 6-97　外发光设置

（2）选择之前的钢琴图层（未添加发光效果的钢琴图层），将它移到最上面，然后按 Ctrl+L 设置输出色阶值为 107，如图 6-98 所示；将该图层改名为“高光”，然后单击给该图层添加蒙版，用“黑色柔边”画笔在蒙版上涂抹钢琴的脚，效果如图 6-99 所示。

（3）导入镜头光晕素材使光晕中心位于钢琴最顶端，如图 6-100 所示。

（4）单击给该图层添加蒙版，选择“黑色柔边”画笔，设置画笔大小为 4000 像素，选中蒙版，在如图 6-101 所示的区域内涂抹，涂抹后效果如图 6-101 所示。

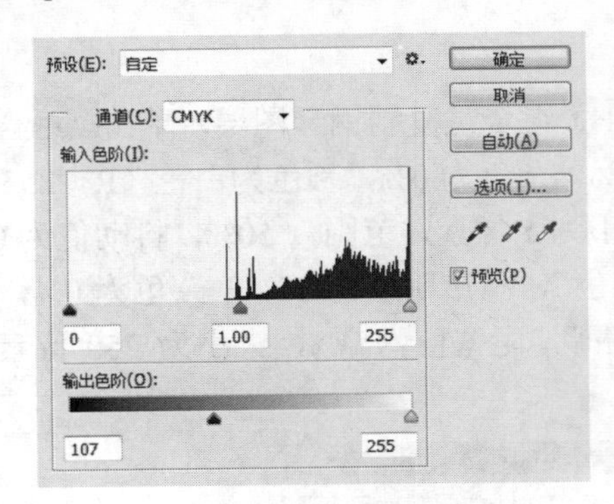

图 6-98　色阶设置

图 6-99　添加蒙版效果

图 6-100　导入光晕素材

图 6-101　涂抹区域及涂抹效果

（5）按下 Ctrl+D 取消选区，更改图层混合模式为“滤色”如图 6-102 所示。

图 6-102　更改图层混合模式

（6）在钢琴图层下面，新建图层并命名为“光斑”，选择“白色硬边缘”画笔，随机更改画笔大小及不透明度，在钢琴周围单击，制作光斑，如图 6-103 所示。

图 6-103　“光斑”图层效果

（7）新建 10.8mm×10.8mm 文件，命名为“星光”，将背景填充为黑色，然后新建图层，选择椭圆选框工具，绘制如图 6-104 所示的选区。

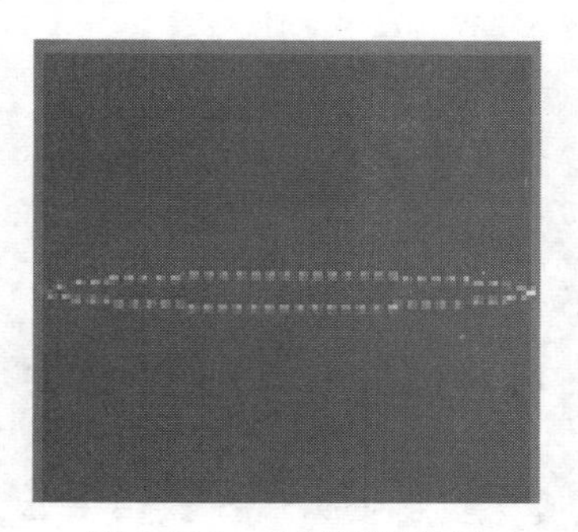

图 6-104　绘制椭圆选区

（8）按 Shift+F6 组合键羽化，羽化值为 2 像素，并填充白色（R，255；G，255；B，255），然后复制该图层，按 Ctrl+T 组合键旋转 90 度，效果如图 6-105 所示。

图 6-105　填充并复制图层

（9）新建图层，选择“白色柔边”画笔，设置大小为 60 像素，在中心处单击 2～3 次，效果如图 6-106 所示。

（10）隐藏黑色背景图层，选中除背景图层以外的所有图层，按 Ctrl+E 组合键合并除背景图层以外的所有图层，按 Ctrl+I 组合键反相，然后执行“编辑”|“定义画笔预设”|“确定”命令，如图 6-107 所示（从第（7）至第（10）步主要是制作画笔）。

图 6-106　使用画笔绘制效果

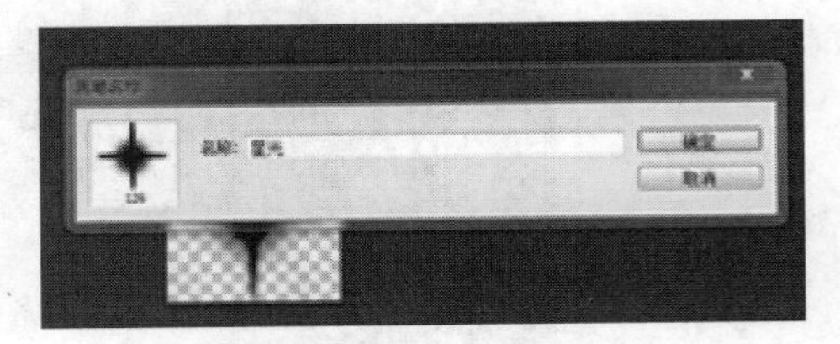

图 6-107　制作画笔

（11）回到刚刚的海报文件中，新建图层并命名为“星光”，选择画笔工具，然后选择最后一个画笔（刚刚制作的画笔），改变画笔大小，在钢琴周围单击，如图 6-108 所示。

图 6-108　使用画笔绘制星光效果

（12）新建图层，随机改变画笔大小以及画笔不透明度，在图中随意单击，达到图 6-109 所示的效果。

图 6-109　随意绘制星光效果

5. 制作发光蝴蝶

（1）导入蝴蝶素材，按 Ctrl+J 组合键复制蝴蝶素材，摆放在合适位置，如图 6-110 所示。

图 6-110　导入并复制蝴蝶素材

（2）新建图层，命名为“蝴蝶 3”，用钢笔工具勾勒蝴蝶外轮廓，填充白色（R，255；G，255；B，255），然后将该图层移到“蝴蝶素材”和“蝴蝶素材 拷贝”图层的下方，降低图层不透明度为 63%，如图 6-111 所示。

（3）选择“蝴蝶素材”图层，执行“滤镜”|“模糊”|“高斯模糊”命令，半径值设为 45 像素，如图 6-112 所示。

图 6-111　绘制柄填充蝴蝶轮廓

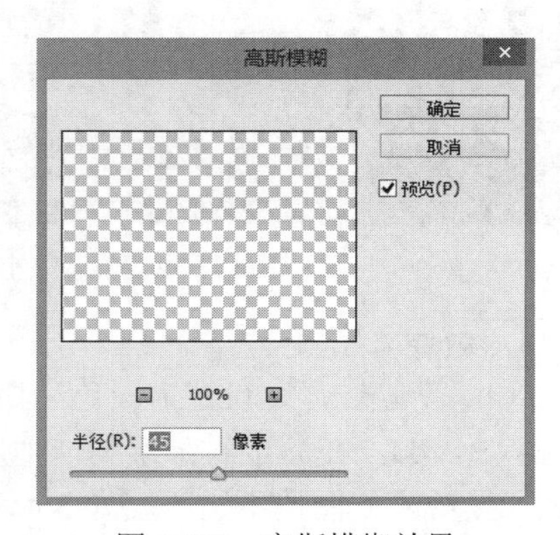

图 6-112　高斯模糊效果

（4）将做好的 3 个蝴蝶图层选中，按 Ctrl+G 组合键组合成组，并将组名改为“1”，然后选中刚刚建立的“1”图层组，按 Ctrl+J 组合键复制两次，将复制出来的图层组分别命名为“2”“3”，按 Ctrl+T 组合键分别调整图层组“2”和图层组“3”的位置以及大小，最终效果如图 6-113 所示。

（5）新建图层，命名为“蝴蝶修饰”，单击打开“画笔预设”面板选择“水彩大溅滴”画笔，然后单击打开“画笔”面板，设置大小为 300 像素，间距为 71%，然后沿着蝴蝶飞行轨迹，绘制修饰的光点，如图 6-114 所示，最后选中所有蝴蝶图层并按 Ctrl+G 组合键组合成组。

图 6-113　复制和调整蝴蝶效果效果

图 6-114　蝴蝶修饰效果

6. 制作文字

（1）新建图层，设置前景色为白色（R，255；G，255；B，255），背景色为黑色（R，0；G，0；B，0），在海报底部绘制一个矩形条作为文字区域，按 Ctrl+Delete 组合键给选区填充黑色，然后降低图层不透明度为 55%；选择“锐字云字库综艺体 1.0”字体，设置字号为 57，加上文字“重电师生音乐会”“梦幻钢琴”，更改字号为 32.4，加上文字“PIANO CONCERT”以及“DREAM MUSIC STUDIO”“2015.12.19”“3:00 PM”，将文字“PIANO CONCERT”改为紫色（R，156；G，71；B，150），将文字“2015.12.19”“3:00 PM”改为红色（R，192；G，19；B，81），然后将文字进行排版，如图 6-115 所示。

（2）新建图层，命名为“文字装饰”，然后将前景色设置为紫色（R，156；G，71；B，150），背景色设置为红色（R，192；G，19；B，81），按住 Ctrl 用鼠标左键单击文字“重电师生音乐会”调出文字选区，选择“文字装饰”图层，按 Alt+Delete 组合键填充紫色，效果如图 6-116 所示。

图 6-115　添加文字效果 1

图 6-116　添加文字效果 2

（3）选中“文字装饰”图层，选择矩形选框工具，绘制如图 6-117 所示的选区，然后按 Delete 删除，最后将所有文字图层选中，按 Ctrl+G 组合键合并成组，并更改组名为“文字”，效果如图 6-118 所示。

图 6-117　绘制矩形选区

图 6-118　文字最终效果

（4）按 Ctrl+S 保存海报为“音乐会海报”，完成制作，效果图如图 6-119 所示。

图 6-119　案例效果

6.5　项目小结

本项目通过“重电师生音乐会”的海报，主要讲解了海报设计的基本知识，及 Photoshop 中蒙版、减淡工具组、滤镜等的使用，特别注意海报的宣传和广告作用，在设计过程中，着重注意抓住用户的心理，吸引用户的眼球。

6.6　项目知识拓展

根据提供的素材，设计和制作“双选会”海报，案例效果如图 6-120 所示。

图 6-120　“双选会”海报

项目 7　UI 设计——“智能家”手机 APP UI 设计

- UI 设计相关知识
- 智能对象的使用

7.1　项目效果赏析

本项目所使用的案例是用于智能家居控制的“智能家”手机 APP UI 设计，这款软件的主要作用是通过手机控制家庭中的电器，比如灯具、音乐、插座、空调、电视、咖啡机等，另外也可以根据自己家中的情况，对电器进行添加。通过这款软件，即便不在家中，也可以对家中电器进行远程控制，而不需要手动控制，比如在炎热的夏季，可以在回家之前就把家中空调启动，回到家之后，家里已经变得很凉爽。

本项目最终效果由图 7-1 所示的启动界面、图 7-2 所示的首页界面、图 7-3 所示的设备列表界面、图 7-4 所示的实时状态界面、图 7-5 所示的个性定制界面和图 7-6 所示的商城界面 6 个部分组成。

图 7-1　启动界面

图 7-2 首页界面

图 7-3　设备列表界面

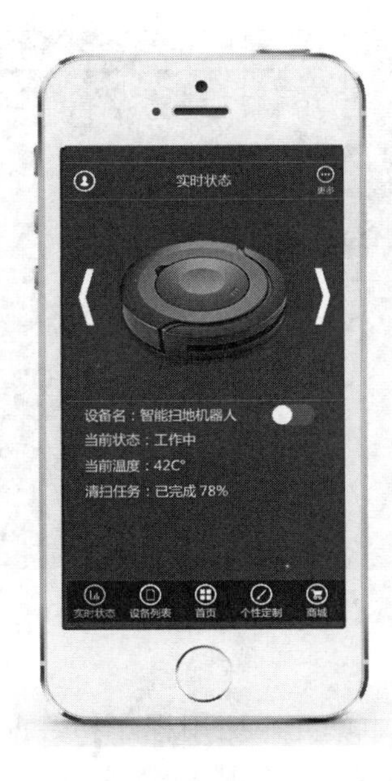

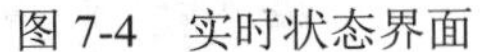
图 7-4　实时状态界面

图 7-5　个性定制界面

图 7-6　商城界面

7.2　项目相关知识

7.2.1　UI 设计的概念

UI 即 User Interface（用户界面）的简称。UI 设计是指对软件的人机交互、操作逻辑、界面美观的整体设计。好的 UI 设计不仅可让软件变得有个性有品位，还可让软件的操作变得舒适简单、自由，对整个产品设计来说，UI 设计十分重要。

一个友好美观的界面会给人带来舒适的视觉享受，拉近人与设备的距离，为商家创造卖点。UI 设计不是单纯的美术绘画，而是需要定位使用者、使用环境、使用方式并且为最终用户而设计，是纯粹的科学性的艺术设计。检验一个界面的标准既不是某个项目开发组领导的意见，也不是项目成员投票的结果，而是最终用户的感受。所以 UI 设计要和用户研究紧密结合，是一个不断为最终用户设计满意视觉效果的过程。

对于多媒体和图形设计方向而言，UI 设计主要是指 GUI，即图形用户界面，是对屏幕产品的视觉效果和互动操作进行设计。GUI 的主要应用领域有：手机移动通信产品、计算机操作平台、软件产品、PDA 产品、数码产品、车载系统产品、智能家电产品、游戏产品、产品的在线推广等。

7.2.2　GUI 的主要组成部分

1. 桌面

桌面在启动时显示，也是界面的最底层，有时候也指包括窗口、文件、浏览器在内的桌面环境，在桌面上由于可以重叠显示窗口，因此可以实现多任务化。一般的界面中，桌面上放有各种应用程序和数据的图标，用户可以依次打开使用，例如图 7-7 所示的电脑桌面和手机桌面。

图 7-7　电脑桌面和手机桌面

2. 窗口

窗口是应用程序为使用数据而在图形用户界面中设置的基本单元。应用程序和数据在窗口内实现一体化。用户可以在窗口中操作应用程序，进行数据的管理、生成和编辑。通常在窗口四周设有菜单、图标，数据放在中央，如图 7-8 所示。

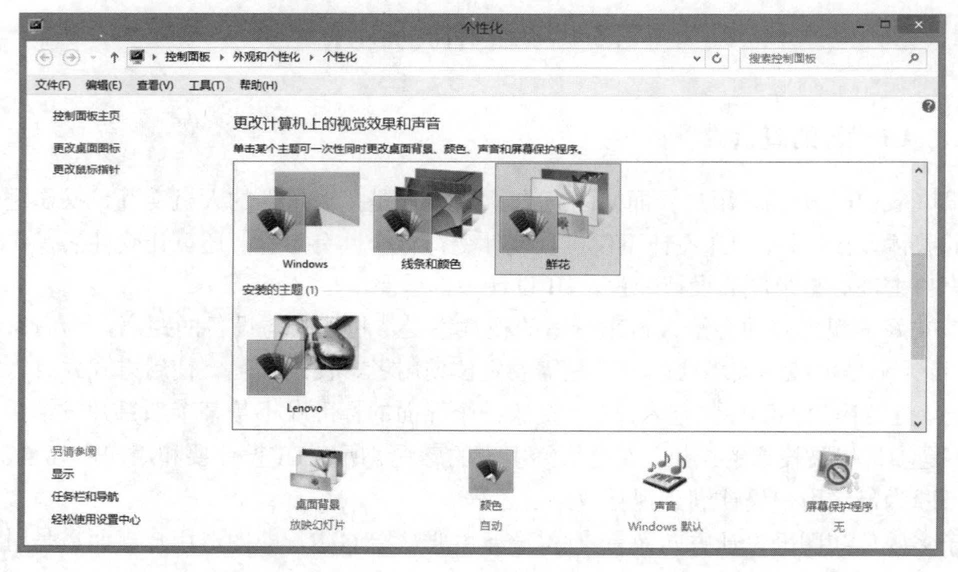

图 7-8　窗口

3. 菜单

菜单是将系统可以执行的命令以阶层的方式显示出来的一个界面，一般置于画面的最上方或者最下方，应用程序能使用的所有命令几乎全部都能放入。重要程度一般是从左到右，重要文件的操作、编辑功能放在最左边，使用鼠标左键进行操作，如图 7-9 所示的 Windows 开始菜单。

4. 按钮

在菜单中，利用程度高的命令用图形表示出来，配置在应用程序中，称为按钮。应用程序中的按钮，通常可以代替菜单。由于各种用户使用命令的频率是不一样的，因此按钮一般由用户自定义编辑。例如图 7-10 所示的各种应用程序的按钮等。

图 7-9　Windows 开始菜单

图 7-10　按钮

7.2.3　GUI 设计的基本原则

用户原则是 GUI 设计最基本和最重要的原则，所谓用户原则，就是在界面设计中，要充分体现出“以人为本”“用户友好”的基本要求，做到：易懂、易学和易用。

1. 图形用户界面的一致性原则

一致性原则是很重要的原则，也是界面开发人员最容易忽略和违反的一个原则。一致性原则有利于减少用户的学习量和记忆量，用户可以把局部的经验和知识推广到其他场合。

一致性原则要做到：界面外观上的一致；操作次序上的一致；概念、语法、命令语法上的一致；不同软件开发商之间的界面设计要保持某种一致。

2. 图形用户界面的简洁性原则

简洁不仅是界面设计的美学原则，也是显示屏幕大小所要求的，简洁性原则主要表现在内容归类合理、内容排列整齐一致。

3. 图形用户界面的快捷方式原则

用户希望能减少人机对话的次数以减少操作的频率，快捷方式就是一个较好的办法。

4. 软件信息的反馈原则

软件界面对用户的每个操作都应当提供及时的信息反馈，尤其是简明的错误处理和帮助信息。

5. 图形用户界面的在线帮助原则

图形用户界面的友好性还体现在为用户提供友好的帮助界面，帮助用户学习和使用本软件。

6. 图形用户界面的操作可逆性原则

操作的可逆性对用户来说，是一种有效的鼓励，即使发生错误也能恢复到原来的状态，用户就能大胆地对不熟悉的功能进行探索和学习。

7. 图形用户界面的最少记忆项目原则

好的图形用户界面应该尽量减少用户的记忆量，用户必须记住的任何信息应该是和当前操作有关的。为了减少记忆量，应该通过菜单设计及联机帮助等形式帮助用户记忆，一般来说，用户的短期记忆项目不要超过 7 个。

8. 图形用户界面操作序列的完整性原则

界面中每个操作序列都应该清楚地标明开始和结束，其余的操作应插在中间。操作序列的结尾应该给用户完成的感觉，并指示下一个任务的开始。

7.2.4 GUI 设计的配色原则

恰当的色彩运用，不但能美化软件界面，而且能够增加用户的兴趣，引导用户顺利完成操作。

1. 色调的一致性

色调的一致性是指在整个软件系统中要采用统一的色调，即主色调。在软件界面设计前，就应该把色彩方案写出来，便于每个设计者遵守。

2. 保守地使用色彩

所谓保守地使用色彩，就是从大多数的用户考虑出发，根据不同的用户设计不同的色彩。界面设计时提倡采用一些柔和的、中性的颜色，以便绝大多数用户都能接受。

3. 色彩选取尽可能符合人们的习惯用法

在配置颜色时，要充分考虑用户对颜色的喜爱，比如明亮的红色、绿色和黄色适合于用在为儿童设计的软件界面上。

4. 把色彩作为功能分界的识别元素

不同的色彩可以帮助用户加快对各种数据的识别，明亮的色彩可以有效地突出或者吸引人们对重要区域的注意力。

5. 提供能让用户控制的配色方案

通常的图形用户界面都可以让用户自定义界面色彩，选择自己最喜欢的颜色，如 QQ 界面、手机界面等。

6. 色彩搭配要便于阅读

要确保屏幕的可读性，就要注意色彩的搭配，有效的方法是遵循对比法则，如在浅色背景上使用深色文字，在深色背景上使用浅色文字等。另外动态对象的颜色应该比较鲜明，静态对象的颜色应该比较暗淡。

7. 色彩数目应该有限

一般单个界面的颜色应该在 4 种以内，整个软件系统的颜色应该在 7 种以内，颜色太多，不能突出主色调，也会使界面变得乱七八糟，给用户一种杂乱不堪的感受。

注意： 在这里所讲到的 GUI 设计的配色原则，并不仅仅适用于 GUI 设计，也适用于其他设计类作品，大家在学习过程中要能够根据实际的需求，总结和归纳各类设计作品的相似点和不同点，提炼出自己的设计思想和设计风格。

7.3 项目相关操作

7.3.1 智能对象基本操作

在 Photoshop 中，智能对象是包含栅格或矢量图像中的图像数据的图层。智能对象可保留图像的原始内容以及原始特性，防止用户对图层执行破坏性编辑。而在 Photoshop CC 中，智能对象功能是愈发强大。

1. 创建智能对象

创建智能对象有许多种方法，创建智能对象的方式取决于想要何时在哪里创建它们。

方法 1：单击“文件”|“打开为智能对象”，通过这种方法使得文件在进入 Photoshop 的时候就是一个智能图层，如图 7-11 所示。

方法 2：在 Photoshop 中选择一个或多个图层，在快捷菜单中选择“转换为智能对象”（或是通过“图层”菜单转换为智能对象），如图 7-12 所示。

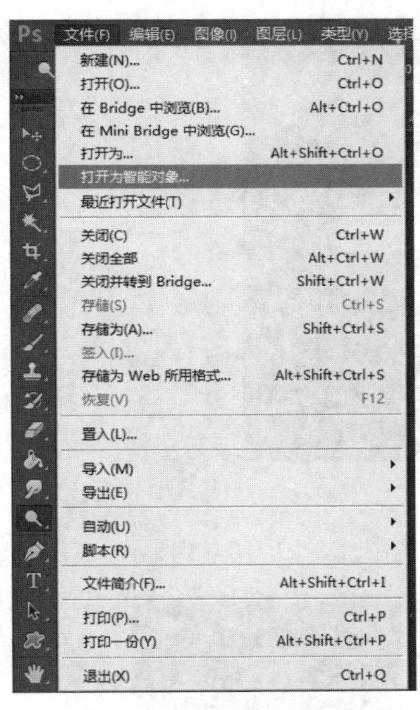

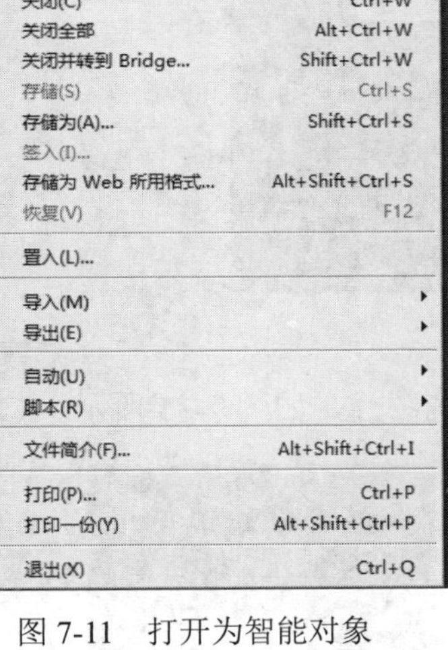

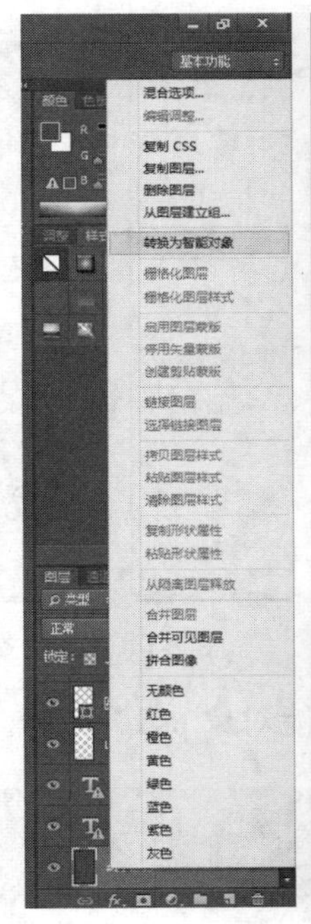

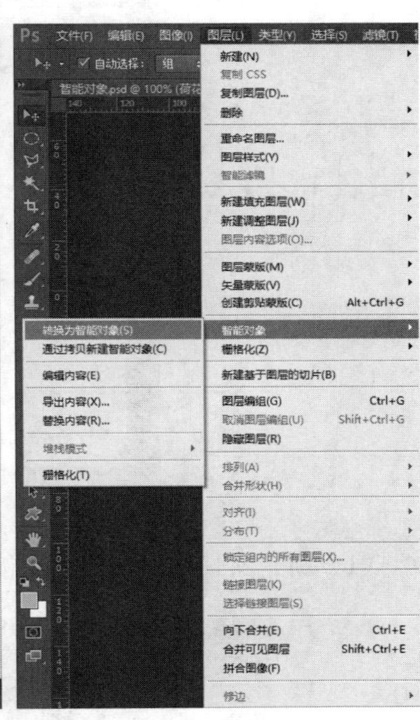

图 7-11　打开为智能对象　　　　图 7-12　转换为智能对象

方法 3：选择“编辑”|“首选项”|“常规”，如图 7-13 所示，单击“确定”按钮，此后选择“文件”|“置入”，将图片置入到文件中，此时置入的图片即以智能对象的方式存在，如图 7-14 所示。

方法 4：将图像拖拽到工作区，然后单击鼠标右键，选择“置入”，此时拖曳的图片会转换为智能对象。

2. 编辑智能对象

编辑智能对象可以对智能对象的源文件进行编辑，修改并存储源文件后，对应的智能对象会随之改变。

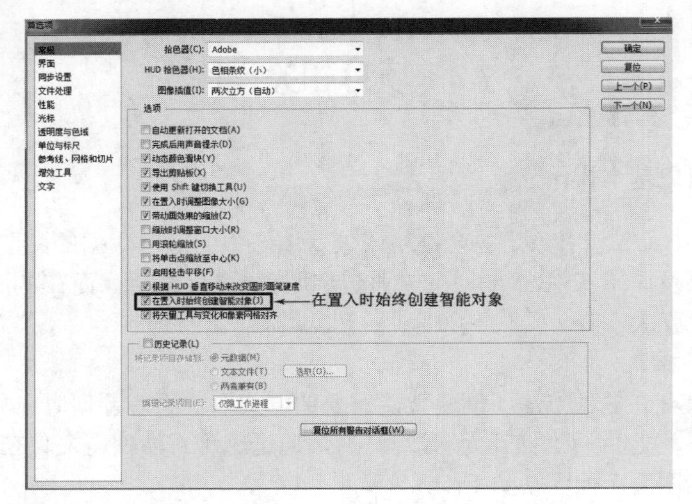

图 7-13 首选项设置

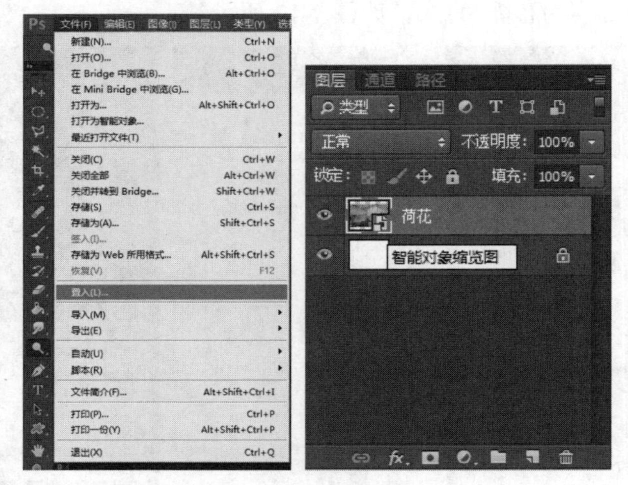

图 7-14 置入文件

（1）新建文件，命名为“智能对象.psd”，并置入荷花图片，如图 7-15 所示。

图 7-15 置入图片

（2）在智能对象缩览图上双击鼠标，也可以通过在右键快捷菜单中选择“编辑内容”，或单击“图层”|“智能对象”|“编辑内容”，如图 7-16 所示，均可以弹出如图 7-17 所示的对

话框，单击“确定”按钮进入智能对象编辑页面。

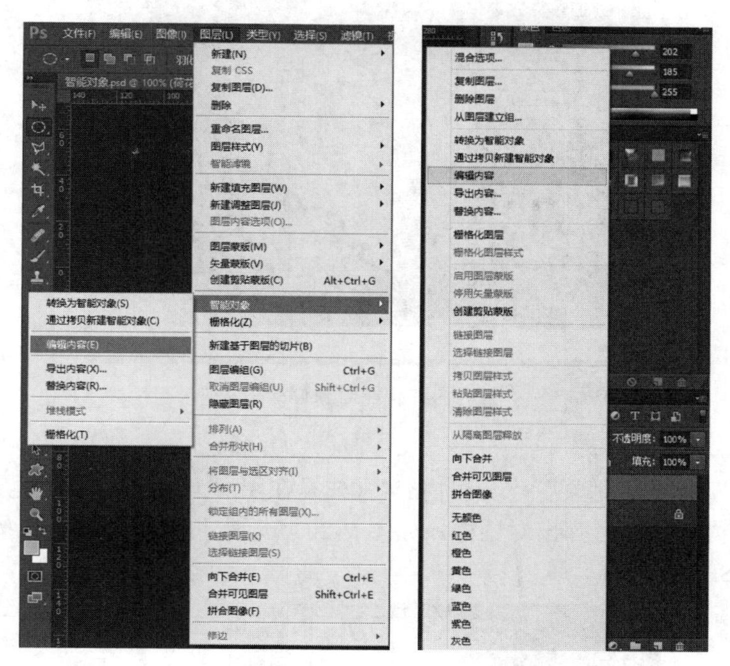

图 7-16　编辑内容

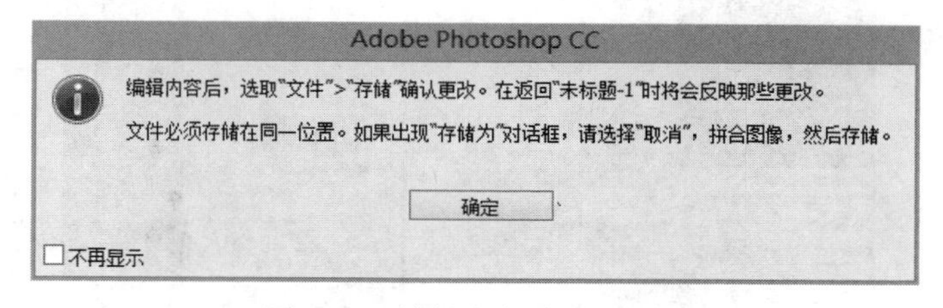

图 7-17　编辑内容弹出对话框

（3）使用“图像”|“调整”|“替换颜色”，将荷花部分颜色进行替换，如图 7-18 所示。

图 7-18　替换荷花颜色

（4）将荷花文件存储到智能对象文件所在的文件夹，返回智能对象所在图像，荷花效果随之发生变化，效果如图 7-19 所示。

图 7-19 智能对象修改效果

3. 导出和转换智能对象

使用“图层”|“智能对象”|“导出内容”(或是在图层上单击鼠标右键，从弹出的快捷菜单中选择“导出内容”)，会弹出对话框，如图 7-20 所示，可以将智能对象按照原样导出，智能对象将采用 PSB 格式存储。

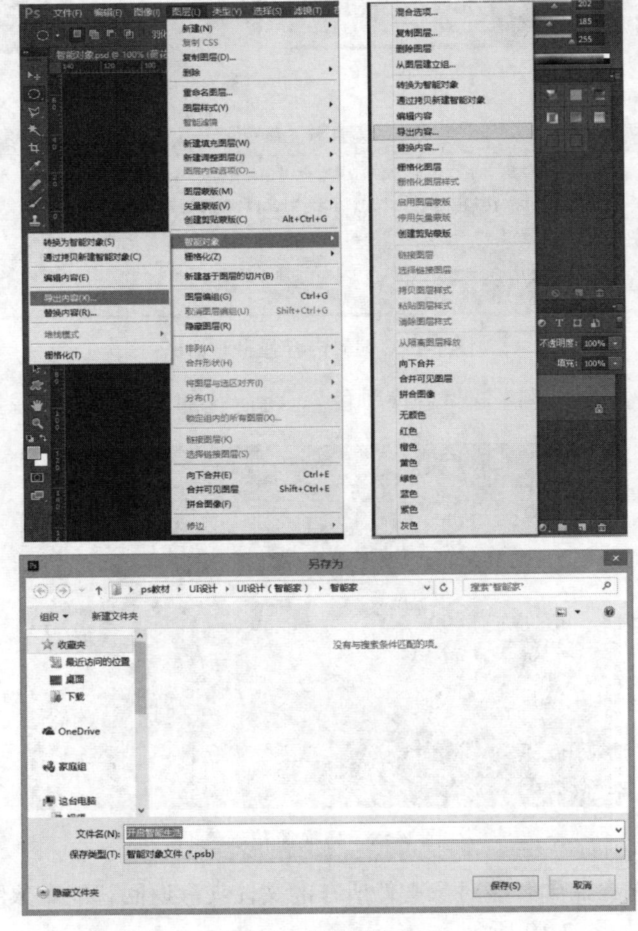

图 7-20 导出智能对象

使用“图层”|“智能对象”|“替换内容”（或是在图层上单击鼠标右键，从弹出的快捷菜单中选择“替换内容”），即可从弹出的对话框中选择需要替换的图片，将现有对象替换掉，如图 7-21 所示。

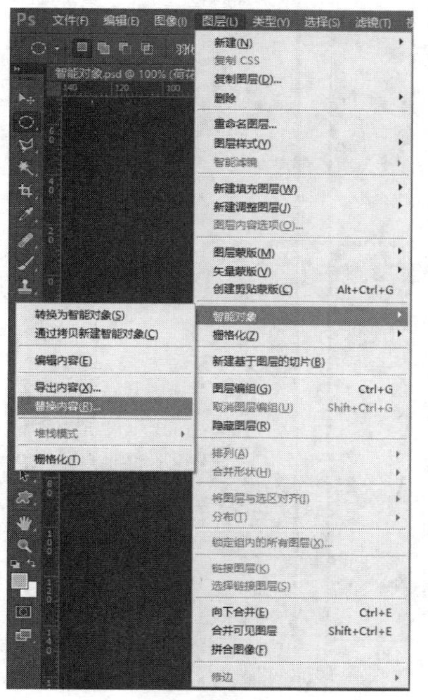

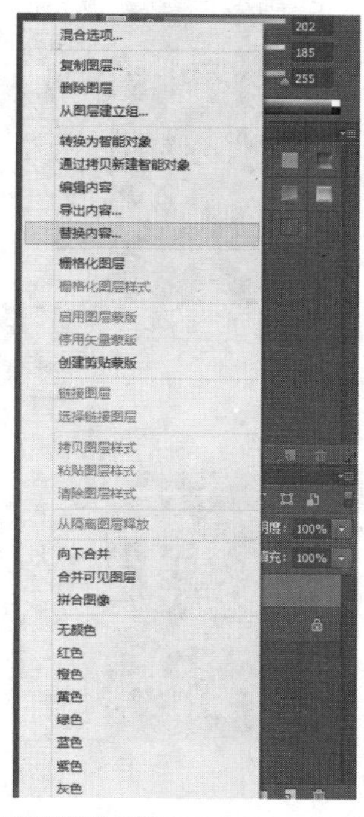

图 7-21　替换智能对象

4. 转换智能对象为普通图层

使用“图层”|“智能对象”|“栅格化”（或是在图层上单击鼠标右键，从弹出的快捷菜单

中选择“栅格化图层”)，如图 7-22 所示，即可将智能对象转换为普通图层，所拥有的智能对象特性将消失。

图 7-22 栅格化智能对象

7.3.2 智能对象的使用

1. 用于保留图像原始特性

智能对象会保留图像的原始内容及其所有原始特性，从而能够对图层执行非破坏性编辑，下面将普通图像的放大处理和智能图像的放大处理作为对比。

从图 7-23 中可以看到，对普通图像而言，进行变形处理时，图像会变得模糊，这个结果会随着变形次数的增多而变得更加明显。而对智能对象而言，在进行任何变形处理时，图像和原始图像效果几乎一样，所有像素信息在变形的时候都会被保护起来。

图 7-23 普通图像和智能对象放大对比

注意：因为包含原始像素，任何缩小处理都会表现得非常好，但是放大处理仍然会变得模糊，毕竟需要通过计算添加一些原本没有的信息，但是智能对象的表现会远优于普通图像。

2. 同时调整智能对象副本

把一个或者一组图层转换为智能对象，将其复制几份，然后对其中任意一份进行处理，其他几份都会发生相同的变化。对于经常需要调整外观的某一系列对象（比如网页按钮），这种方法就十分有用，只需要改变其中一个智能对象，就可以控制所有副本在全局中的变化。

（1）新建文件，命名为“智能对象”并保存，新建图层后使用圆角矩形工具绘制圆角矩形，为其设置一个图层样式，如图 7-24 所示。

（2）将其转换为智能对象。

（3）按下 Ctrl+J，将其复制几份，调整位置如图 7-25 所示。

图 7-24　新建圆角矩形并设置图层样式

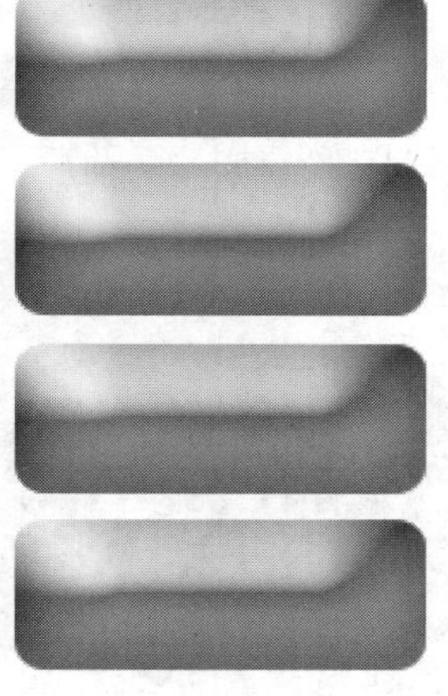

图 7-25　复制智能对象

（4）在其中一个智能对象上双击鼠标，进入智能对象编辑状态，改变其图层样式，如图 7-26 所示。

（5）存储该智能对象，并返回“智能对象”文件，效果如图 7-27 所示。

图 7-26　更改智能对象图层样式

图 7-27　最终效果

3. 可作为图片处理的模版

（1）以“打开为智能对象”的形式打开一张图片，如图 7-28 所示。

图 7-28 打开图片

（2）对该图像添加“色阶”“色相/饱和度”“色彩平衡调整”图层，如图 7-29 所示。

图 7-29 调整图像效果

（3）使用“替换内容”的方式，用荷塘图片将荷花图片替换，效果如图 7-30 所示。

图 7-30 替换智能对象内容

7.4 项目操作步骤

7.4.1 “智能家”图标设计与制作

1. LOGO 制作

由于这款软件主要是对家中电器进行管理，因此在 LOGO 设计上采用了房屋作为主体结构，再加以 WiFi 的图标，体现出智能家居的概念。

（1）新建文件，设置大小为 300 像素×300 像素，分辨率为 96 像素/英寸，颜色模式为 RGB，背景内容为透明，如图 7-31 所示。

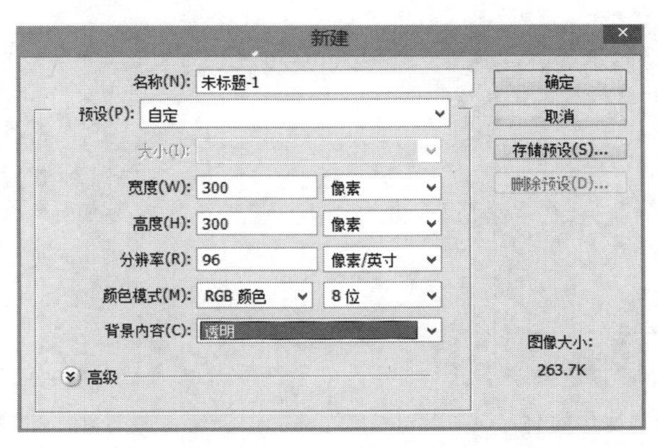

图 7-31　新建文件

（2）按下 Ctrl+S 保存文件，将文件命名为“LOGO.psd”。

（3）使用钢笔工具，在页面中绘制一个房顶效果，使用直接选择工具，对路径进行调整，调整后如图 7-32 所示。

（4）在路径上单击鼠标右键，从弹出的菜单中选择“建立选区”，设置羽化值为 0 像素，如图 7-33 所示。

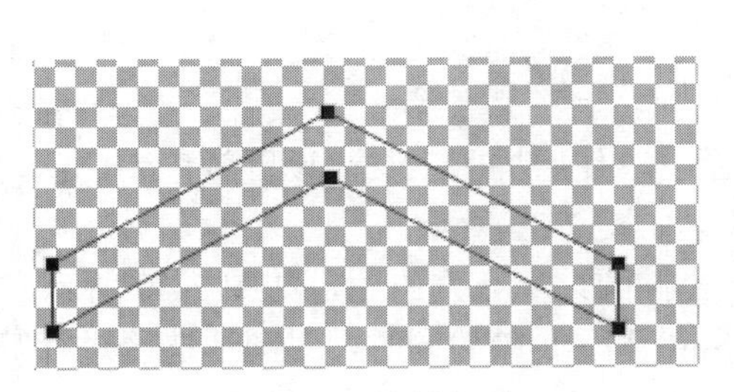

图 7-32　绘制房顶

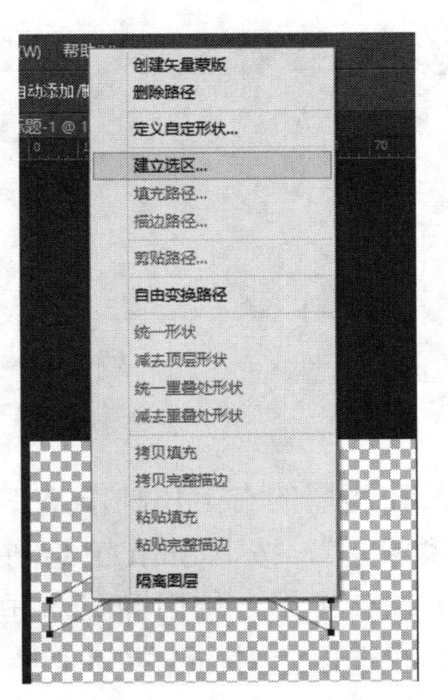

图 7-33　建立选区

（5）设置前景色为白色，按下 Alt+Delete 键，对选区进行填充，效果如图 7-34 所示。

图 7-34　填充选区

（6）继续使用钢笔工具，绘制房屋主体，如图 7-35 所示。

（7）使用转换点工具，对房屋主体结构进行调整，调整之后效果如图 7-36 所示。

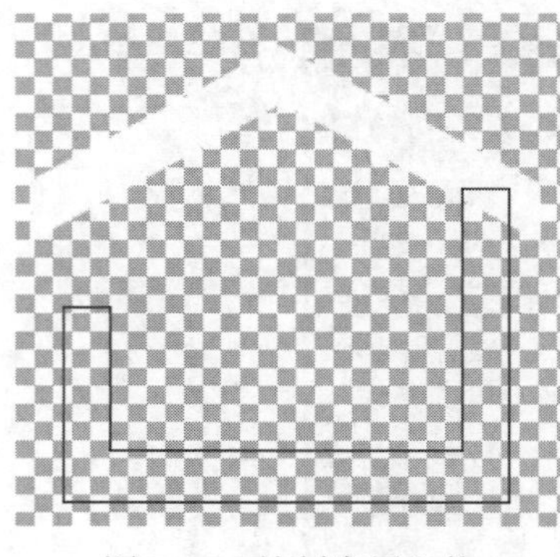

图 7-35　绘制房屋主体

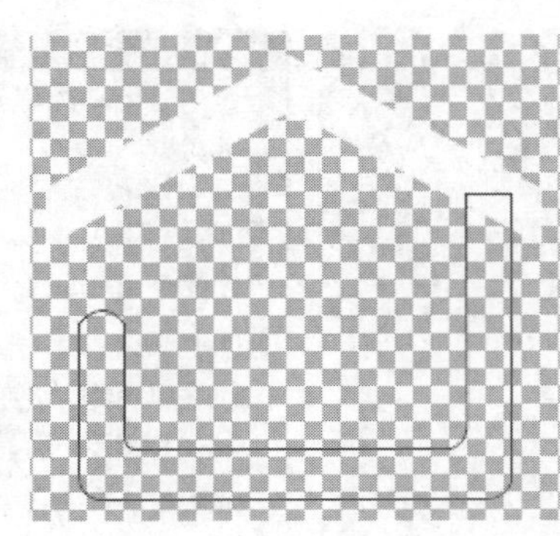

图 7-36　调整房屋主体

（8）新建图层，设置前景色为白色，在路径上单击鼠标右键，从弹出的菜单中选择填充路径，效果如图 7-37 所示。

（9）选择文本工具，设置字体为 Arial，大小为 140 号，文字颜色为白色，在房屋中间输入“e”字，调整之后效果如图 7-38 所示。

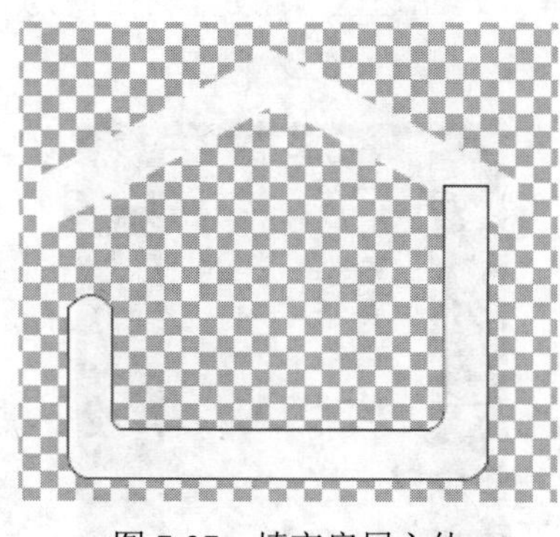

图 7-37　填充房屋主体

图 7-38　输入“e”

（10）在房屋的右上角制作 WiFi 图标。新建图层，使用椭圆工具，设置颜色为白色，绘图模式为“像素”，按下 Shift 键绘制一个正圆，效果如图 7-39 所示。

（11）新建图层，使用椭圆选框工具，绘制一个椭圆，填充为白色，如图 7-40 所示。

（12）在选区上右击选择“变换选区”，按下 Shift 和 Alt 键的同时，对圆形选区进行等比例向中心收缩，效果如图 7-41 所示。

（13）按下 Delete 键删除该选区中的白色填充部分，效果如图 7-42 所示。

图 7-39　绘制正圆

图 7-40　再次绘制正圆

图 7-41　收缩选区

图 7-42　删除选区

（14）按下 Ctrl+D 取消选区，使用多边形套索工具，将圆环部分进行部分删除，效果如图 7-43 所示。

（15）重复第（11）～（14）步，再次添加一个圆环，效果如图 7-44 所示。

图 7-43　删除部分圆环效果

图 7-44　LOGO 最终效果

（16）按下 Ctrl+S 保存文件。

2. 按钮图标设计制作

在手机 APP 中，按钮图标是非常重要的，精致的按钮图标会增加软件的吸引力。在设计的过程中，需要根据软件的功能设计图标，图标要具有通用性和识别性，给人一目了然的感觉。

在“智能家”智能家居控制中心软件中，根据软件的功能，设计了对于常见家电的控制，即灯具、音乐、插座、空调、电视和咖啡机，同时，也做了上述六个设备图标，设计如表 7-1 所示。

表 7-1　设备图标设计思路和效果

设备	图标底色	图标内容	设计思路	图标效果
灯具	橙色	灯泡	用灯泡来指代灯具，用橙色表示灯具给人家的温暖	
音乐	绿色	五线谱	用五线谱来指代音乐，用绿色表示音乐会使人放松	
插座	红色	三孔插座	用三孔的插座样式指代插座，用红色表示警示，插座应小心使用	
空调	蓝色	雪花	用雪花来指代空调，因为经常使用空调都是为了制冷，蓝色表示空调会使人凉爽	
电视	黄色	TV	用 TV 二字指代电视，这也是人们日常生活中常见的标志，黄色表示电视会让人轻快和充满活力	
咖啡机	浅褐色	咖啡杯	用冒烟的咖啡杯指代咖啡机，底色用浅褐色一方面是因为咖啡的颜色是褐色的，另一方面是因为浅褐色会给人心情轻松稳定的感觉	

从上述设计思路中可以看出，在这些图标的设计上，都是用人们普遍认识中所通用的对象来代表对应设备，识别性很高，也易于被用户接受。

除此之外，还对软件的菜单栏目设计了按钮图标，即首页、设备列表、实时状态、个性定制、商城、更多和个人中心等。在这些图标的设计中，同样采用了人们约定俗成的对象来指代对应栏目，对应效果如表 7-2 所示。由于栏目有选择状态和未选择状态，故在同一栏目文件中设置了两种颜色效果，其中白色代表未选择状态，黄色代表选择状态。

表 7-2　栏目图标效果

栏目	首页	设备列表	实时状态	个性定制	商城	更多	个人中心	添加
图标								

下面通过灯具图标的设计，来说明图标的设计过程。

（1）新建文件，设置大小为 300 像素×300 像素，分辨率为 96 像素/英寸，颜色模式为 RGB，背景内容为透明，如图 7-45 所示。

（2）按下 Ctrl+S 保存文件，将文件命名为“灯具.psd”。

（3）选择椭圆工具，设置颜色为 RGB：247，109，2。绘图模式为“形状”，按下 Shift 键绘制一个正圆，如图 7-46 所示。

（4）使用钢笔工具，绘制灯的轮廓，如图 7-47 所示。

（5）使用转换点工具，调整灯的轮廓，如图 7-48 所示。

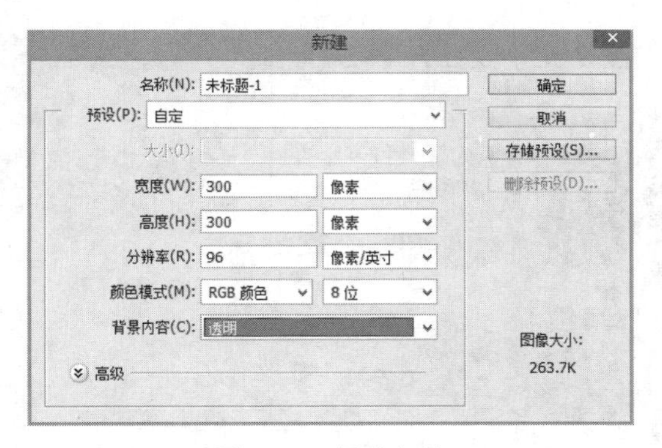

图 7-45　新建文件

图 7-46　绘制正圆

图 7-47　绘制灯轮廓

图 7-48　调整灯轮廓

（6）在路径上单击鼠标右键，选择“建立选区”，对话框如图 7-49 所示，设置羽化半径为 0。新建图层，对选区进行描边，设置描边宽度为 5 像素，颜色为白色，位置为内部，如图 7-50 所示。描边之后效果如图 7-51 所示。

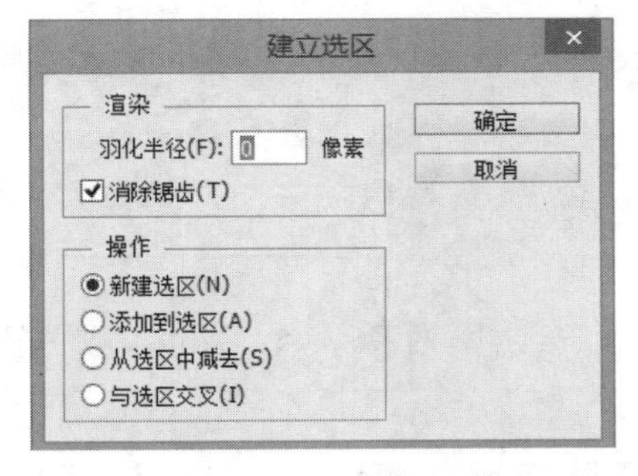

图 7-49　路径转换为选区

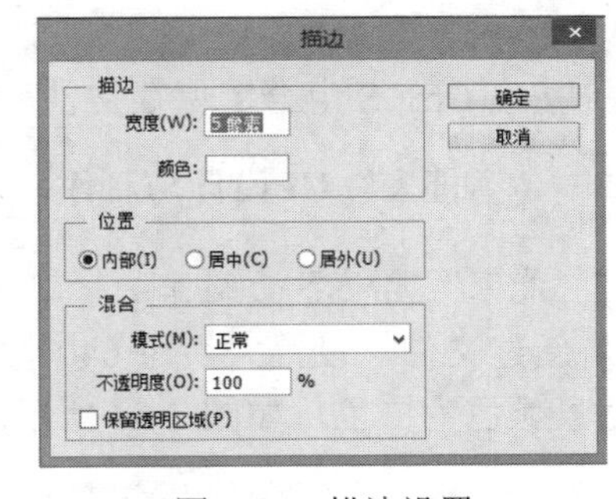

图 7-50　描边设置

图 7-51　描边效果

（7）使用直线工具，画出灯泡底部，效果如图 7-52 所示。

图 7-52　绘制灯泡底部

（8）使用钢笔工具，描出灯泡高光的形状，将路径转换为选区，设置 2 像素羽化，填充为白色，效果如图 7-53 所示。

图 7-53　绘制高光效果

（9）按下 Ctrl+S 组合键保存文件。

7.4.2　“智能家”UI 设计与制作

1. “智能家”启动界面制作

（1）新建文件，设置大小为 640 像素×1136 像素，分辨率为 96 像素/英寸，颜色模式为 RGB，背景颜色为白色，如图 7-54 所示。

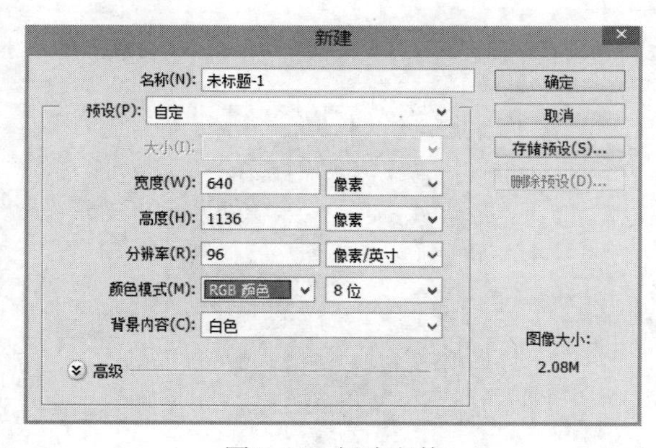

图 7-54　新建文件

（2）按下 Ctrl+S 保存文件，将文件命名为“0 智能家启动页.psd”。

（3）打开“颜色”面板，设置前景颜色为深蓝色，R 值为 33，G 值为 75，B 值为 147，如图 7-55 所示；按下 Ctrl+Delete 为页面填充前景色，如图 7-56 所示。

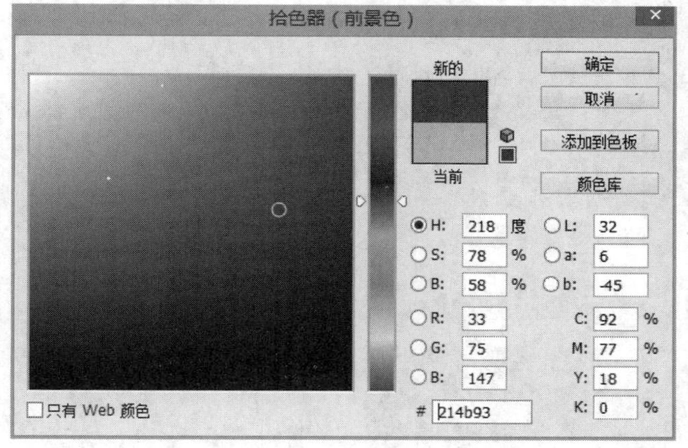

图 7-55　颜色设置

图 7-56　填充效果

（4）置入“LOGO.psd”文件，效果如图 7-57 所示。

（5）按下回车键置入 LOGO 图标，调整其位置如图 7-58 所示。

图 7-57　置入 LOGO

图 7-58　调整位置

（6）选择横排文本工具，设置为黑体、90 号、白色，如图 7-59 所示，输入软件名称“智能家”，效果如图 5-60 所示。

图 7-59　文本工具设置

（7）继续使用横排文本工具，将字号调小，输入文字“智能家居控制中心”，打开字符面板，设置字体为斜体，效果如图 7-61 所示。

（8）选择圆角矩形工具，设置绘图模式为“路径”，矩形圆度为 10 像素，在界面下方绘制一个圆角矩形，如图 7-62 所示。

图 7-60 添加文字“智能家”

图 7-61 添加其他文字

图 7-62 绘制圆角矩形

（9）选择铅笔工具，设置笔触为 4 像素，然后切换到圆角矩形工具，在绘制好的圆角矩形区域单击鼠标右键，选择“描边路径”，弹出如图 7-63 所示的对话框，单击“确定”按钮进行描边，效果如图 7-64 所示。

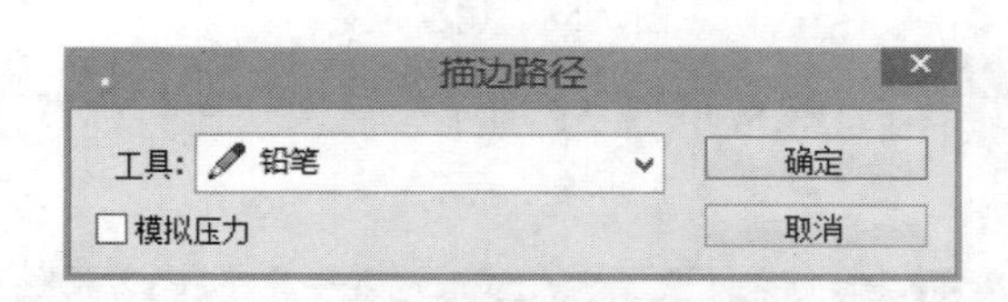

图 7-63 描边路径设置

图 7-64 描边效果

（10）选择横排文本工具，设置为黑体、26 号、白色，输入文字“开启智能生活”，效果如图 7-65 所示。

（11）按下 Ctrl+S 保存文件。

（12）打开“手机背景.jpg”图片，如图 7-66 所示。

图 7-65　添加文字

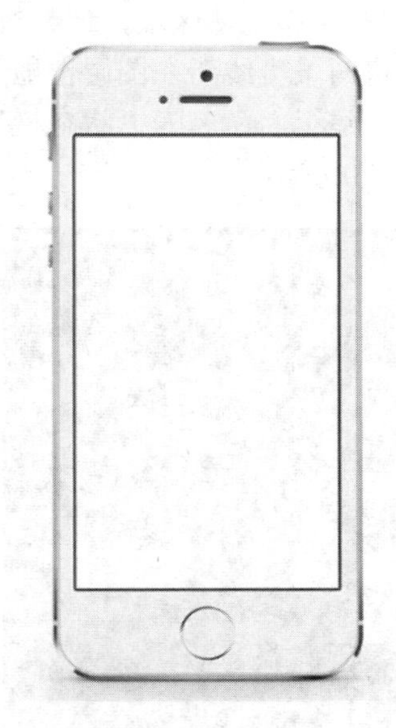

图 7-66　打开图片

（13）置入文件“0 智能家启动页.psd”，效果如图 7-67 所示。

（14）调整置入文件的大小和位置，最终如图 7-68 所示。

图 7-67　置入启动界面

图 7-68　最终效果

（15）保存文件，命名为“智能家.psd”。

2. “智能家”首页界面制作

（1）打开“0 智能家启动页.psd”文件，将其另存为“3 首页.psd”。

（2）保留背景图层，其他图层删除。

（3）新建组，命名为“背景”，将背景图层放入“背景”组中。

（4）选择直线工具，设置前景色为白色，粗细为 1 像素，在背景图层上绘制两条直线，用于分隔状态栏和主体区域，调整线条不透明度为 60%，效果如图 7-69 所示。

（5）将两条直线所在图层也拖到“背景”组中。

（6）新建组，命名为“状态栏”，在“状态栏”组下新建图层，置入“个人中心”图标，效果如图 7-70 所示。

图 7-69　绘制直线

图 7-70　置入“个人中心”图标

（7）由于在此背景上黄色的图标太过鲜艳，因此对图标作调整。在智能对象缩览图上双击鼠标进入智能对象编辑模式，修改图标颜色为白色，保存后返回首页文件，如图 7-71 所示。

（8）调整栏目图标大小和位置，效果如图 7-72 所示。

图 7-71　编辑智能对象

图 7-72　调整大小和位置

（9）置入“更多”图标，效果如图 7-73 所示。

（10）使用横排文本工具，设置字体为微软雅黑、24 号，文字颜色为白色，输入当前所在的栏目文字“智能家控制中心”，效果如图 7-74 所示。

图 7-73　置入“更多”图标

图 7-74　添加文字

（11）新建组，命名为“主菜单栏”，新建图层，选择矩形工具，设置颜色为深蓝色，RGB 值为 15、26、88，如图 7-75 所示，在页面底部绘制一个矩形，效果如图 7-76 所示。

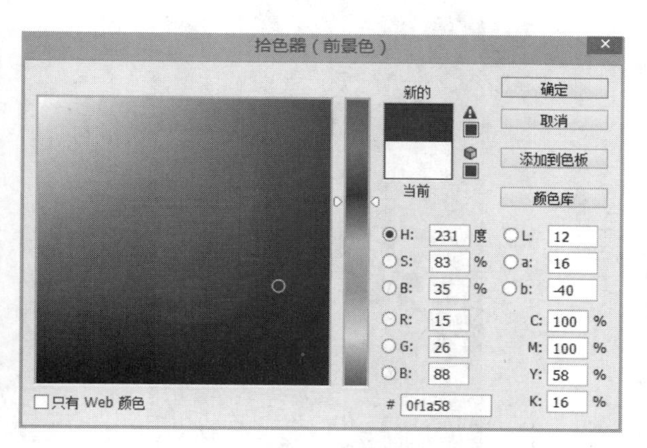

图 7-75　设置颜色

图 7-76　绘制矩形

（12）分别置入“实时状态”“设备列表”“首页”“个性定制”和“商城”图标，调整之后效果如图 7-77 所示。

（13）新建组，命名为“设备”，将制作好的按钮图标置入进来，调整后效果如图 7-78 所示。

图 7-77　置入栏目图标

图 7-78　置入按钮图标

（14）选择横排文本工具，在图标对应的位置，设置字体为微软雅黑，字号为 30，颜色为白色，输入相应的文字，效果如图 7-79 所示。

（15）按下 Ctrl+S 保存文件。

3. “智能家”设备列表界面制作

（1）打开“3 首页.psd”文件，将其另存为“2 设备列表.psd”。

（2）进入“状态栏”图层组，将“智能家居控制中心”文字更改为“设备列表”，效果如图 7-80 所示。

图 7-79　添加设备文本

图 7-80　修改文字

（3）进入“主菜单栏”图层组，通过修改智能对象，将“首页”栏目的颜色改为白色，“设备列表”栏目颜色改为黄色，表示当前栏目为“设备列表”，效果如图 7-81 所示。

（4）进入“设备”图层组，调整图标和文本的位置及大小，效果如图 7-82 所示。

图 7-81　修改当前栏目

图 7-82　调整设备图标位置及大小

（5）使用直线工具，设置粗细为 1 像素，在设备之间绘制间隔的直线，效果如图 7-83 所示。

（6）下面制作设备的状态按钮，蓝色表示启动，灰色表示未启动。选择圆角矩形工具，设置颜色，RGB 值为 1、133、241，半径为 25 像素，在“灯具”设备后面绘制一个圆角矩形，效果如图 7-84 所示。

图 7-83　绘制分割线

图 7-84　绘制圆角矩形

（7）选择椭圆工具，设置颜色为白色，在圆角矩形上绘制一个正圆，圆角矩形和圆组合起来，代表当前设备处于启动状态，效果如图 7-85 所示。

（8）按下 Ctrl 键同时选择圆角矩形所在的图层和圆所在的图层，按下 Ctrl+G 组合键，将该组复制一份，把圆角矩形和圆移动到“音乐”设备的后面。使用图层样式中的“颜色叠加”，图层样式设置如图 7-86 所示；将圆角矩形的颜色改为灰色，RGB 值为 102、102、102，如图 7-87 所示；修改之后效果如图 7-88 所示。

图 7-85　绘制正圆

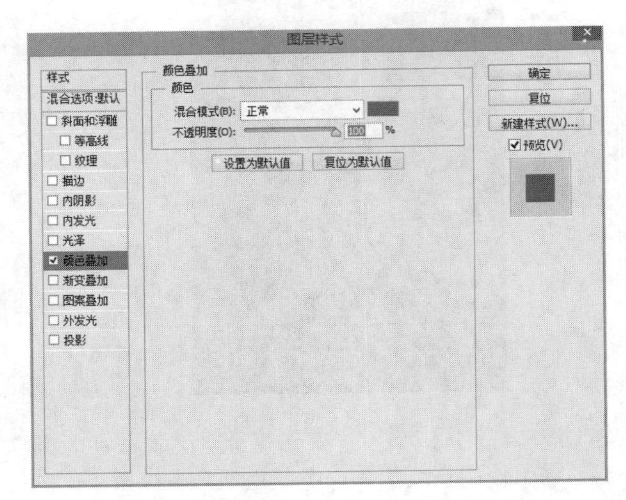

图 7-86　“颜色叠加”图层样式

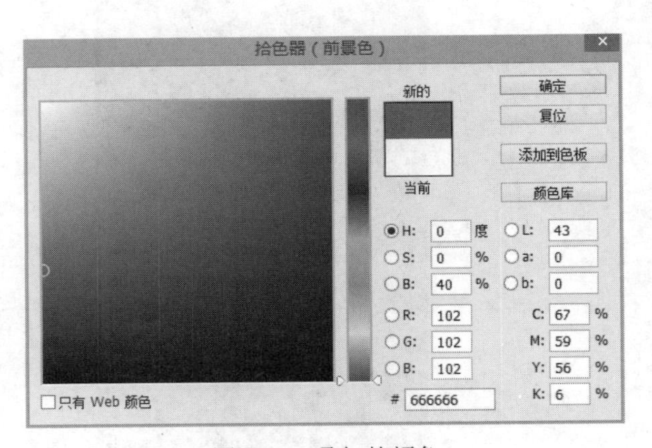

图 7-87　叠加的颜色

图 7-88　未启动状态

（9）将“启动状态”组和“未启动状态”组分别进行复制，放置到“插座”“空调”“电视”和“咖啡机”的后面，效果如图 7-89 所示。

（10）考虑到软件的可持续性使用，在“咖啡机”下面，设置一个可以添加新设备的功能。选择矩形工具，设置颜色为浅灰色，RGB 值为 238、238、238，在设备与主菜单栏间直接绘制一个矩形，效果如图 7-90 所示。

图 7-89　设备状态设置

图 7-90　绘制灰色矩形

（11）继续使用矩形工具，设置颜色为蓝色，RGB 值为 33、75、147，绘制一个矩形，效果如图 7-91 所示。

（12）使用横排文本工具，设置颜色为白色，字体为微软雅黑，字号为 30，输入文字“安装设备”，效果如图 7-92 所示。

（13）置入 WiFi 图标，修改大小和位置，效果如图 7-93 所示。

图 7-91　绘制蓝色矩形

图 7-92　添加文本

图 7-93　置入 WiFi 图标

（14）按下 Ctrl+S 组合键保存文件。

4. “智能家”实时状态界面制作

（1）打开“3 首页.psd”文件，将其另存为“1 实时状态.psd”。

（2）进入“状态栏”图层组，将“智能家控制中心”文字更改为“实时状态”，效果如图 7-94 所示。

（3）进入“主菜单栏”图层组，通过修改智能对象，将“首页”栏目的颜色改为白色，“实时状态”栏目颜色改为黄色，表示当前栏目为“实时状态”，效果如图 7-95 所示。

图 7-94　更改状态文字

图 7-95　更改栏目状态

（4）将“设备”图层组中的所有图层全部删除，效果如图 7-96 所示。

（5）使用直线工具，设置颜色为白色，粗细为 1 像素，绘制一条直线，如图 7-97 所示。

图 7-96　删除设备内容

图 7-97　绘制直线

（6）置入“智能扫地机器人.jpg”图片，调整大小和位置，效果如图 7-98 所示。

（7）将智能扫地机器人图层栅格化，其变为普通图层后删除白色的背景部分，效果如图 7-99 所示。

图 7-98　置入图片

图 7-99　删除图片背景

（8）使用直线工具，设置粗细为 13 像素，在智能扫地机器人右边绘制两条直线，效果如图 7-100 所示。

（9）将这两条直线所在图层组合成组，复制一份后将两条直线水平翻转，放到智能扫地机器人左边，效果如图 7-101 所示。

图 7-100　绘制箭头

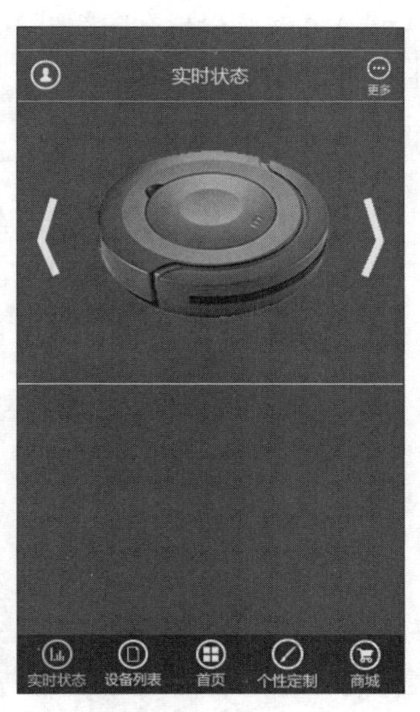

图 7-101　复制箭头

（10）选择横排文本工具，设置字体为微软雅黑，字号为 24，颜色为白色，输入智能扫地机器人的工作状态介绍，效果如图 7-102 所示。

（11）从“2 设备列表.psd”中，将“启动状态”组拖动到当前文件中，效果如图 7-103 所示。

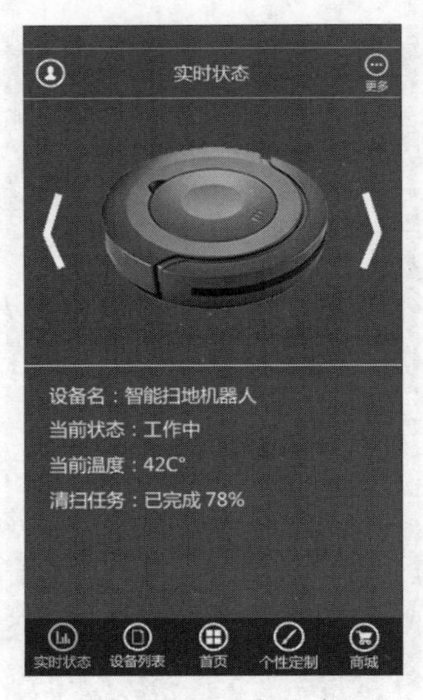

图 7-102 添加文字

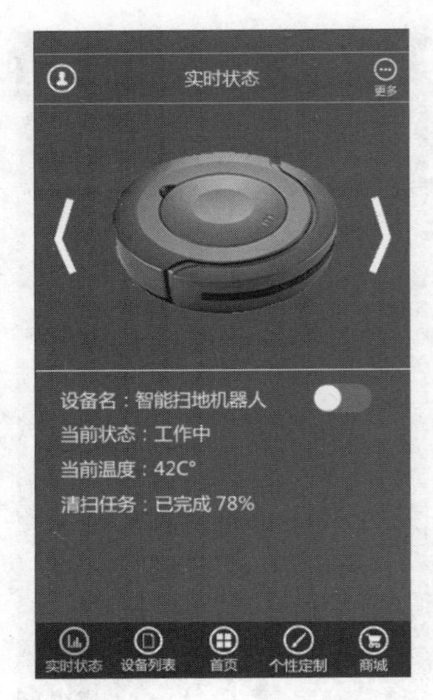

图 7-103 添加状态图标

（12）按下 Ctrl+S 键，保存文件。

5. “智能家”个性定制界面制作

（1）打开“2 设备列表.psd”文件，将其另存为“4 个性定制.psd”。

（2）进入“状态栏”图层组，将“设备列表”文字更改为“个性定制”，效果如图 7-104 所示。

（3）进入“主菜单栏”图层组，通过修改智能对象，将“设备列表”栏目的颜色改为白色，“个性定制”栏目颜色改为黄色，表示当前栏目为“个性定制”，效果如图 7-105 所示。

图 7-104 更改状态文字

图 7-105 更改当前栏目

（4）将“设备”组中的设备名称以及状态部分删除，效果如图 7-106 所示。

（5）选择横排文本工具，设置字体为微软雅黑，字号为 16.5，颜色为白色，输入各个状态下的设备情况，效果如图 7-107 所示。

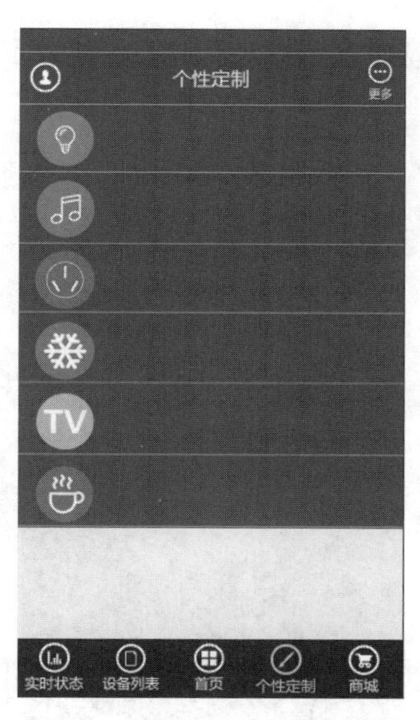

图 7-106　删除设备文字和状态

图 7-107　添加文本

（6）按下 Ctrl+S 保存文件。

6. “智能家”商城界面制作

（1）打开“2 设备列表.psd”文件，将其另存为“5 商城.psd”。

（2）进入“状态栏”图层组，将“设备列表”文字更改为“商城”，效果如图 7-108 所示。

（3）进入“主菜单栏”图层组，通过修改智能对象，将“设备列表”栏目的颜色改为白色，“商城”栏目颜色改为黄色，表示当前栏目为“商城”，效果如图 7-109 所示。

图 7-108　更改状态文字

图 7-109　更改栏目状态

（4）删除“设备”图层组，效果如图 7-110 所示。

（5）新建图层组，命名为“商城”，置入 LOGO 图标，调整大小和位置，效果如图 7-111 所示。

图 7-110　删除设备组内容

图 7-111　置入 LOGO 图标

（6）选择横排文本工具，设置字体为幼圆，字号为 45，颜色为白色，输入文本“智能家商城 专属定制”，效果如图 7-112 所示。

（7）继续使用横排文本工具，设置字体为幼圆，字号为 30，颜色为白色，输入文本“敬请期待…”，效果如图 7-113 所示。

图 7-112　添加文字

图 7-113　最终效果

（8）按下 Ctrl+S 保存文件。

7.5 项目小结

本项目通过“智能家”手机 APP UI 设计，主要讲解了 UI 设计的基本知识，及 Photoshop 中智能对象的建立、修改和保存，深入分析了 UI 设计中的 LOGO 设计和图标设计。

7.6 项目知识拓展

根据案例效果，设计和制作“云品天气”APP 界面，如图 7-114～图 7-124 所示。

图 7-114 “登录”页面

图 7-115 天气页面 1

图 7-116 天气页面 2

图 7-117 “关于天气”页面

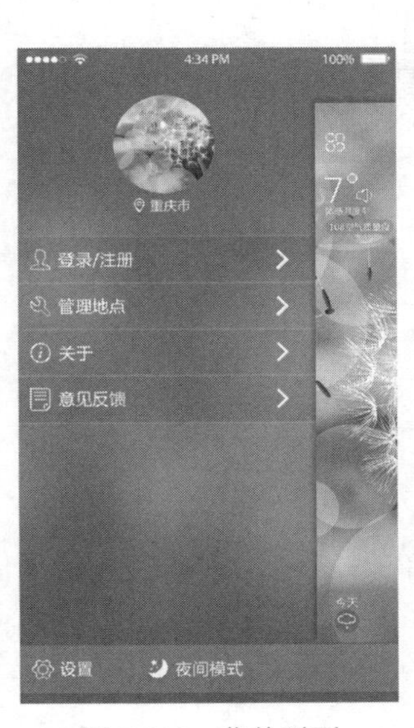

图 7-118 菜单页面

图 7-119 “管理地点”页面

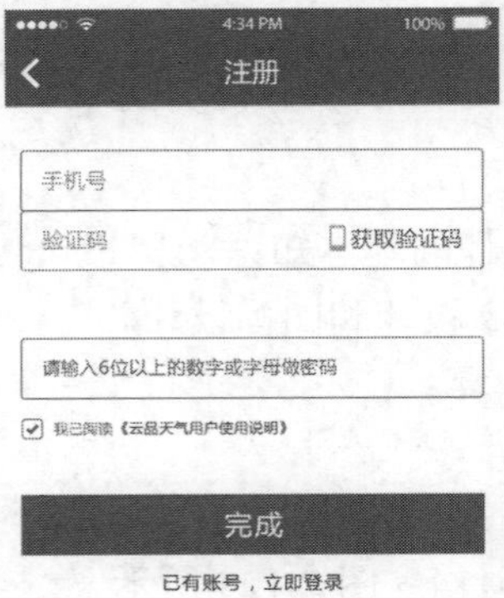

4:34 PM
100%
注册
手机号
验证码
获取验证码
请输入6位以上的数字或字母做密码
我已阅读《云品天气用户使用说明》
完成
已有账号，立即登录

图 7-120　“注册”页面

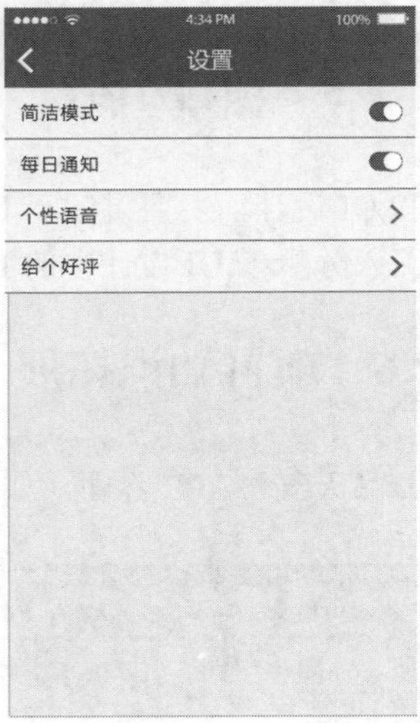

4:34 PM
100%
设置
简洁模式
每日通知
个性语音
给个好评

图 7-121　“设置”页面

4:34 PM
100%
意见反馈
200字以内
提交

图 7-122　“意见反馈”页面

4:34 PM
100%
个性语音
推荐
我的语音
使用
收藏
加载中

图 7-123　“个性语音”页面

云品天气
手机号
密码
登录

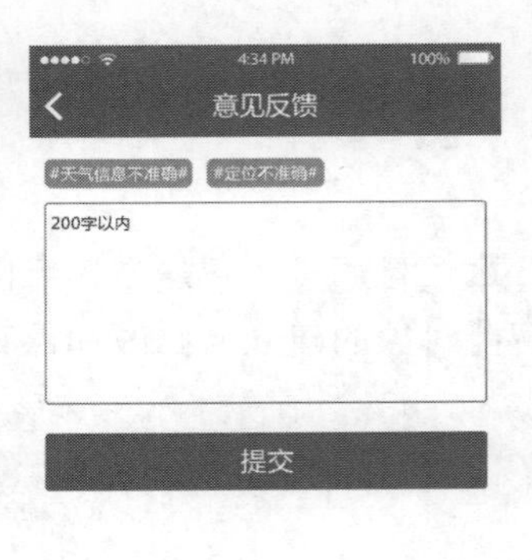

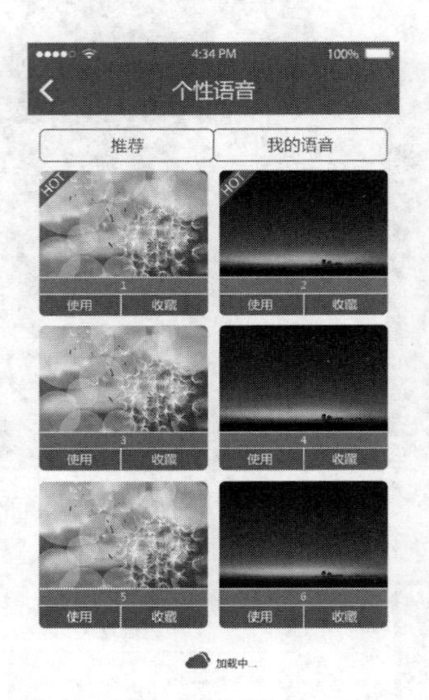

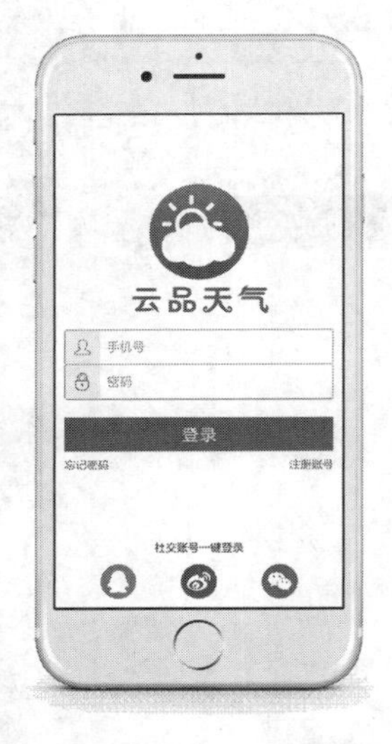

图 7-124　最终效果

项目 8　网店美工设计——琪栋食品有限公司胎菊网店页面设计

教学重点难点

- 网店美工设计相关知识
- 网页图像的修饰工具
- 网页图像的修复工具
- 网页图像的切片
- 网页图像的优化与导出
- 动作与批处理

8.1　项目效果赏析

本项目所使用的案例是琪栋食品有限公司胎菊网店页面设计，整个页面以绿色为主色调，彰显健康、安全、自然原生态等特点，深灰色为辅色调，使整个页面达到平衡且突出产品特征的效果。

本项目最终效果如图 8-1、图 8-2、图 8-3、图 8-4 和图 8-5 所示。

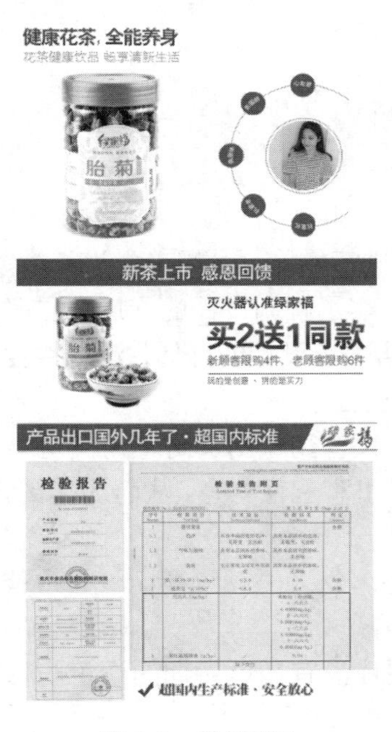

图 8-1　效果图 1

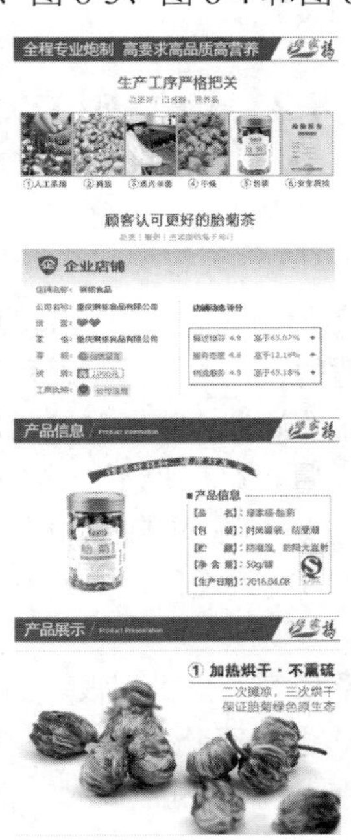

图 8-2　效果图 2

图 8-3　效果图 3

图 8-4　效果图 4　　　　图 8-5　效果图 5

8.2　项目相关知识

8.2.1　网店美工设计的概念

网店美工设计实际上是通过图形图像软件对商品的照片进行修饰，利用美学设计对素材、文字和照片进行组合，给人以舒适的、直观的视觉感受，让顾客了解到设计的网店中更多的商品信息和店铺信息。判断一个网店的好坏，首先看的就是网店美工设计的好坏，没有专业的恰当的美工设计，哪怕店铺的商品质量再好，也不一定销售得出去。

漂亮恰当的美工设计可以延长顾客在网店的停留时间，顾客浏览网页时不易疲劳，自然也就会细心地浏览店铺。合理精心的美工设计，可以有效地吸引和留住客户，从而提高销售量。

1. 网店装修的重要性

顾客进入一个网店，是否会购买商品，受到很多因素的影响，如图 8-6 所示。其中首页效果、宝贝图片即是网店美工设计的主要部分。

首页是一个网店的门面，需要用心策划和布局。宝贝图片没有经过后期的润色与修饰，对顾客的吸引力将会大大降低。

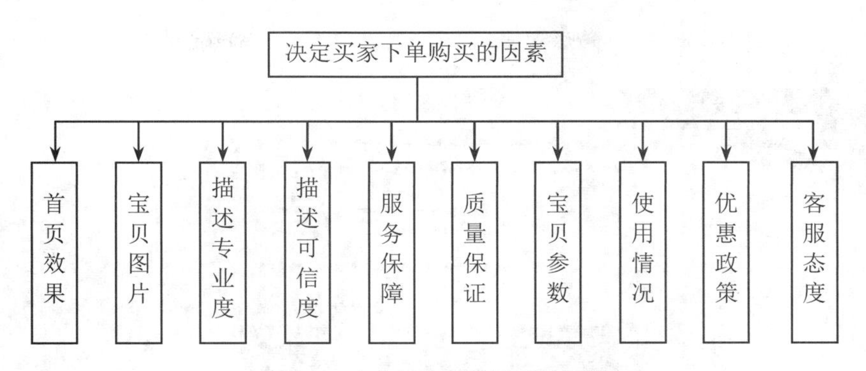

图 8-6　决定买家下单购买的因素

2. 网店制作流程

（1）利用 Photoshop 或者 CorelDRAW 设计制图：包括布局、排版、图片优化处理以及 LOGO、矢量图的制作。

（2）利用 Dreamweaver 或 HTML（JavaScript 或者 CSS）编写代码：其中使用 Dreamweaver 在网页中制作超级链接；使用 JavaScript 或者 CSS 制作网页中的特效或美化链接。

（3）利用淘宝美工工具制作全屏海报。

（4）利用淘宝官方工具：利用淘宝官方平台进入店铺图片空间和装修界面，利用“淘宝助理”上传宝贝。

3. 网店常用尺寸

这里把尺寸提出来单独讲解，是因为设计尺寸会直接影响到用户（消费者）的体验效果。设计的尺寸偏小，用户（消费者）看到的页面将会被拉大变得模糊；设计的尺寸偏大，则用户（消费者）看到的页面将出现信息损失，不能表达店主（设计者）的真正意图。只有设计者把握好设计尺寸，才能更好地传递信息给用户（消费者）。

淘宝网店（电子商务平台）需注意的尺寸：店招、导航、宝贝展示区、详情页、宝贝主图等。

（1）首页整个页面的尺寸：1920 像素（宽）*任意（高）。

（2）店招尺寸：950 像素*120 像素，也就是说，店招要显示的信息必须放在宽 1920 像素的大背景中宽 950 像素高 120 像素的部分中，如图 8-7 所示。

图 8-7　店招

（3）导航尺寸：950 像素*30 像素，也就是说，导航要显示的链接必须放在宽 1920 像素的大背景中宽 950 像素高 30 像素的部分中，如图 8-8 所示。

图 8-8　导航

（4）全屏轮播海报尺寸：1920 像素*500/600 像素，也就是说全屏轮播海报的宽度与页面大背景同为 1920 像素，高度 500 像素或 600 像素都可以。注意虽然全屏轮播海报尺寸是 1920 像素，但为了兼容不同分辨率的显示器，要尽量把主要的信息（用户必须看到的）放在 1440

像素（宽）内，如图 8-9 所示。

图 8-9　全屏轮播海报

（5）宝贝展示区尺寸：950 像素*任意，也就是说，首页宝贝必须放在宽 1920 像素的大背景中宽 950 像素的部分里。但考虑到显示器兼容问题，次要信息尽量放在 1440 像素（宽）内，如图 8-10 所示。

图 8-10　宝贝展示区

（6）页尾信息尺寸：950 像素*任意，也就是说，页尾要显示的信息必须放在宽 1920 像素的大背景中宽 950 像素高任意像素（最好在 200 像素内）的部分中，如图 8-11 所示。

图 8-11　页尾信息

（7）详情页尺寸：750 像素*高度任意，也就是说，详情页的宽度必须是 750 像素，高度根据设计的内容多少而定，如图 8-12 所示。

（8）宝贝主图尺寸：750 像素*750 像素，也就是说，宝贝主图要想拥有放大镜效果，宽高尺寸必须在 750 像素以上（宽高尺寸大小一致），如图 8-13 所示。

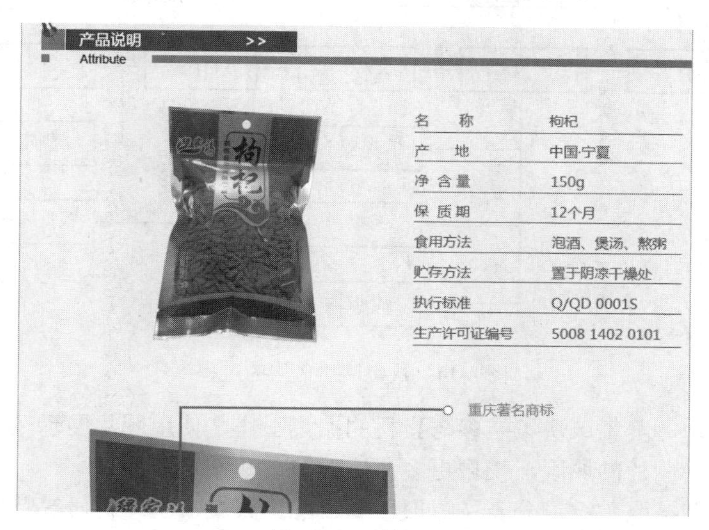

图 8-12　详情页

图 8-13　宝贝主图

8.2.2　如何确定网店风格

确定网店的风格是将头脑中的思维具体化，网店的风格一般体现在店铺的整体色彩、色调以及图片的拍摄风格上。交易平台网站上有多重店铺风格可供选择，店家可以选择这些固定的店铺模板来进行装修，也可以根据店内商品的特点和风格来重新进行设计，使店铺独具特色，也更符合销售定位。

要想抓住店铺的灵魂，不能只靠老板或美工的个人品位，更需要一个系统的方法，如图 8-14 所示。

确定网店风格的步骤如下：

（1）通过综合用户研究结果、品牌营销、内部讨论等方式，明确关键词，如清爽、活泼、大气、稳重等。

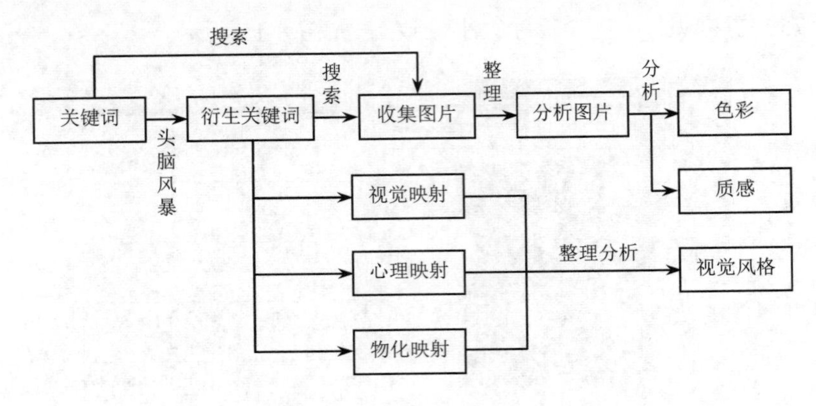

图 8-14 决定网店风格的过程

（2）邀请客户、美工或决策层参与素材的搜集工作，使用图片展示风格、情感。

（3）了解选择图片的原因，挖掘更多背后的故事和细节。

（4）将素材图按照关键词分类，提取色彩、配色方案、肌理材质等特征，作为最后的视觉风格的产出物。

8.2.3 网店美工设计中需注意的问题

网店的装修过程中，确定了网店的风格之后，在具体的制作和维护过程中，还要注意一些细节问题。

1. 图片的显示

网店中的图片一定要存放在商家自己账户的网络空间中，避免图片正常显示几天后就不能显示的情况，并且要即时在计算机上进行图片的备份，以免图片丢失。

2. 适量使用闪图

闪图是 GIF 格式的，能够通过动画方式显示图片。网店中适量使用闪图可以提高顾客的兴趣，但如果闪图太多，会耗费电脑空间，使顾客等待时间过长，导致顾客购物体验变差。

3. 添加音乐要有讲究

在网店中添加音乐要有讲究，如果顾客不开音响，添加的音乐毫无作用，还占据了网络数据传输空间。如果开了音响，进入店铺后，店铺音乐与顾客播放器的音乐重合，可能会马上关闭店铺页面。

如果确实需要添加音乐，尽量添加一些比较柔和和悦耳的音乐。

4. 控制网店图片的色彩

网店中的颜色不能太丰富，要统一，有一个固定的配色方案，对颜色进行规范，减少视觉垃圾，最主要的是让内容有条理性。

5. 店铺风格的选择

网店的默认背景基本上是白色的，由于宝贝图片大多数是抠出来的，背景也是白色的，这样会比较简单明了。如果宝贝的背景不是白色的，则可以选择其他风格。把握了整体的风格后，还要考虑其稳定性和可更改性。

8.3 项目相关操作

在网店中所使用的图像多数为店主自行拍摄的照片，比如宝贝的各种照片等。这类拍摄照片或多或少存在一定的问题，不适合直接用在网店中，因此需要对图像进行修饰或者修复。

8.3.1 网页图像的修饰工具

在工具箱中图像的修饰工具有印章工具组、模糊工具组和减淡工具组，其中模糊工具组和减淡工具组在前面的章节中已经做过详细的讲解，这里就不再赘述，下面只对印章工具组做讲解。

Photoshop 的印章工具组内含两个工具，它们分别是仿制图章工具和图案图章工具，实际上是一种复制工具，如图 8-15 所示。

1. 仿制图章工具

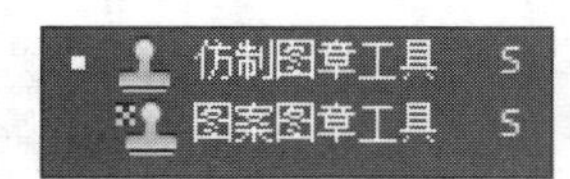

图 8-15 印章工具组

使用仿制图章工具可从图像中取样，然后将样本应用到其他图像或同一图像的其他部分，也可以将一个图层的一部分仿制到另一个图层。要复制对象或移去图像中的缺陷，仿制图章工具十分有用。

在使用仿制图章工具时，会在该区域上设置要应用到另一个区域上的取样点。通过在选项栏中选择“对齐”，无论绘画停止和继续过多少次，都可以重新使用最新的取样点。当“对齐”处于取消选择状态时，在每次绘画时重新使用同一个样本。

可以将任何画笔笔尖与仿制图章工具一起使用，所以可以对仿制区域的大小进行多种控制。还可以使用选项栏中的不透明度和流量设置来微调应用仿制区域的方式，仿制图章工具的选项栏如图 8-16 所示。

图 8-16 仿制图章工具选项栏

仿制图章工具的用法如下：

（1）选择仿制图章工具。

（2）在选项栏中，选取画笔笔尖并为模式、不透明度和流量设置画笔选项。

（3）确定想要对齐样本像素的方式，在选项栏中选择“对齐”，会对像素连续取样，而不会丢失当前的取样点，即使松开鼠标时也是如此。如果取消选择“对齐”，则会在每次停止并重新开始绘画时使用初始取样点中的样本像素。

（4）在选项栏中选择“对所有图层取样”可以从所有可视图层中对数据进行取样；取消选择“对所有图层取样”将只从现用图层取样。

（5）将指针放在任何打开的图像中，然后按住 Alt 键并单击鼠标来设置取样点。

（6）在要校正的图像部分上拖移。

仿制图章工具效果如图 8-17 所示。

2. 图案图章工具

图案图章工具的作用与油漆桶工具类似，其在绘制时不需要设置取样点，可以直接使用指定的图案在图像中进行绘画，其选项栏如图 8-18 所示。

图 8-17 仿制图章工具效果

21 模式：正常 不透明度：100% 流量：100% 对齐 印象派效果

图 8-18 图案图章工具选项栏

图案图章工具的用法如下：

（1）从图案库中选择图案或者自己创建图案。

（2）选择图案图章工具。

（3）在选项栏中选取画笔笔尖，并设置画笔选项（模式、不透明度和流量）。

（4）在选项栏中选择“对齐”，会对像素连续取样，而不会丢失当前的取样点，即使松开鼠标时也是如此。如果取消选择“对齐”，则会在每次停止并重新开始绘画时使用初始取样点中的样本像素。

（5）在选项栏中，从“图案”弹出式调板中选择一个图案。

（6）如果希望使用印象派效果应用图案，请选择“印象派效果”。

（7）在图像中拖移可以使用该图案进行绘画。

图案图章工具效果如图 8-19 所示。

图 8-19 图案图章工具效果

图像的修饰除了可以使用上述的修饰工具外，还可以使用诸如图像调整、滤镜等操作来进行，这些内容在前面的章节中均有详细的讲解。对于网店中的图像而言，要始终遵循一个原则，就是在如实展示宝贝的情况下，要能够达到更好的宣传宝贝，提高销售量的目的，不能虚假宣传，误导消费者。

8.3.2 网页图像的修复工具

网店中的图像在拍摄过程中，可能会因为一些意外情况出现一些瑕疵，比如红眼之类，这就需要使用修复工具。

Photoshop 的修复工具包括污点修复画笔工具、修复画笔工具、修补工具、内容感知移动工具和红眼工具 5 种，如图 8-20 所示。该组工具可以有效地修复图像上的杂质、污点、刮痕和褶皱等缺陷。

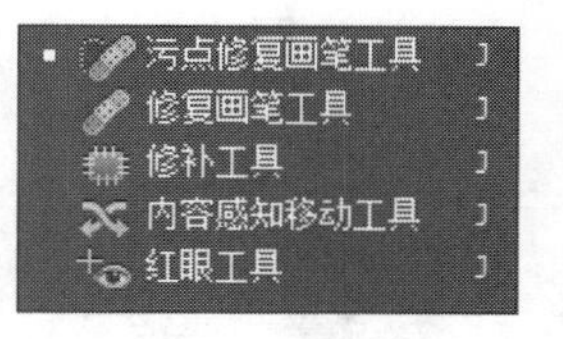

图 8-20　修复工具组

1. 污点修复画笔工具

污点修复画笔工具是目前 Photoshop 中最简单的修复工具，可以修复图片上小的区域，即去除不想要的小污点，比如旧照片上的刮痕和人脸上的痣。

使用这个工具，只需要在想要修改的地方单击一次，Photoshop 就会检查污点周围的像素数据并准确地把这些数据融入目的地。

使用污点修复画笔工具效果如图 8-21 所示。

图 8-21　污点修复画笔工具使用前后效果对比

2. 修复画笔工具

修复画笔工具的用法与仿制图章工具非常相似，选择修复画笔工具后，按下 Alt 键并单击图像的某个区域来选择来源，然后松开 Alt 键，在目的地涂画来传送像素，它比仿制图章更加智能地达到嵌入式的效果。和污点修复画笔工具一样，修复画笔工具试图自动地让克隆的图像和周围的环境相协调，把看起来很复杂的区域简单化。

3. 修补工具

修补工具是用来克隆相对来说比较一致的大面积区域的工具，和其他修复工具一样，修补工具不但可直接克隆，而且会协调所选区域和目标环境的边缘。

效果如图 8-22 所示。

4. 内容感知移动工具

内容感知移动工具可以简单到只需选择照片场景中的某个物体，然后将其移动到其他需要的位置即可实现复制，复制后的边缘会自动柔化处理，跟周围环境融合，经过 Photoshop 的计算，便可完成极其真实的合成效果。

效果如图 8-23 所示。

5. 红眼工具

红眼工具主要用于处理在拍摄时因闪光造成的红眼现象，改变图像的不自然感，其中：

瞳孔大小：通过设置参数值，可以控制处理红眼图像的范围大小。

变暗量：用户控制去除红眼后瞳孔的变暗程度，数值越大则变暗程度越强。

效果如图 8-24 所示。

图 8-22　修补工具使用前后效果对比

图 8-23　内容感知移动工具使用前后效果对比

图 8-24　红眼工具使用前后效果对比

8.3.3　网页图像的切片

在网页中处理图像时，有时会想要加载一个大的图像，比如页面上的主图，或者是背景。如果文件很大，它加载的时候需要的时间就会长，尤其是用户网速比较慢的时候。这个时候可以通过压缩来减小文件，但是这会使图像质量受到影响，压缩文件也要适可而止。解决这个问题的方法就是把图片分割，它将允许用户在加载图像的时候可以一片一片地加载，直到整个图像出现在屏幕上。

1. 图像切片的工作原理

当有一个需要花很长时间来加载的大图像时，可以使用 Photoshop 中的切片工具把图像切成几个小图。这些小图将作为一个单独的文件保存，还可以进行优化并保存为 Web 所用格式。Photoshop 可生成 HTML 和 CSS 格式的文件以便显示切片图像。在网页中切片图像通过 HTML 或 CSS 在浏览器中重新组合以便达到平滑流畅的效果。

切片是最直白的网页布局方法，可以有效地缩小页面文件，提高浏览者浏览页面的体验。

2. 图像切片的基础知识

在使用切片工具进行图像切片时，应注意以下四点：

（1）在创建切片时，可以使用切片工具。

（2）切片可以使用切片选择工具来选中。

（3）可以移动切片，设置它的大小，还可以让切片对齐，或给切片指定一个名称、类型和 URL。

（4）每个切片都可以通过保存时的对话框进行优化设置。

3. 切片工具的使用方法

按下键盘上的 C 键，选中裁剪工具，右击选择切片工具，如图 8-25 所示。

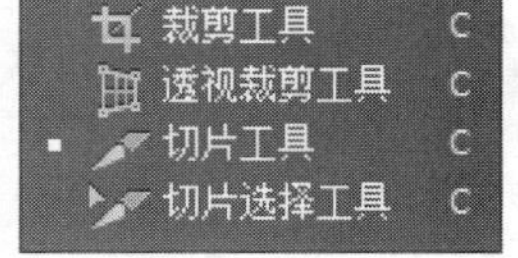

图 8-25　切片工具

当切片时，可以进行如下三种样式设置：

正常：随意切片，切片的大小和位置取决于用户在图像中所画的框开始和结束的位置。

固定长宽比：给高度和宽度设置数字后，得到的切片框就会是这个长宽比。

固定大小：固定设置长和宽的大小。

当分割图像时会遇到一些选项。如果精确度不那么重要时，可以手动分割图像，必要的时候，可以使用切片选择工具对已完成的切片图像进行调整。如果精确度很重要，可以使用参考线在图像上标出重要的位置，如图 8-26 所示。

图 8-26　使用参考线

画好参考线后单击选项栏（如图 8-27 所示）中“基于参考线的切片”按钮，系统就会自动绘制切片，效果如图 8-28 所示，还可以使用切片选择工具重新定位切片。

图 8-27　切片工具选项栏

图 8-28　自动切片效果

4. 编辑切片信息

创建切片之后，可以通过以下两种方式中的任一种编辑切片信息。一种方式就是使用切片选择工具，单击想编辑的切片，然后单击选项栏中“为当前切片设置选项”按钮，如图 8-29 所示。

图 8-29　“为当前切片设置选项”按钮

另一种方式是右击切片，在弹出的菜单中，选择“编辑切片选项”，如图 8-30 所示。两种方式都将弹出如图 8-31 所示的“切片选项”对话框。

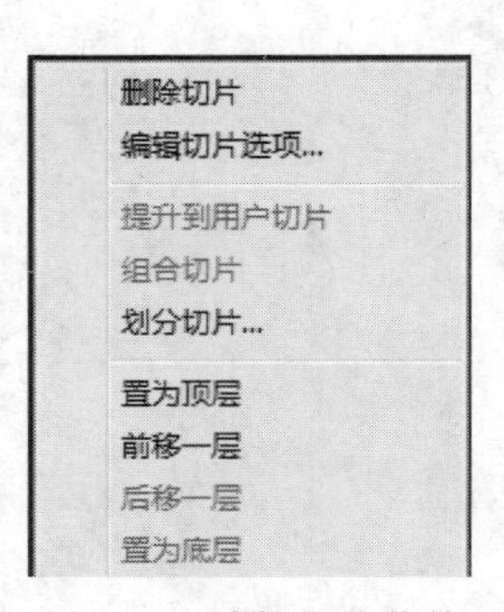

图 8-30　编辑切片菜单

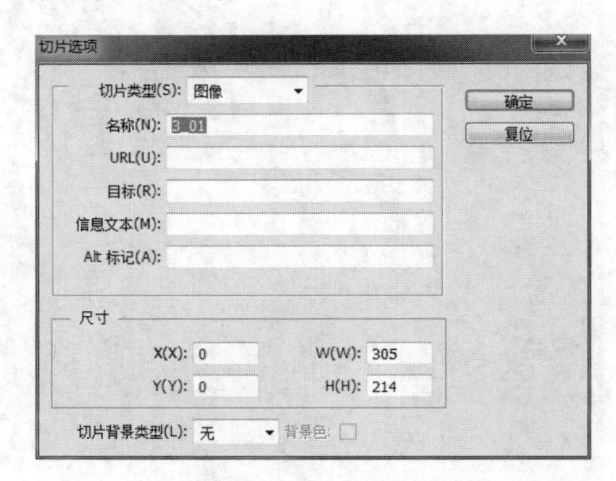

图 8-31　“切片选项”对话框

“切片选项”对话框里有许多设置参数：

名称：打开网页之后显示的切片名称。

URL： 单击被编辑的图片区域后，会跳到输入的目标网址内。

目标： 指定载入的URL帧是在原窗口打开，还是在新窗口打开链接。

信息文本： 鼠标移到切片区域时浏览器左下角显示的内容。

Alt 标记： 图片的属性标记，鼠标移动到切片区域时鼠标旁的文本信息。

尺寸： 设置切片区域的X轴、Y轴坐标，宽度（W）和高度（H）的精确大小。

8.3.4 图像的优化与导出

图像切片完成，对网页的布局确认无误后，选择“文件”|“存储为 Web 所用格式”，如图8-32所示，保存图像。

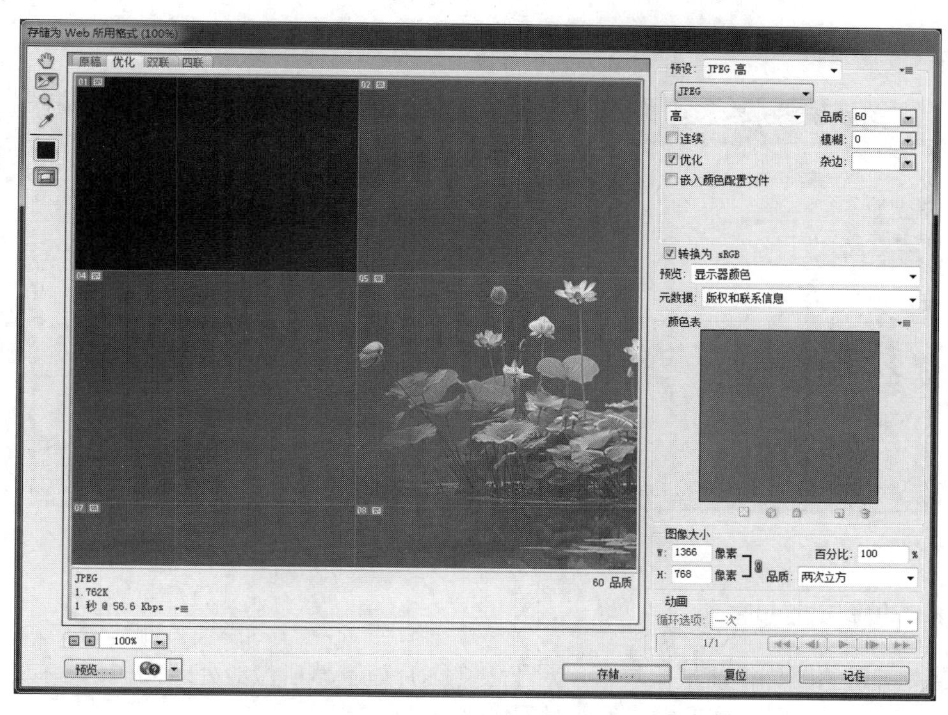

图 8-32　存储网页图像

单击“存储”按钮会弹出“将优化结果存储为”对话框，如图8-33所示，可以为切片设置文件类型或者使用对话框中的默认设置，其中：

格式： 有三个选择，分别是“HTML和图像”“仅限图像”和“仅限HTML”。

设置： 可选择“自定”“背景图像”“默认设置”“XHTML”和“其他”。

切片： 可选择“所有切片”“所有用户切片”和“选中的切片”。

一般使用的是“HTML 和图像”“默认设置”和“所有切片”。完成设置后，选择想要保存文件的文件夹，并单击“保存”按钮。这时会创建一个HTML文件和一个包含12个切片的图像文件，它们在同一个大文件夹中，如图8-34所示。

通过切片工具的基本操作可以看到，当有一个大图片时，图像分割是非常有用的。通过将它分割成小图，加载时小图一个一个地加载，可让用户逐步看到更多。这对于网速慢的用户很有帮助。

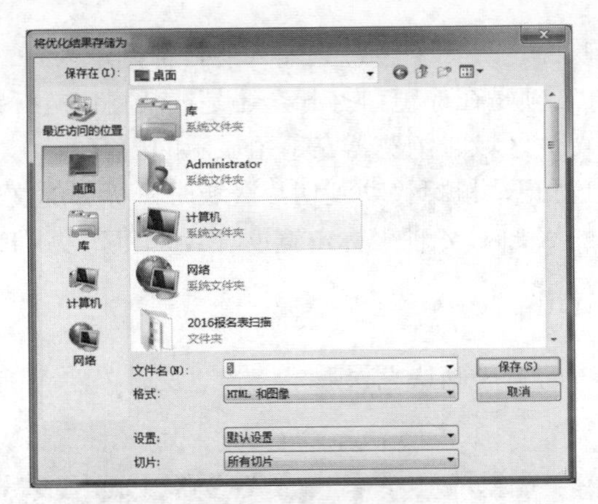

图 8-33　“将优化结果存储为”对话框

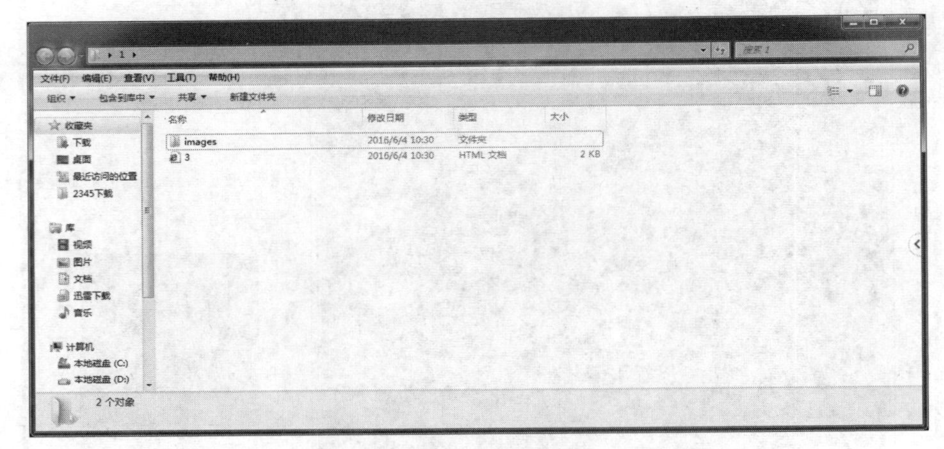

图 8-34　存储效果

8.3.5　动作与批处理

网店中所用的图片往往量比较大，对于很多图片而言，所做的处理操作基本一样，在这种情况下，逐张处理图片速度慢，浪费时间。

Photoshop 中提供了“动作”和“批处理”命令，两者配合使用可以针对大量图片做统一的处理操作，比如修改图像大小、添加边框等。

以本项目中素材图片的处理为例，对“动作”与“批处理”命令做详细讲解，操作方法如下：

（1）导入胎菊图片，如图 8-35 所示。

图 8-35　导入胎菊图片

（2）在菜单栏的“窗口”菜单中选择“动作”，调出“动作”面板（或者按下 Alt+F9），如图 8-36 所示。

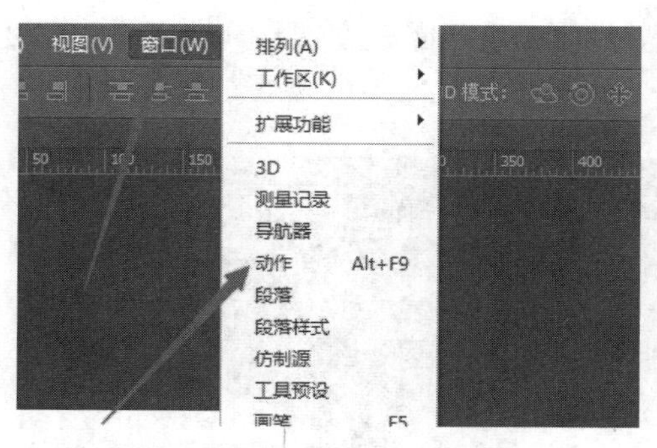

图 8-36　打开“动作”面板

（3）单击新建按钮，新建一个动作，如图 8-37 所示。

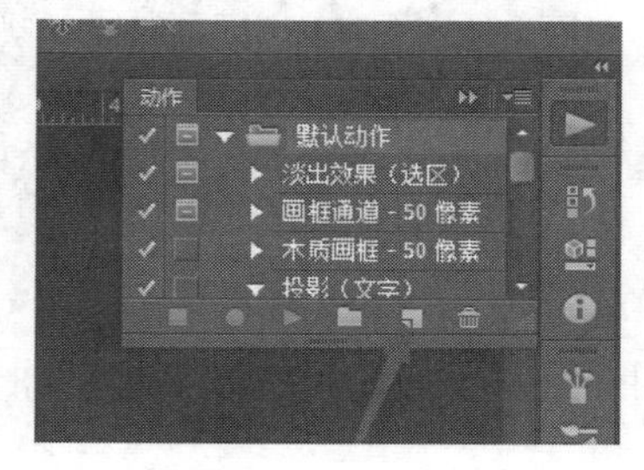

图 8-37　新建动作

（4）给动作起一个名字，还可以设置一个快捷键（注意快捷键最好不要有冲突），设置好后单击“记录”按钮，如图 8-38 所示，这时所有的操作动作都会被记录下来。

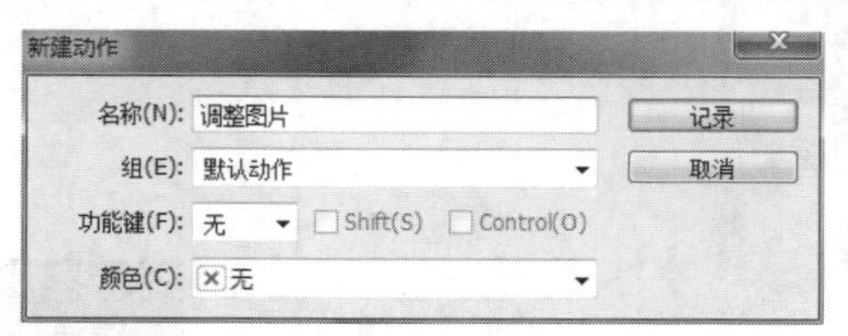

图 8-38　“新建动作”对话框

（5）按下 Ctrl+J 复制图层，选择“图像”|“自动色调”命令（Ctrl+Shift+L），效果如图 8-39 所示。

图 8-39　自动色调效果

（6）在复制的背景图层上添加曲线调整图层，进行曲线调整，使图片变亮，设置如图 8-40 所示。

（7）再添加曝光度调整图层，进行曝光度调整，提高图片亮度，设置如图 8-41 所示，效果如图 8-42 所示。

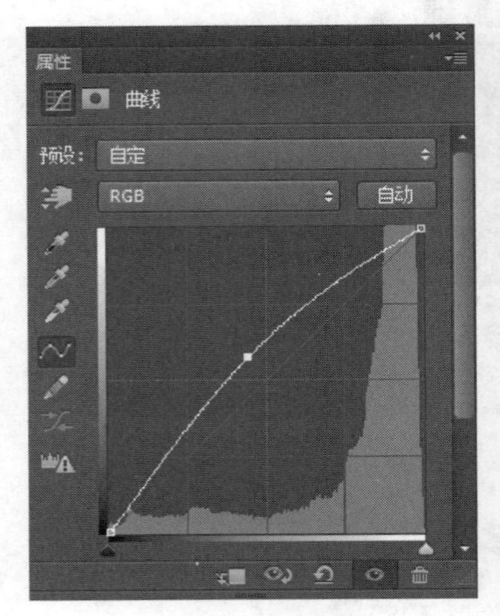

图 8-40 曲线设置

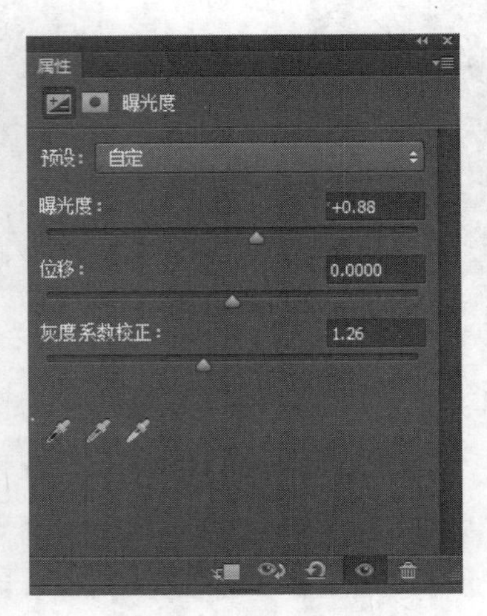

图 8-41 曝光度设置

图 8-42 曝光度效果

（8）对曲线、曝光度调整图层进行调整，使产品和背景分离出来。最终效果如图 8-43 所示。

（9）单击“停止播放/记录”按钮，结束动作记录，如图 8-44 所示。

图 8-43 最终效果

图 8-44 结束动作记录

（10）选择“文件”|“自动”|“批处理”命令，如图 8-45 所示。

（11）从弹出的对话框中选择动作为之前录制的“调整图片”，并单击“源”下方的“选择”，选择图片文件夹所在的位置，单击“确定”按钮，如图 8-46 所示。

后续的操作就由 Photoshop 自动进行，将会对整个文件夹中的所有图片都按照动作中所记录的操作，对图片进行调整，这样可以很方便快捷地对网店中所用到的图片进行统一的处理。

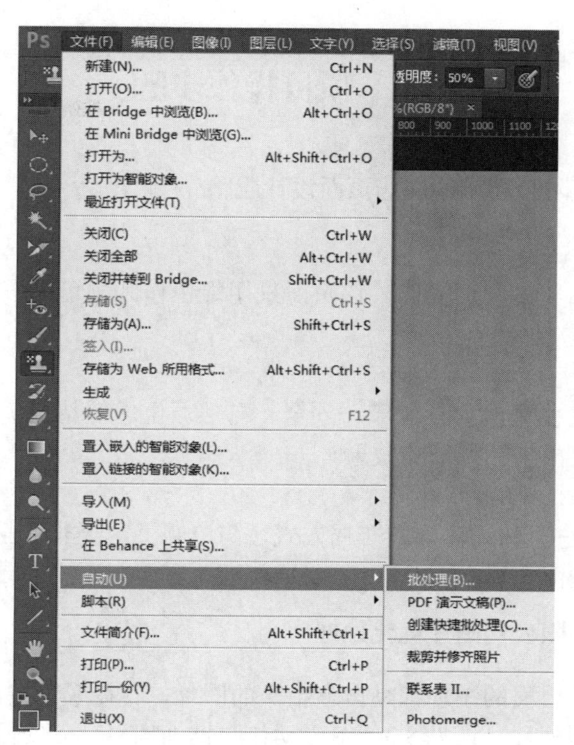

图 8-45　选择“批处理”命令

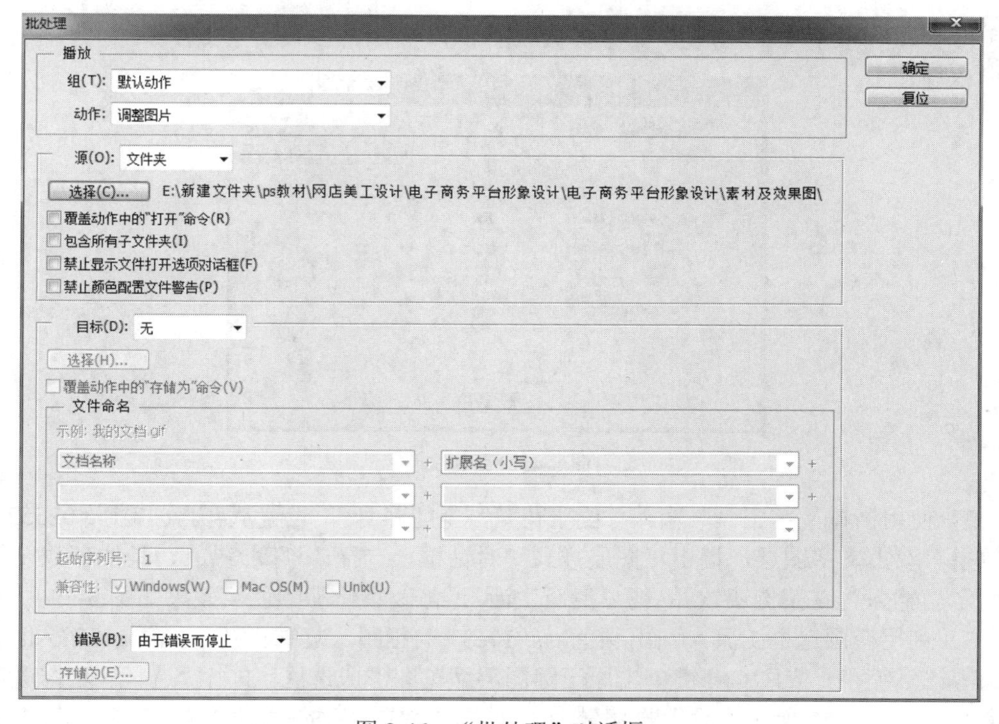

图 8-46　“批处理”对话框

8.4 项目操作步骤

8.4.1 琪栋食品有限公司胎菊网店页面设计思路

1. 行业分类

这是一款关于食品类的网页界面。该页面采用绿色作为主色调，表现出该产品健康、安全的特点。

2. 色彩分析

该设计以绿色为主色调，彰显健康、安全、自然原生态等特点，以深灰色为辅色调，使整个页面达到平衡且突出产品特征的效果。

3. 版式分析

页面采用“导航栏+具体内容”的布局方式，简单明了，给非行业的消费者通俗易懂的感觉，这是产品描述的主流布局方式。

8.4.2 琪栋食品有限公司图片优化处理

由于琪栋食品有限公司的图片都是自行拍摄的图片，存在颜色黯淡、重点不突出的缺点，均需对图片进行调节和处理，详见 8.3.5 节“动作与批处理”部分的操作。

8.4.3 琪栋食品有限公司胎菊网店页面制作

（1）单击“文件”|“新建”命令，按照图 8-47 所示的参数新建文件。

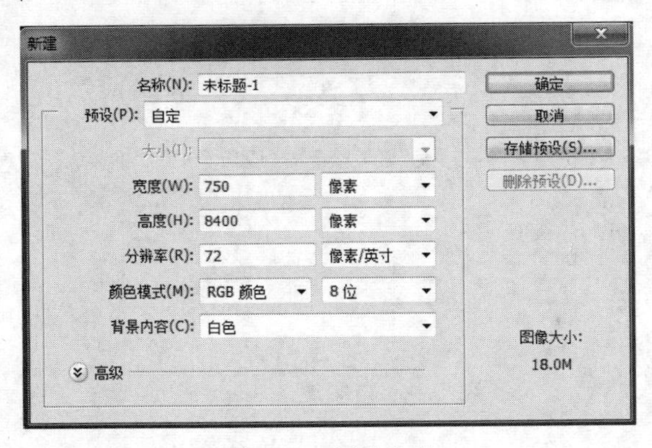

图 8-47　新建文件

（2）使用横排文字工具，输入“健康花茶，全能养身”，设置从#017e37 到# 025526 颜色渐变效果。双击文字图层，调出“图层样式”对话框，选择“渐变叠加”，具体参数设置如图 8-48 所示。输入“花茶健康饮品 畅享清新生活”，修改字体和颜色，效果如图 8-49 所示。

（3）利用椭圆选框工具，画出颜色为#017e37 的正圆，复制正圆，按住 Shift+Alt 将复制的正圆等比例缩小，按住 Ctrl 键单击原正圆图层缩览图形成选区。执行“选择”|“修改”|“收缩”命令，如图 8-50 所示，设置收缩量为 1 像素，完成之后的效果如图 8-51 所示。

（4）导入人物图片，放置在实心圆图层的上面，选择人物图层，单击右键，在弹出菜单中选择“创建剪贴蒙版”命令，完成之后的效果如图 8-52 所示。

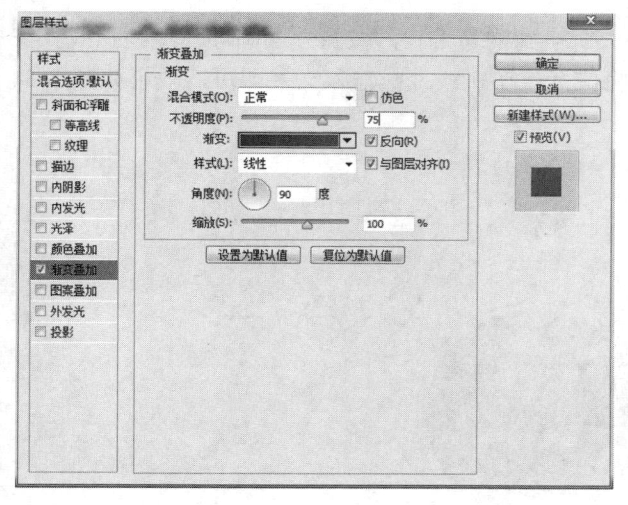

图 8-48 图层样式设置

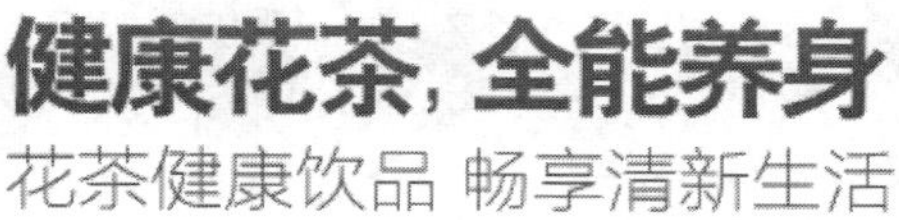

健康花茶，全能养身

花茶健康饮品 畅享清新生活

图 8-49 文本效果

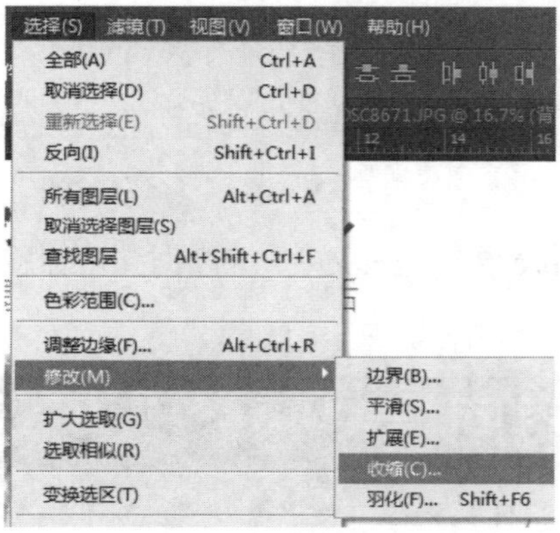

图 8-50 收缩像素

图 8-51 正圆效果

（5）用第（3）步的方法，得到大的绿色圆环，选中该图层，用矩形选框工具截取部分，按 Delete 删除，在大圆上使用椭圆工具绘制五个小圆，沿着大圆的形状摆放，效果如图 8-53 所示（使用蒙版也可得到同等效果）。

图 8-52 创建剪贴蒙版效果

图 8-53 添加外圈效果

（6）弧形文字的制作：按下快捷键 P，切换到钢笔工具，按照外面圆环弧度画弧线。在显示钢笔弧线的状态下，切换到 T 命令，将鼠标放在弧线上，输入文字即可，效果如图 8-54 所示。

图 8-54　弧形文字效果

（7）使用矩形选框工具绘制矩形，填充颜色#017e37，键入文字“新茶上市 感恩回馈”，如图 8-55 所示。

新茶上市 感恩回馈

图 8-55　“新茶上市”栏目效果

（8）利用剪贴蒙版，将产品图片按照规定大小放在页面左侧，利用文字工具键入右侧文字。其中“买 2 送 1 同款”操作方法同第（2）步，效果如图 8-56 所示。

灭火器认准绿家福

买2送1同款

新顾客限购4件，老顾客限购6件

玩的是创意 · 拼的是实力

图 8-56　“新茶上市”内容效果

（9）采用同第（7）步的操作方法，绘制“产品出口”栏目，再利用钢笔工具画出梯形形状，栅格化梯形形状，用剪贴蒙版把 LOGO 放在其中，如图 8-57 所示。

产品出口国外几年了 · 超国内标准

图 8-57　“产品出口”栏目效果

（10）参照排版，利用剪贴蒙版，放入企业资质图片。选择“自定形状工具”，从选项栏中选择“√”形状，并在其后键入文字“超国内生产标准·安全放心”，如图 8-58 所示。

检验报告

重庆市食品药品检验检测研究院

CHONGQING INSTITUTE FOR FOOD AND DRUG CONTROL

检验报告附页

Annexed Tabe of Test Report

报告编号(№.)：2016-07SS030351　　第 2 页，共 2 页（Page 2 of 2）

序号 Number	检测项目 Test Item	技术指标 Technical Indicator	检测结果 Test Result	判定 Comment
1	感官要求			合格
1.1	色泽	具有本品固有的色泽，无霉变，无虫蛀	具有本品固有的色泽，无霉变，无虫蛀	
1.2	气味与滋味	具有本品固有的香味，无异味	具有本品固有的香味，无异味	
1.3	杂质	无正常视力可见外来杂质	具有本品固有的香味，无异味	
2	铅（以 Pb 计）（mg/kg）	≤2.0	0.49	合格
3	总灰分（g/100g）	≤8.0	5.8	合格
4	六六六（mg/kg）	/	未检出（检出限：α-六六六 0.00004mg/kg；β-六六六 0.00016mg/kg；γ-六六六 0.00005mg/kg；δ-六六六 0.00007mg/kg）	/
5	二氧化硫残留量（g/kg）	/	0.04	/
		以下空白		

图 8-58　检测报告效果

（11）采用同第（9）步的操作方法，更改文字，如图 8-59 所示。

全程专业炮制　高要求高品质高营养

图 8-59　更改文字效果

（12）采用同第（3）步的操作方法，只是这里要的是矩形效果，而不是圆形效果，颜色为黑色。再利用剪贴蒙版，插入相应的图片，键入相关文字，如图所 8-60 所示。

生产工序严格把关

品质好，口感醇，营养高

图 8-60　生成工序效果

（13）参考排版，利用剪贴蒙版插入店铺信息，键入相关文字，如图 8-61 所示。

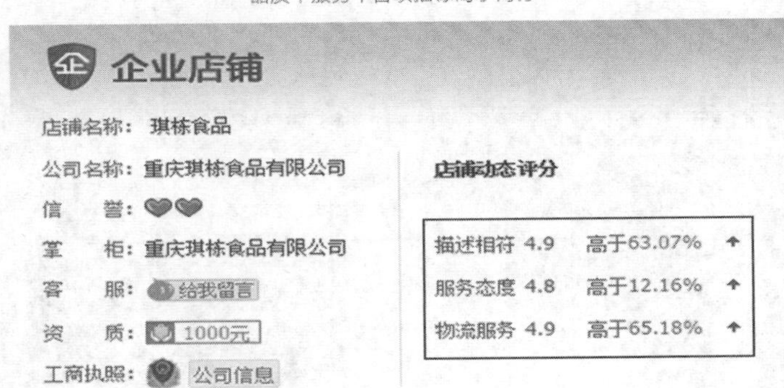

图 8-61 店铺信息效果

（14）采用同第（9）步的操作方法，更改文字，如图 8-62 所示。

图 8-62 “产品信息”栏目效果

（15）利用钢笔工具画出一条弧线，调整画笔笔尖相关参数，如图 8-63 所示，设置颜色为#09823d，选中路径，右击选择“描边路径”。再次选中弧线路径，选择文字工具后单击弧线，即可沿弧线键入文字，如图 8-64 所示。

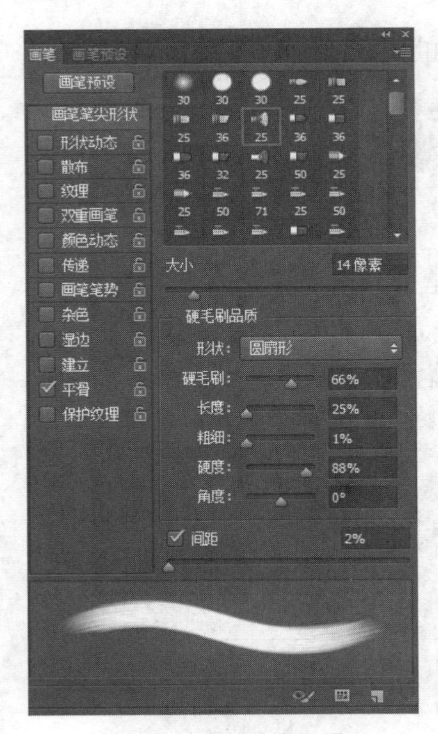

图 8-63 画笔笔尖设置

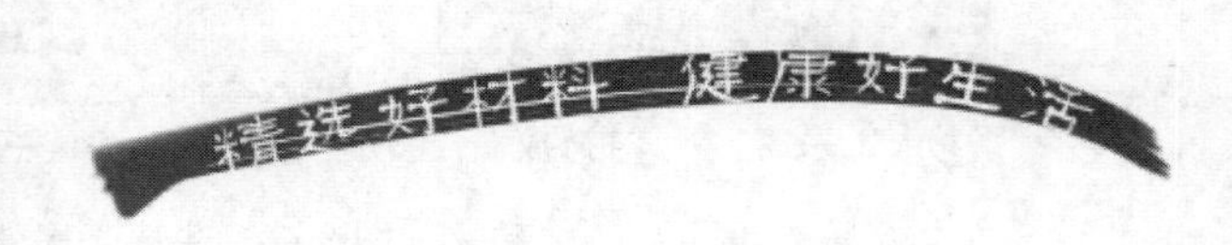

图 8-64 添加文字效果

（16）利用剪贴蒙版，将产品图片按照规定大小插入页面左侧。利用矩形选框工具绘制一个矩形，修改选区的平滑度，参数为 1 像素，如图 8-65 所示。填充深灰色，在未取消选区的前提下，修改选区的收缩量，参数为 1 像素，按 Delete 删除。再利用矩形选框工具，选取形状的左上角部分，按 Delete 删除。键入文字并放入“生产许可”图片，如图 8-66 所示。

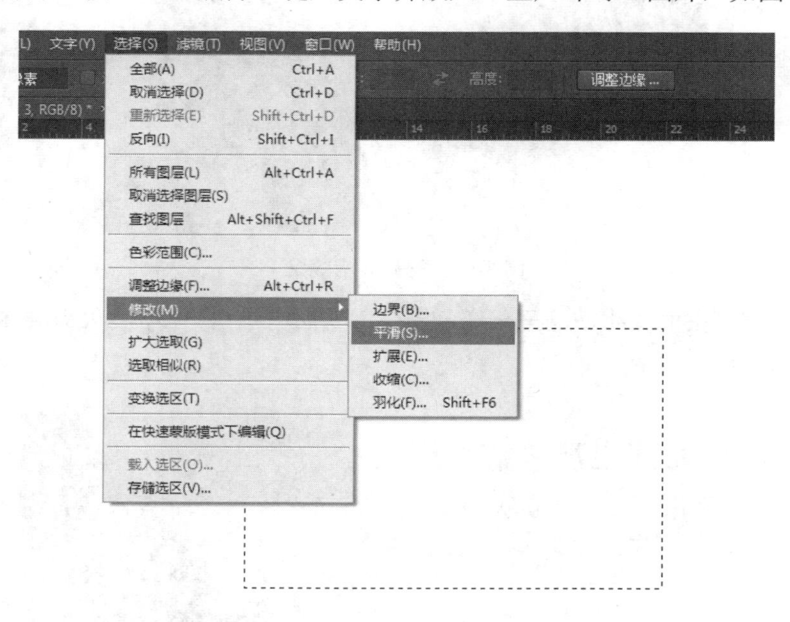

图 8-65　矩形选框绘制

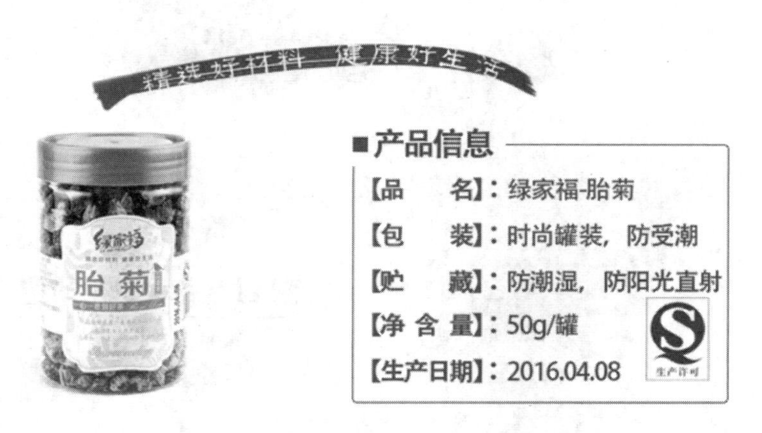

图 8-66　产品信息效果

（17）采用同第（9）步的操作方法，更改文字，如图 8-67 所示。

图 8-67　“产品展示”栏目效果

（18）参照排版，采用同第（3）步的方法，利用剪贴蒙版将产品图片插入其中。再采用第（2）步的方法，键入文字，如图 8-68 所示。

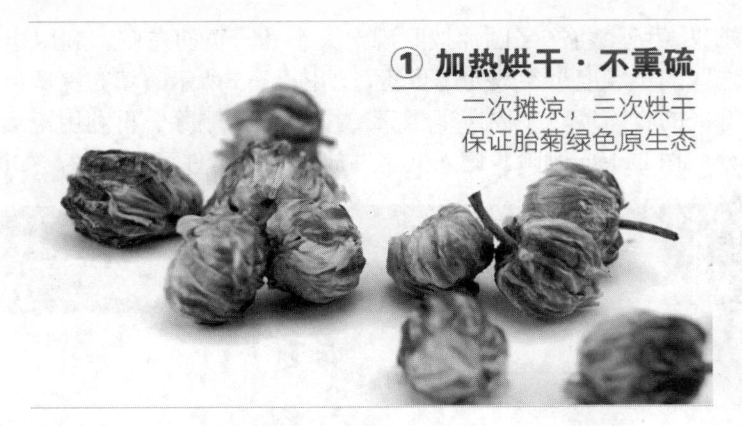

图 8-68　产品展示效果 1

（19）对于接下来的 4 张产品展示图，操作方法同第（18）步，效果如图 8-69、图 8-70、图 8-71、图 8-72 所示。

图 8-69　产品展示效果 2

图 8-70　产品展示效果 3

（20）采用同第（9）步的操作方法，更改文字，如图 8-73 所示。

图 8-71　产品展示效果 4

图 8-72　产品展示效果 5

图 8-73　“关于我们”栏目效果

（21）利用矩形选框工具，按住 Shift 画出正方形，填充任意色，取消选区。同时按住 Alt+Shift 并单击鼠标左键，水平复制 3 个同样图层。选中 3 个图层，水平居中分布，即可等距分布三个矩形位置，如图 8-74 所示。利用剪贴蒙版插入产品图片，键入相关文字，如图 8-75 所示。

图 8-74　绘制矩形效果

图8-75 加入产品图片效果

（22）参照排版，利用剪贴蒙版，插入产品图片，结合图层蒙版在产品右下角制作阴影。采用同第（3）步的操作方法，键入对应文字，如图8-76所示。

图8-76 包装展示效果

（23）采用同第（18）步的操作方法，完成“关于我们”的图像处理操作，效果如图8-77所示。

（24）参照排版，采用同第（16）步的操作方法（去除修改选区平滑度步骤），得到矩形单线边框。利用钢笔工具画出同样的形状路径，单击路径，填充颜色#1f5912，取消选择路径。键入相关文字并插入形状图标，效果如图8-78所示。

图 8-77　关于我们效果

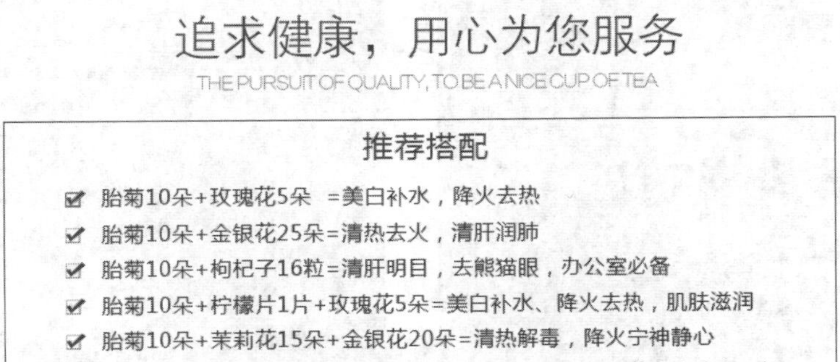

追求健康，用心为您服务

THE PURSUIT OF QUALITY, TO BE A NICE CUP OF TEA

推荐搭配

- ☑ 胎菊10朵+玫瑰花5朵 =美白补水，降火去热
- ☑ 胎菊10朵+金银花25朵=清热去火，清肝润肺
- ☑ 胎菊10朵+枸杞子16粒=清肝明目，去熊猫眼，办公室必备
- ☑ 胎菊10朵+柠檬片1片+玫瑰花5朵=美白补水、降火去热，肌肤滋润
- ☑ 胎菊10朵+茉莉花15朵+金银花20朵=清热解毒，降火宁神静心
- ☑ 胎菊10朵+茉莉花20朵+枸杞子10粒=孕妇助产顺产推荐，去胎毒补气

更多搭配，请咨询客服>>

图 8-78　推荐搭配效果

（25）参照效果图，利用椭圆选框工具画正圆，填充#f1ac11 颜色，键入文字，如图 8-79 所示。

（26）采用同第（24）步的操作方法，即可得到如图 8-80 所示的效果图。

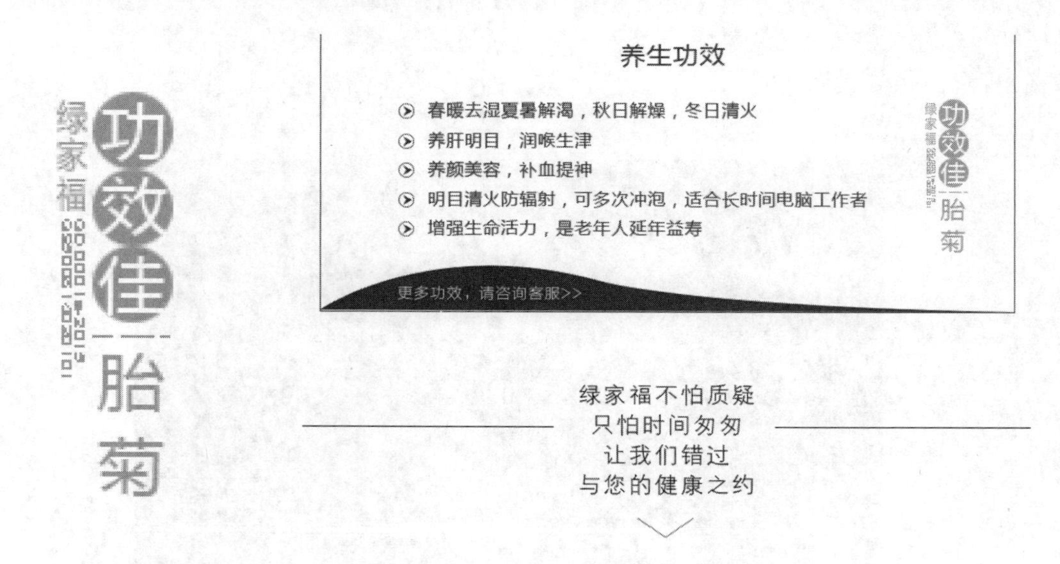

图 8-79 文本效果

图 8-80 养生功效效果图

8.4.4 网店页面的优化与导出

（1）按下 Ctrl+H 组合键打开标尺，使用移动工具从标尺菜单中拖出参考线，如图 8-81 所示，将页面的各个部分用参考线分开。

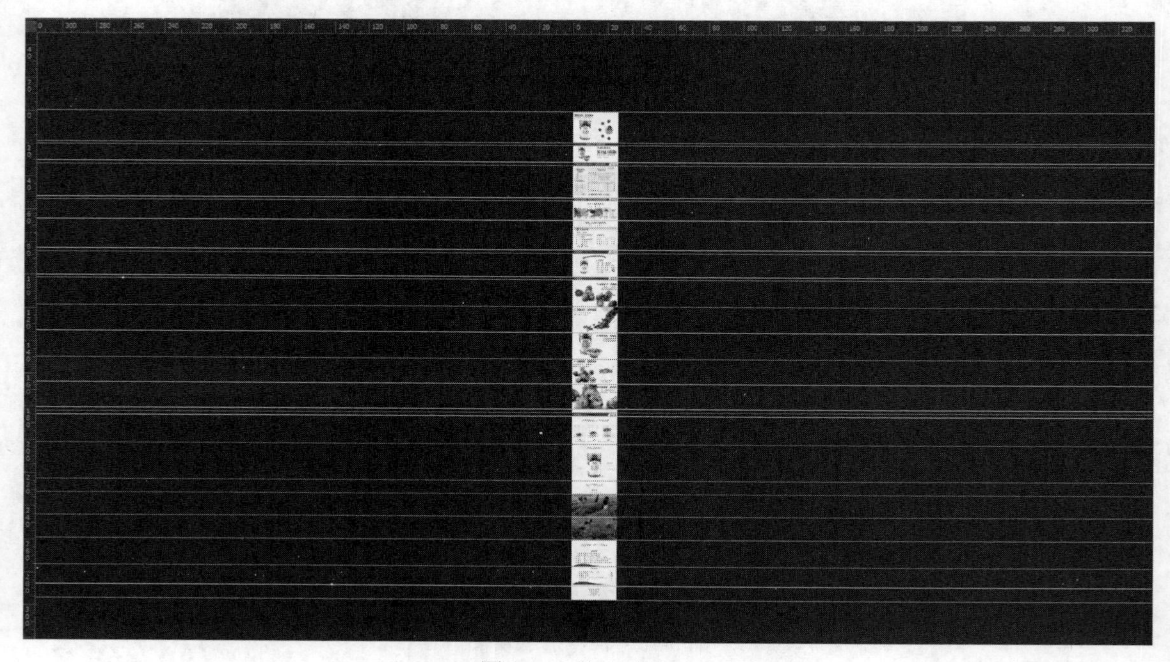

图 8-81 拖出参考线

（2）使用切片工具，沿着参考线对图像进行切片，切片效果如图 8-82 所示。

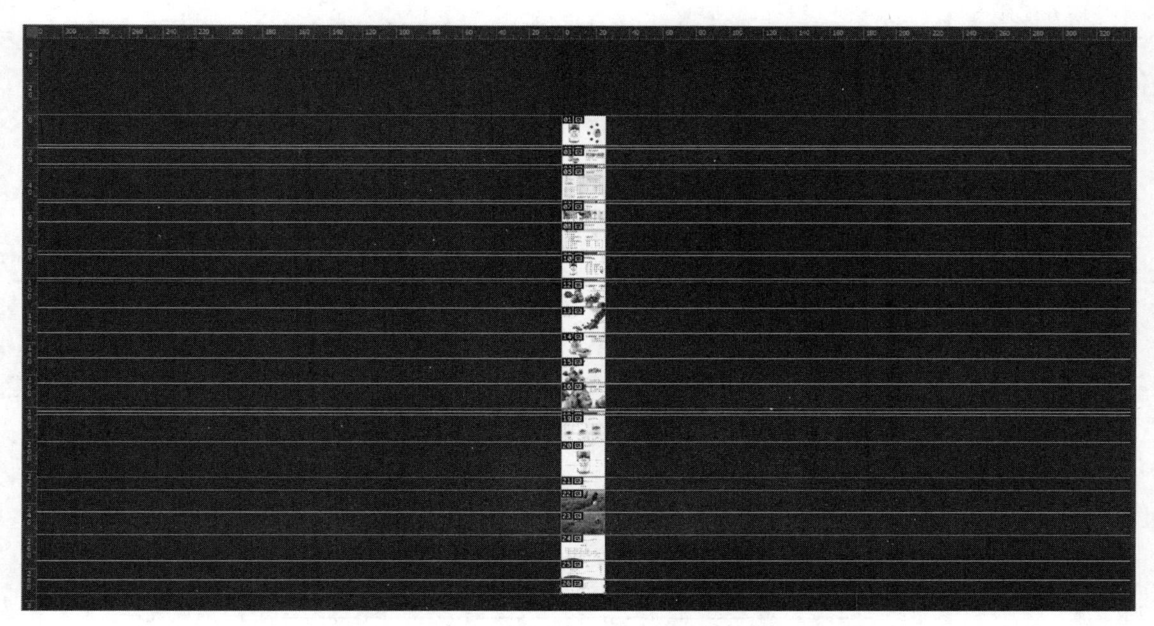

图 8-82　切片效果

（3）执行“文件”|“存储为 Web 所用格式”命令，将图片导出，导出图片为.JPG 格式，设置如图 8-83 所示。单击“存储”，从弹出的对话框中选择存储路径和存储格式等，如图 8-84 所示。

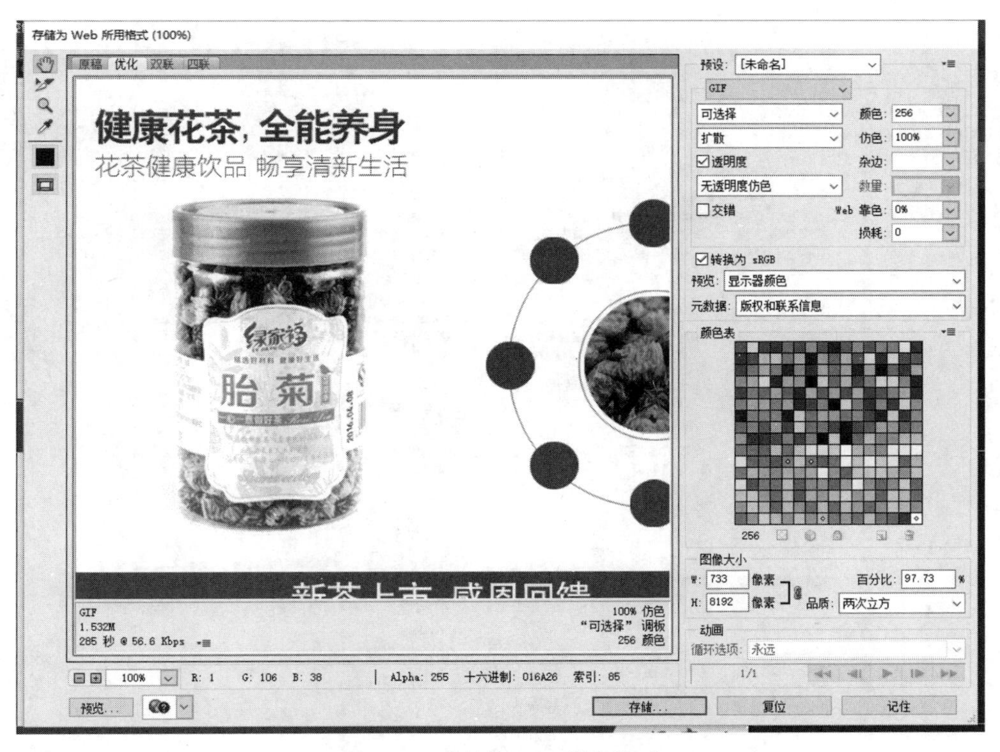

图 8-83　存储为 Web 所用格式

（4）切片之后的文件夹如图 8-85 所示。

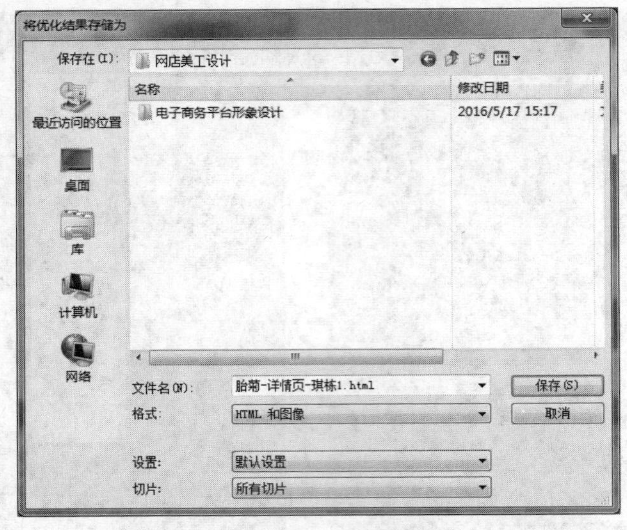

图 8-84　存储设置

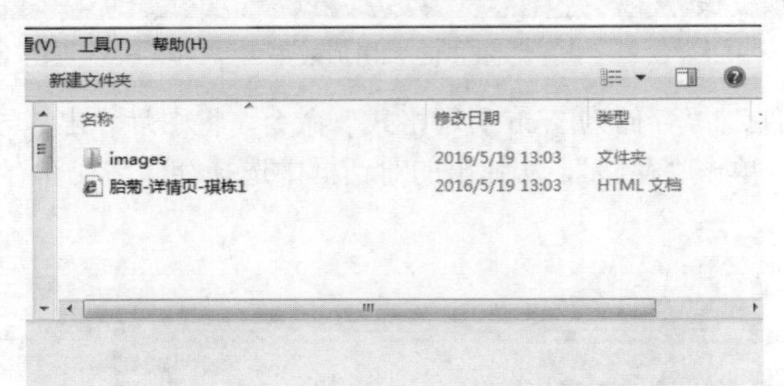

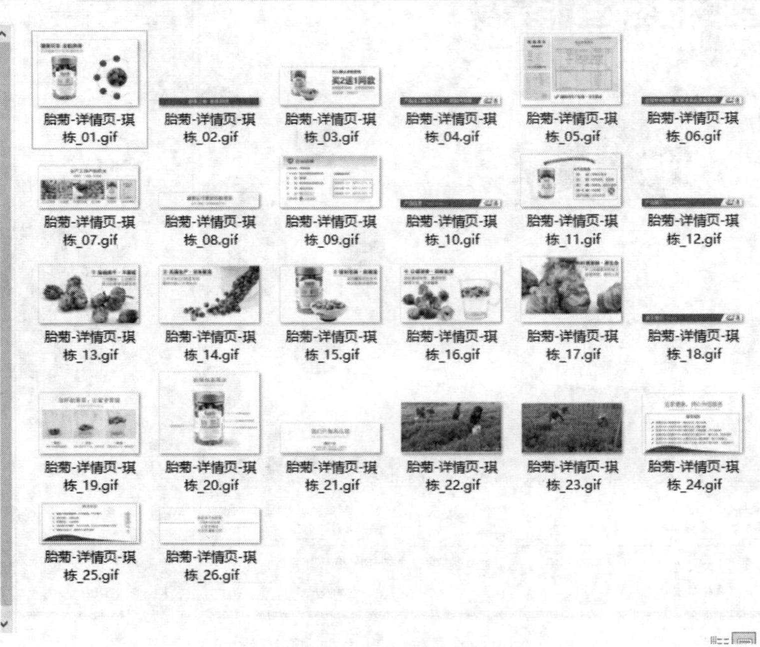

图 8-85　切片存储效果

8.5 项目小结

本项目通过琪栋食品有限公司胎菊网店页面美工设计，对网店的产品介绍页面做了详细讲解，主要讲解了网店美工设计的基本知识，Photoshop 中修饰工具、修复工具、切片工具的使用方法，以及网页图像的优化和导出，要特别注意修复工具、切片工具在网页图像处理中的重要作用。

8.6 项目知识拓展

根据案例效果，设计和制作网店首页，效果如图 8-86 所示。

图 8-86　数码专营店首页效果

参考文献

[1] 赵鹏．毫无 PS 痕迹：你的第一本 Photoshop 书[M]．北京：中国水利水电出版社，2015．

[2] 潘红艳，李小杰，严良达．Photoshop 图形图像处理实用教程[M]．北京：清华大学出版社，2010．

[3] 胡艳，张辉，卢珂，等．Photoshop 设计与制作项目教程[M]．北京：中国电力出版社，2014．

[4] 李金明，李金荣．Photoshop CS6 完全自学教程：中文版[M]．北京：人民邮电出版社，2012．

[5] 时代印象．中文版 Photoshop CS6 平面设计实例教程[M]．北京：人民邮电出版社，2014．

[6] WILLIAMS R．写给大家看的设计书[M]．苏金国，刘亮，译．3 版．北京：人民邮电出版社，2014．